U0227975

空间碎片学术著作丛书

空间碎片移除原理及应用

谭春林　刘华伟　何宗波　刘育强　刘永健　著

科学出版社

北　京

内 容 简 介

空间碎片是指人类在太空活动中产生的废弃物及其衍生物,是空间环境的主要污染源,近年来空间活动的快速发展加快了空间环境的恶化。面向空间碎片的严重威胁,本书分析了空间碎片移除技术发展的必要性和紧迫性,梳理了国内外空间碎片移除的主要技术手段。

本书适用于在轨服务、空间安全等领域的科研、教学人员阅读,也可作为高等院校相关专业学生的参考书。

图书在版编目(CIP)数据

空间碎片移除原理及应用 / 谭春林等著. —北京:
科学出版社,2023.6
(空间碎片学术著作丛书)
ISBN 978-7-03-075278-9

Ⅰ.①空… Ⅱ.①谭… Ⅲ.①太空垃圾—垃圾处理—研究 Ⅳ.①X738

中国国家版本馆 CIP 数据核字(2023)第 048134 号

责任编辑:徐杨峰 / 责任校对:谭宏宇
责任印制:黄晓鸣 / 封面设计:殷 靓

斜 学 出 版 社 出版
北京东黄城根北街 16 号
邮政编码:100717
http://www.sciencep.com

南京展望文化发展有限公司排版
苏州市越洋印刷有限公司印刷
科学出版社发行 各地新华书店经销

*

2023 年 6 月第 一 版 开本:B5(720×1 000)
2023 年 6 月第一次印刷 印张:14 3/4
字数:288 000
定价:140.00 元
(如有印装质量问题,我社负责调换)

丛书序

空间碎片是指地球轨道上的或重返大气层的无功能人造物体,包括其残块和组件。自1957年苏联发射第一颗人造地球卫星以来,经过60多年的发展,人类的空间活动取得了巨大的成就,空间资产已成为人类不可或缺的重要基础设施。与此同时,随着人类探索、开发和利用外层空间的步伐加快,空间环境也变得日益拥挤,空间活动、空间资产面临的威胁和风险不断增大,对人类空间活动的可持续发展带来不利影响。

迄今,尺寸大于10 cm的在轨空间碎片数量已经超过36 000个,大于1 cm的碎片数量超过百万,大于1 mm的碎片更是数以亿计。近年来,世界主要航天国家加速部署低轨巨型卫星星座,按照当前计划,未来全球将部署十余个巨型卫星星座,共计超过6万颗卫星,将大大增加在轨碰撞和产生大量碎片的风险,对在轨卫星和空间站的安全运行已经构成现实性威胁,围绕空间活动、空间资产的空间碎片环境安全已日益成为国际社会普遍关注的重要问题。

发展空间碎片环境治理技术,是空间资产安全运行的重要保证。我国国家航天局审时度势,于2000年正式启动"空间碎片行动计划",并持续支持到今。发展我国独立自主的空间碎片环境治理技术能力,需要从开展空间碎片环境精确建模研究入手,以发展碎片精准监测预警能力为基础,以提升在轨废弃航天器主动移除能力和寿命末期航天器有效减缓能力为关键,以增强在轨运行航天器碎片高效安全防护能力为重要支撑,逐步稳健打造碎片环境治理的"硬实力"。空间碎片环境治理作为一项人类共同面对的挑战,需世界各国联合起来共同治理,而积极构建空间交通管理的政策规则等"软实力",必将为提升我国在外层空间国际事务中的话语权、切实保障我国的利益诉求提供重要支撑,为太空人类命运共同体的建设做出重要贡献。

在国家航天局空间碎片专项的支持下,我国在空间碎片领域的发展成效明显,技术能力已取得长足进展,为开展空间碎片环境治理提供了坚实保障。自2000年正式启动以来,经过20多年的持续研究和投入,我国在空间碎片监测、预警、防护、减缓方向,以及近些年兴起的空间碎片主动移除、空间交通管理等研究方向,均取得了一大批显著成果,在推动我国空间碎片领域跨越式发展、夯实空间碎片环境治理基础的同时,也有效支撑了我国航天领域的全方位快速发展。

为总结汇聚多年来空间碎片领域专家的研究成果、促进空间碎片环境治理发展,2019年,"空间碎片学术著作丛书"专家委员会联合科学出版社围绕"空间碎片"这一主题,精心策划启动了空间碎片领域丛书的编制工作。组织国内空间碎片领域知名专家,结合学术研究和工程实践,克服三年疫情的种种困难,通过系统梳理和总结共同编写了"空间碎片学术著作丛书",将空间碎片基础研究和工程技术方面取得的阶段性成果和宝贵经验固化下来。丛书的编写体现学科交叉融合,力求确保具有系统性、专业性、创新性和实用性,以期为广大空间碎片研究人员和工程技术人员提供系统全面的技术参考,也力求为全方位牵引领域后续发展起到积极的推动作用。

丛书记载和传承了我国20多年空间碎片领域技术发展的科技成果,凝结了众多专家学者的智慧,将是国际上首部专题论述空间碎片研究成果的学术丛书。期望丛书的出版能够为空间碎片领域的基础研究、工程研制、人才培养和国际交流提供有益的指导和帮助,能够吸引更多的新生力量关注空间碎片领域技术的发展并投身于这一领域,为我国空间碎片环境治理事业的蓬勃发展做出力所能及的贡献。

感谢国家航天局对于我国空间碎片领域的长期持续关注、投入和支持。感谢长期从事空间碎片领域的各位专家的加盟和辛勤付出。感谢科学出版社的编辑,他们的大胆提议、不断鼓励、精心编辑和精品意识使得本套丛书的出版成为可能。

"空间碎片学术著作丛书"专家委员会

2023年3月

前　言

随着各国空间技术的发展和空间任务的增多,空间碎片数量与日俱增。空间碎片一旦撞击航天器,轻则导致航天器外露敏感器表面性能衰退功能丧失,重则对结构和载荷造成严重机械损伤,甚至整个航天器爆炸解体,目前被认为是引起航天器灾难性事件的最大风险。轨道上日益增多的空间碎片必将影响和威胁人类对空间资源的可持续利用,空间碎片移除是未来航天必须面对的重要问题。

当前,空间碎片减缓国际准则逐渐完善,一定程度上提高了航天器运行的安全性,降低了空间碎片增长速度。但是这些措施主要针对新发射的航天器,无法解决目前已经在轨的危害性较大的碎片。空间碎片移除技术是从根本上遏制空间碎片增长的必然选择。

当前,美、欧、日等主要航天国家和地区已围绕空间碎片移除技术开展了一系列研究。作者通过系统调研与总结,完成了本书编写。本书包含的主要内容如下:第1章分析了空间碎片现状及其对空间环境的影响、发展趋势;第2章在空间碎片特性分析的基础上,对空间碎片移除技术进行了分类,并简述了空间碎片移除的主要手段及其适用性;第3~6章分别详述了接触式移除技术、非接触式移除技术、被动移除技术,其中接触式移除技术主要包括机械臂抓捕、绳网抓捕、其他柔性抓捕等,非接触式移除技术主要包括激光移除、离子束移除、微粒云雾移除等,被动移除技术主要包括充气增阻离轨、电动力绳系离轨、太阳帆离轨等。

本书编写过程中参考和引用了大量文献,本书的完成离不开这些文献作者的支持,在此深表感谢!本书编写过程中得到了中国空间技术研究院科技委主任李明研究员的大力支持,在此表示衷心感谢。同时,北京空间飞行器总体设计部武冠群、张晓东、谈树萍、黄柯彦、邢艳军、郑桂波、胡太彬等也给予了大量帮助,在此一并感谢。

由于作者水平有限,加之本书涉及知识面较广,不足之处敬请读者指正。

作　者

2023 年 3 月

目　录

第 1 章
绪　　论

1.1　空间碎片环境现状

联合国和平利用外层空间委员会(the United Nations Committee on the Peaceful Uses of Outer Space, UNCOPUOS)和国际机构间空间碎片协调委员会 (the Inter-Agency Space Debris Coordination Committee, IADC)对空间碎片的定义是地球轨道上在轨运行或再入大气层的无功能的人造物体及其残块和组件[1]。

根据美国空间监测网(SSN)的数据(图 1-1)[2],地球轨道上空间物体数量从 1976 年的约 5 000 个增长到了 2020 年的 20 000 个,40 多年内增长了 3 倍[3]。目前,地球轨道中尺度在 10 cm 以上的空间碎片数量已达 23 000 个;尺度在 1~10 cm

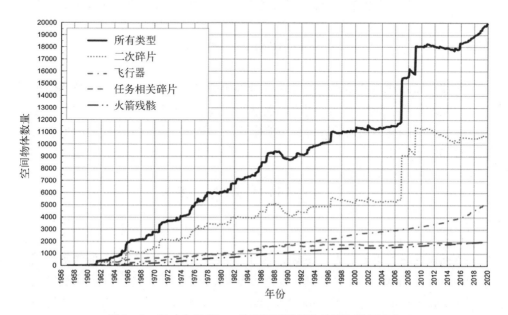

图 1-1　尺寸大于 10 cm 的空间可编目物体历年数量变化

的碎片数量约为75万个;尺度在1~10 mm的碎片数量约为1.3亿个,1 mm以下的碎片数量数以百亿计。图1-1中显示,从2003年到2010年空间碎片数量猛增,主要是由于期间空间碰撞产生数量巨大的碎片。

截至2020年1月1日,环绕地球运行的物质总量超过8 000吨,且其增长速度丝毫没有减缓的趋势,如图1-2所示。

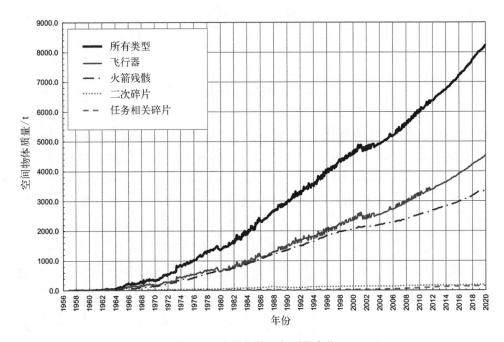

图1-2　空间物体历年质量变化

地球空间碎片环境随着空间碎片数量的迅速增长,逐渐形成了一个类似小行星带的地球外层空间环境。空间碎片数量的分布随着人类空间活动的频繁程度变化。其随轨道高度和倾角的数量分布非常不均匀[4,5]。空间碎片环境的形成与演变过程如图1-3所示。

1.2　空间碎片移除必要性

1.2.1　空间碎片的危害

空间碎片已经影响到人类正常的空间活动,大量的空间碎片,对航天器构成严重的威胁,可造成航天器损伤,甚至发生灾难性的事故[6,7]。据美国国家航空航天局(National Aeronautics and Space Administration, NASA)统计[8],由空间环境引发的299起在轨卫星故障事件中,碎片撞击占12%,是四大原因之一。

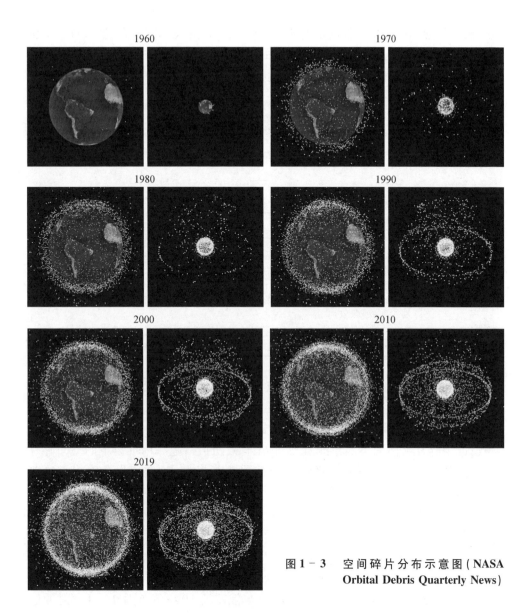

图 1-3 空间碎片分布示意图（NASA Orbital Debris Quarterly News）

低地球轨道上，空间碎片运行速度为 7.9 km/s（第一宇宙速度），其与航天器撞击，相对撞击速度范围在 0~15 km/s，平均撞击速度高达 10 km/s。直径 1 cm 的铝球以 10 km/s 的速度撞击所产生的能量，与地面上速度为 120 km/h 的小汽车的撞击相当。因此高速运动的空间碎片对航天器和航天员的生命安全造成了巨大威胁[9]。空间碎片撞击产生的极高压强可超过航天器材料屈服强度的数十到数百倍，可穿透航天器表面，并形成大面积的高速碎片云，破坏内部的器件和系统，轻则导致航天器外露敏感器表面性能衰退、功能丧失，重则对结构和载荷造成严重的机械损伤甚至使整个航天器彻底爆炸解体[10]。实验表明[10],直径 1 mm,速度 4.1 km/s 的铝球即可击穿我国卫星常用的 25.4 mm 厚的蜂窝板。航天器的体积越大、在轨飞行时间越长,其遭遇空间碎片撞击的风险也就越大。表 1-1 为毫米级空间碎片对卫星分系统撞击损伤效应。

表 1-1　毫米级空间碎片对卫星分系统撞击损伤效应

分系统级	损　伤　效　应
电源	太阳能电池阵破损、穿孔或解体,引起供电下降或功能丧失
姿轨控	姿态定位精度降低甚至姿态失控;高压容器爆裂引起推进剂泄漏,导致姿轨控失效
测控与数管	撞击产生的电磁脉冲引起信息和指令故障
热控	热控涂层开裂、剥落;热辐射器穿孔、破裂;引起热特性、光学特性的改变,使热控系统功能下降或失效
有效载荷	性能下降或功能丧失

10 cm 以上的空间碎片撞击可导致航天器爆炸、解体、彻底失效;此类碎片无法防护,但可精准监测、编目管理,航天器可对其实施主动规避。1~10 cm 的空间碎片撞击可引起航天器部组件、分系统、整器功能损失,乃至整器爆炸、解体、彻底失效;此类碎片目前尚不能精准监测,尚无有效防护措施。1 cm 以下的空间碎片撞击可引起航天器部组件、分系统甚至整器功能损失或失效;此类碎片无法监测、编目管理,但可加装防护结构来被动防护。因此,大于 10 cm 空间碎片可机动规避,小于 1 cm 的空间碎片可表面防护,一般认为 1~10 cm 空间碎片潜在威胁最大[11]。

国际上为躲避碎片撞击而进行的卫星机动规避已达每年 30 余次。北京时间 2009 年 2 月 11 日 0 时 55 分 59 秒,美国 1997 年 9 月 14 日发射的通信卫星铱星 33(北美防空司令部代号 24946)与俄罗斯 1993 年 6 月 16 日发射的已失效多年的"宇宙 2251"号(北美防空司令部代号 22675)军用通信卫星在西伯利亚上空发生激烈相撞,撞击速度达 11.6 km/s。这是人类历史上太空卫星首次发生大撞击事故[12]。这一碰撞当即产生 10 cm 以上可编目碎片 4 400 个、1 cm 以上碎片超过 250 000 个、1 mm 以上的碎片 $2×10^6$ 个(数据基于 NASA 卫星解体模型计算),至今仍有可跟踪编目碎片 2 200 个[13]。因碎片撞击导致卫星异常或失效的部分事件及其他碎片撞击事件如表 1-2 和表 1-3 所示[14]。

表 1-2 碎片撞击导致国外卫星异常或失效事件

卫 星	撞击事件日期	撞 击 后 果	
日本太阳-A 卫星 Solar-A	1991.8	望远镜可视区损伤	失效
欧空局通信卫星 Olympus	1993.8	服务中断	失效
美国绳系卫星 SEDS-2	1994.3	实验终止	失效
美国军用卫星 MSTI-2	1994.9	捆扎电缆短路	失效
法国 CERISE 电子侦察卫星	1996.7	重力梯度稳定杆断裂	异常
美法联合卫星 Jason-1	2002.3	轨道异常,电流扰动	异常
俄罗斯地理测绘卫星 BLITS	2013.1	自旋稳定速度上升	异常
厄瓜多尔立方体卫星飞马座	2013.5	寿命终止	失效
ESA 卫星 Sentinel-1A	2016.8	轨道、姿态变化,太阳翼受损	异常

表 1-3 碎片撞击事件

卫 星	所属国家或组织	发射日期	故 障 情 况
NROL-28 侦察卫星	美国	2008.3	该星原计划于 2 月 29 日发射,但为躲避 USA-193 卫星产生的碎片,NROL-28 侦察卫星的发射被延期两周
美国 STS-118 奋进号航天飞机	美国	2007.8	碎片撞击穿过航天飞机散热器,形成了一个宽约 10 cm 的孔。该孔虽然不在航天飞机的关键部位,但穿透了其撞击的部位
美国 STS-115 亚特兰蒂斯号航天飞机	美国	2006.9	散热器遭遇碎片撞击,表面被撞出一个 3 cm 的孔
快信-11 通信卫星	俄罗斯	2004.4	碎片撞击导致热传导介质被突然抛泄。卫星受到一系列小冲量冲击,从定点位置被推至无用轨道,致使暂停服务
SAMPEX	美国	1992.7	1993 年遭遇碎片流星雨,星上大型重离子望远镜(HILT)的观测孔暂时关闭
STS-45 亚特兰蒂斯号航天飞机	美国	1992.3	任务期间遭受过两次擦伤事故
STS-49 奋进号航天飞机	美国	1992.5	在热窗板的右侧角观察到碎片

续　表

卫　星	所属国家或组织	发射日期	故障情况
哈勃空间望远镜（HST）	美国	1990.4	服役期间,共遭受 5 000~6 000 次微流星体的撞击,损坏范围小到轻微的擦伤,大到电池的防护层被击穿
和平号空间站(Mir-SS)	俄罗斯	1986.2	太阳电池阵多次遭受微流星体、空间碎片及原子氧粒子的冲击,使卫星处于能源缺乏状态
国际日-地探测器（ISEE）	美国、欧空局	1977.10	低能宇宙线探测器的窗口被碎片击穿,造成 25% 的数据损失
美国战术通信卫星（Tacsat）	美国	1969.2	碎片撞击造成特高频天线增益下降 3~5 dB
林肯试验卫星-6	美国	1968.9	偶极子天线附有空间碎片,导致卫星自旋轴偏离约 2.2°,自主姿控系统无法工作

空间碎片数量的急剧增加导致空间碰撞风险不断攀升,我国在轨卫星碰撞红色预警次数(碰撞概率大于 10^{-4} 且交会距离小于 1 km)正在逐年增加,如图 1-4 所示。

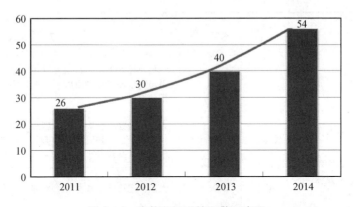

图 1-4　在轨卫星碰撞预警示意图

除了在轨撞击威胁外,LEO 区域大尺寸碎片受大气阻力作用轨道逐渐降低,最终再入大气层陨落。监测数据显示,每年陨落的可跟踪碎片在 400 个左右,总重量超过 50 t[13]。大尺寸碎片陨落时可能有未烧毁的残骸落至地面,对地面人员和财产安全造成威胁[15]。

1.2.2　空间碎片数量急剧增长

在 LEO 区域,厘米级空间碎片年增长率达 15%[13],空间碎片研究之父

Kessler[16]对 2020 年后无发射活动条件下 LEO 区域 10 cm 以上碎片数量增长进行预测,如图 1-5 所示,推算认为在 LEO 区域 70 年后碎片密度将达到一个临界值,发生碎片链式撞击效应,近地空间将彻底不可用(Kessler 灾难)[17]。

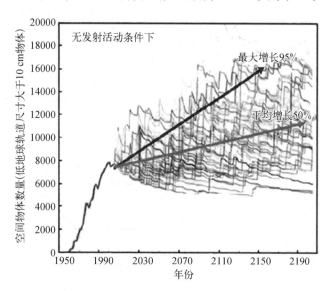

图 1-5 LEO 区域 10 cm 以上碎片数量增长预测

在 GEO 区域,目前在轨空间物体为 1 396 个,其中可编目物体 1 142 个,其他物体 254 个,可控物体 436 个,非可控物体 960 个[13]。理论上讲,GEO 区域最多可容纳的在轨空间物体为 1 800 个(0.2°一个轨位),按照目前碎片和航天器的占位速度 30 年后轨位将饱和,无新的轨位资源可用。

空间碎片数量急剧增加的同时,在轨卫星数量也在不断增加,使得空间碰撞风险急剧上升。据 ESA 估算,引起失效或丧失部分功能的碰撞次数从 2015 的每年 2 次将增长到 2075 年的每年 10 次,2100 年内每年的碰撞次数增长 12% 以上,如图 1-6 所示[18]。

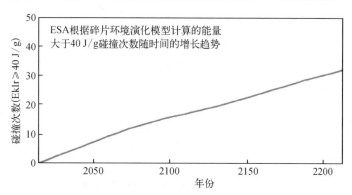

图 1-6 引起失效或丧失部分功能的碰撞次数

　　为有效遏制空间碎片环境不断恶化的现状,IADC 于 2002 年发布了《空间碎片减缓指南》。根据该指南,空间碎片的减缓主要采取钝化、系留、垃圾轨道和重复利用 4 种任务后处理(PMD)预防措施。

　　仿真预测不采取措施情况下空间碎片的增长(图 1-7),并分析以下三种情况下空间碎片的变化:① 航天器发射频率正常,采取 PMD 减缓措施,成功率为 90%,不进行主动碎片清除(ADR);② 选择大质量和高碰撞概率的物体为目标,每年主动清除 2 个空间碎片,其他条件不变;③ 选择标准同条件②,每年主动清除 5 个空间碎片,其他条件不变。考虑到技术成熟度和成本因素,ADR 从 2020 年开始。仿真结果如图 1-8 所示。

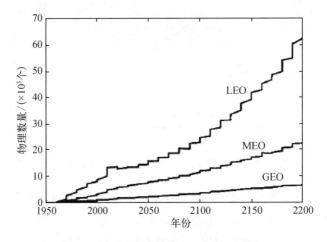

图 1-7　不采取措施情况下,LEO、MEO、
GEO 空间碎片变化情况

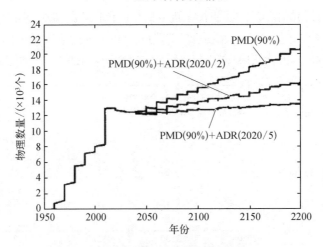

图 1-8　采取不同的空间碎片清除措施,
空间环境变化趋势

从图 1-8 可以得到以下结论：① 与图 1-7 的结果比较，在保持发射频率不变的情况下，采取 PMD 措施会大大减缓空间碎片的增长速度；② 如果从 2020 年开始，同时进行 PMD 和 ADR，每年清除 2 个空间碎片，碎片增长速率会降低 50% 左右；③ 如果每年清除 5 个空间碎片，则空间碎片总数基本保持不变，保持相对稳定的状态；④ 可以推测，如果每年能够清除更多的空间碎片，则空间碎片环境能够得到改善。

参考文献

[1] Liou J C, Krisko P. An update on the effectiveness of post mission disposal in LEO. Beijing: 64th International Astronautical Congress, 2013.

[2] NASA. Orbital debris quarterly news. [2020-02-29]. https://orbitaldebris.jsc.nasa.gov/quarterly-news/pdfs/odqnv24i1.pdf.

[3] 泉浩芳,张小达.周玉霞,等.空间碎片减缓策略分析及相关政策和标准综述.航天器环境工程,2019,36(1): 7-14.

[4] Stansbery E G. Orbital debris research at NASA. Shanghai: US-China Space Surveillance Technical Interchange, 2009.

[5] Nicholas L J, Eugene G S. The new NASA orbital debris mitigation procedural requirements and standards. Acta Astronautica, 2010, 66(3-4): 362-367.

[6] 李怡勇,李智,沈怀荣.地球静止轨道卫星撞击解体的数值模拟.上海航天,2011,28(4): 47-72.

[7] 李恒年.地球静止卫星轨道与共位控制技术.北京:国防工业出版社,2010.

[8] Koons H C, Mazyr J E, Selesnick R S, et al. The impact of the space environment on space systems. Massachusetts: 6th Spacecraft Charging Technology Conference, 2000.

[9] 冯凯,李丹明,李居平,等.空间碎片监测及清除技术研究进展.真空与低温,2016,22(6): 335-339.

[10] 龚自正,杨继运,童靖宇,等.CAST 空间碎片超高速撞击试验研究进展.航天器环境工程,2009,26: 301-306.

[11] 李明,龚自正,刘国青,等.空间碎片监测移除前沿技术与系统发展.科学通报,2018,63: 2570-2591.

[12] 龚自正,李明.美俄卫星太空碰撞事件及对航天活动的影响.航天器环境工程,2009,26: 101-106.

[13] Liou J C. USA space debris environment, operations, and research updates. Vienna: 53th Session of the Scientific and Technical Subcommittee, 2016.

[14] Corley B. International space station debris avoidance process. Orbit Debris Quart News, 2016, 20: 7-8.

[15] Klinkrad H. Space debris: models and risk analysis. New York: Springer-Praxis and Springer Science & Business Media, 2006.

[16] Kessler D A. Brief history of orbital debris programs and the increasing need for debris removal. Noordwijk: the 4th International Workshop on Space Debris Modeling and Remediation, 2016.

［17］ Kessler D J. Collision cascading: the limits of population growth in low Earth orbit. Advances in Space Research, 1991, 11 (12): 63 - 66.

［18］ Krag H. Space debris mitigation activities at ESA in 2016. Vienna: 54th Session of the Scientific and Technical Subcommittee, 2017.

第 2 章
空间碎片移除手段分析

2.1 空间碎片特性分析

2.1.1 空间碎片来源

根据碎片的产生过程,空间碎片可分为一级来源和二级来源。一级空间碎片是指在航天活动中有意或无意地直接留在太空中的碎片;二级空间碎片是指由一级空间碎片经在轨解体、爆炸或碰撞产生的新的空间碎片。二级碎片是使空间碎片数量增多的一个主要源点之一[1]。

根据碎片的来源,空间碎片包括:航天器发射及在轨正常运行期间释放到空间的物体;由于爆炸或撞击/故意毁坏而造成的碎片;因在轨故障而失去功能或既定任务终结后被废弃的航天器等,如表 2-1 所示[2, 3]。

表 2-1 空间碎片的主要来源

主要分类	细分子类	碎片来源
一级碎片	设计释放的物体	操作性碎片(如紧固件、镜头盖、线缆等)
		实验释放的物体(如实验球等)
		实验之后被切断的系绳
		其他(如回收之前释放的物体)
	意外释放的物体	老化而产生的碎片(如涂层等表面材料剥落形成的碎片)
		被碎片或微流星切断的绳系系统
		液滴(如核动力卫星泄漏的放射性物质)
		固体火箭发动机喷出的颗粒物(如其燃料中添加铝粉,燃烧后产生氧化铝)
	任务终止后的航天系统	退役或发生故障导致失效的航天器
		携带卫星入轨后的末级火箭

续　表

主要分类	细分子类	碎片来源
二级碎片	有意毁坏	科学试验毁坏的物体(如自毁、故意撞击的物体)
		为了最小化地面伤亡,在再入之前故意破坏产生的物体
	意外解体	任务运行期间由于故障导致爆炸
		任务终止后火箭剩余燃料、高压气瓶剩余气体、电池等爆炸产生碎片
	在轨碰撞	与在轨物体碰撞产生的碎片
其　他		

统计表明,目前在轨碎片 37.7% 为在轨爆炸或碰撞解体产生的碎片,31.3% 为失效卫星或其他航天器,16.6% 为完成任务的火箭末级或上面级,13.1% 为航天器发射或在轨操作中的丢弃物,如表 2-2 所示[4-6]。

表 2-2　可编目的空间碎片主要来源分布

种　类	解体碎片	航天器	火箭箭体	操作性碎片	异常碎片
占　比	37.7%	31.3%	16.6%	13.1%	1.3%

各主要航天国产生的空间碎片重量比例如表 2-3 所示[7]。

表 2-3　各航天国产生的空间碎片重量比例

国　家	俄罗斯	美　国	中　国	其他国家
占　比	62.4%	23.4%	4.2%	10%

美国的太空监视网发布,截至 2020 年 4 月,可编目在轨空间碎片发射国数量比例分布如表 2-4 所示。

表 2-4　可编目在轨空间碎片发射国数量比例分布

国家或组织	航　天　器	火箭箭体或空间碎片	合　计
中　国	395	3 716	4 111
俄罗斯	1 537	5 251	6 788

续　表

国家或组织	航天器	火箭箭体或空间碎片	合　计
欧空局	91	58	149
法　国	69	509	578
印　度	100	125	225
日　本	185	113	298
美　国	2 215	4 897	7 112
其　他	1 053	123	1 176
总　计	5 645	14 792	20 437

2.1.2　材质与尺寸

从空间碎片主要来源分析,空间碎片可以分为有机聚合物、非金属单质、金属与合金、氧化物、硫化物与类硫化物、卤化物及碳化物等。有学者认为,任何可能与航天器碰撞、对其造成危害的物体都可被视为空间碎片,从这个角度看,空间碎片还包括自然成因的宇宙尘,其成分为镁铁质、金属-硫化物质和层状硅酸盐质等[8]。

NASA 的 JSC 中心和洛克希德马丁公司合作开展了为期 10 年的航天飞机受流星体、碎片等撞击情况的研究,经分析,空间碎片的平均质量密度为 2.7 g/cm³,主要组成材料包含铝/铝合金(占 44%)、复合材料(占 37%)、钢(占 12%)、铜(占 5%)和钛(占 2%)等,其中前两者的质量分数之和达到 81%[9]。

轨道碎片形状多样,表 2-5 是根据地面卫星超高速撞击解体实验获得的碎片形状统计结果[10],碎片形状主要包含片状、块状、板状、柱状、盒状、杆状和一些不规则的形状,其中片状、块状和不规则形状的碎片占绝大多数。

表 2-5　卫星解体实验中碎片形状分布情况

形　状	平板	卷板	盒状	球状	薄片	杆状	圆柱	盒和板	块状	其他
112 个大碎片	9	33	10	0	0	0	2	2	0	56
其他小碎片	27	27	5	1	628	96	10	0	2 799	1 056
总　计	36	60	15	1	628	96	12	2	2 799	1 112

注:"其他"是指无法归类的不规则形状。

　　结合空间碎片产生过程,并对回收航天器表层凹坑进行分析,不同来源空间碎片的尺寸规格如图 2-1 所示[1, 11]。

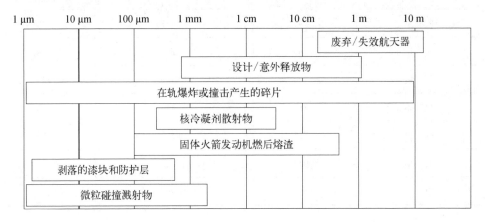

图 2-1　不同空间碎片来源的尺寸分布

　　结合空间碎片现状,从碎片数量上来看,99.7% 为 mm 级碎片,而从碎片质量上看,99.9% 为大于 10 cm 的大碎片,1~10 cm 的危险碎片数量占比和质量占比均不足 1%[12]。

2.1.3　运动特性

　　低地球轨道(LEO)空间碎片运行速度为 7.8 km/s(第一宇宙速度),其与航天器发生超高速撞击,相对撞击速度范围在 0~15 km/s 之间,平均撞击速度为 10 km/s。撞击时的动能巨大,一颗质量为 10 g 的空间碎片撞击航天器所产生的能量,与质量 1.3 t、时速 100 km 的汽车的撞击相当。再次印证,空间碎片对在轨航天器和航天员的生命安全威胁巨大[13]。

　　针对低轨碎片,卫星与碎片的相对速度较大,其最大值为 14.9 km/s,主要集中在 5~10 km/s,占比约 35.92%。卫星与碎片的相对角速度也较大,峰值达 160.5°/s,主要集中于在 10~20°/s,占比约 22.94%。卫星与碎片的相对方位角在 0~360° 均有分布,仰角在 0°、180° 附近相对集中,在 ±90° 附近分布较少。

　　针对高轨碎片,卫星与碎片的相对速度较小,最大值为 1 663.8 m/s,大于 1 000 m/s 的占比仅为 5.3%。卫星与碎片的相对角速度也较小,最大值为 5.4°/s,97.4% 集中于 5°/s 以内。卫星与碎片的相对方位角在 0~360° 均有分布,仰角在 0°、180° 附近相对集中。

　　由于空间碎片不具备姿态控制能力,因此表现为不停翻滚的状态,图 2-2 给出了翻滚周期中位值随轨道高度的变化关系[14]。从图中可以看出,空间碎片的翻滚周期与轨道高度具有一定的相关性,在轨道高度高于 700 km 时,随着高度的增加,翻滚周期随之增加。据统计,在 700 km 处翻滚周期为 0.48 s,在 1 300 km 高度缓慢增加至 0.6 s,随后快速上涨至 0.72 s。800 km 处翻滚周期在 5 s 以下碎片所占比例为 67%,而 1 600 km 处这一比例仅为 33%。

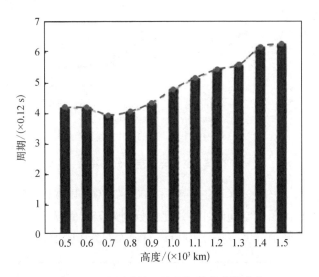

图 2-2　空间碎片翻滚周期随高度的变化

2.1.4　空间分布

空间碎片的空间分布主要指碎片的高度、倾角、偏心率的分布。

1. 空间碎片的轨道高度分布

空间碎片在空间的高度分布特性如图 2-3 所示(http://www.spacetrack.

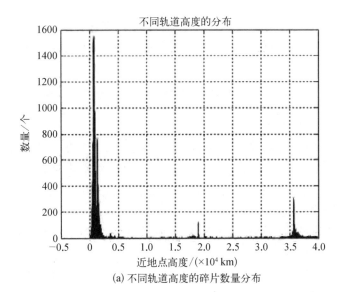

(a) 不同轨道高度的碎片数量分布

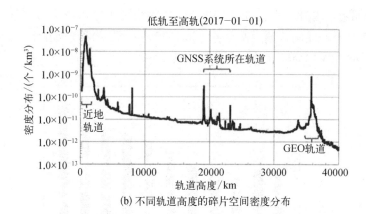

(b) 不同轨道高度的碎片空间密度分布

图2-3 空间碎片空间分布特性

org）。在低轨区域、中轨区域(轨道高度为2 000~20 000 km)和高轨区域(GEO,轨道高度36 000 km)已编目的空间碎片数量比例分别为75.2%、8.3%、9.4%。其中,LEO区域的空间碎片在轨道高度700~1 100 km有最大的分布密度,如图2-4所示[15]。

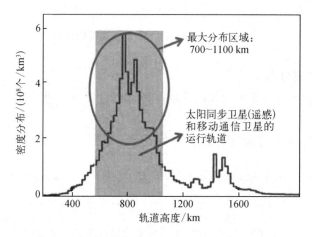

图2-4 空间碎片在LEO轨道区域的分布特性

2. 空间碎片的轨道偏心率分布

空间碎片轨道的偏心率的分布如图2-5所示,主要集中于偏心率$e \leqslant 0.1$和$e \approx 0.7$。其中,偏心率$e \leqslant 0.1$的近圆轨道的空间碎片约占总数的87%,$e \approx 0.7$的大椭圆轨道空间碎片约占总数的8%,两者之和可达95%。

3. 空间碎片轨道的倾角分布

空间碎片轨道倾角的分布如图2-6所示,其分布范围在0°~145°。其中相对集中的区域有4个,即65°、75°、82°和100°,所占比例分别为18%、10%、12%和40%,共达80%,其中相当一部分为100°倾角的太阳同步轨道。

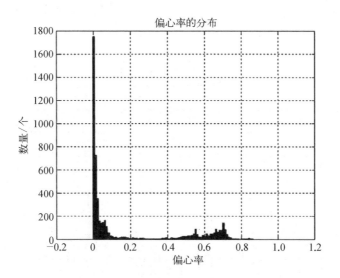

图 2-5　空间碎片的轨道偏心率分布图

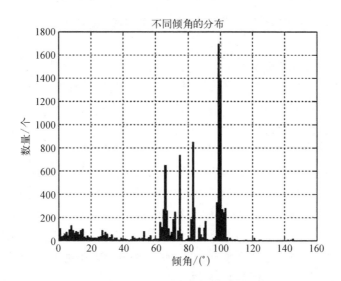

图 2-6　空间碎片的轨道倾角分布图

综上,空间碎片的空间分布是不均匀的,75.2%位于低轨区域,87%位于近圆轨道,80%的空间碎片轨道倾角大于65°。

2.2　空间碎片移除手段分类与研究现状

针对空间碎片的特殊几何特性和运动特性,国内外发展了多种离轨技术手段,根据施加作用力的不同,主要可分为接触式离轨、非接触式离轨和被动离轨三类,见图2-7。现针对每种移除离轨手段进行简要介绍。

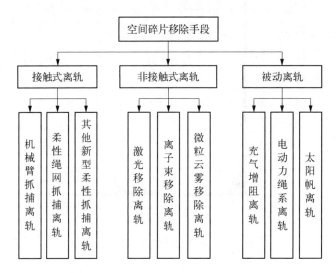

图2-7 空间碎片离轨手段按作用力不同分类

2.2.1 接触式离轨技术

接触式离轨移除技术指的是通过任务飞行器利用机械臂、绳网等抓捕手段直接物理抓捕空间碎片,之后拖拽空间碎片,使其降低轨道或抬高轨道,可以分为机械臂抓捕离轨技术、柔性绳网抓捕离轨技术和其他新型抓捕离轨技术等。

1. 机械臂抓捕离轨

机械臂抓捕离轨指通过末端执行机构,抓捕碎片的特定部位(如喷管、对接环、连接螺栓等),进而拖动碎片离轨。其要求待移除碎片需具备特定特征,导致其可抓捕的碎片类型有限。典型单机械臂抓捕项目,如欧洲的小型空间机器人系统(ROTEX)、自主空间交会与在轨捕获验证计划(TECSAS)和德国在轨服务任务(DEOS)项目。多机械臂抓捕项目,如美国的通用轨道修正航天器任务(SUMO&FREND)和凤凰计划(Phoenix)。

1993年4月26日,在哥伦比亚航天飞机货舱中德国进行了机器人技术试验,即ROTEX项目,见图2-8,其中包括自主抓取自由漂浮体的试验,该试验被看作自由空间捕获非合作、翻滚卫星的先驱任务。

TECSAS项目始于2004年,是以德国DLR为主,联合加拿大、俄罗斯等国共同研制的,其主要目的是验证自主空间交会技术和自主在轨捕获技术,所得成果将应用于未来空间碎片捕获清理任务[16]。TECSAS由空间机器人系统(服务星)和用于演示的目标星组成,服务星组成如图2-9(a)所示,TECSAS在轨示意如图2-9(b)所示。

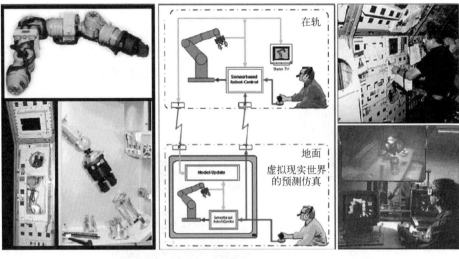

图 2-8 ROTEX 项目

(a) TECSAS服务飞行器

(b) TECSAS在轨示意图

图 2-9 TECSAS 项目

　　DEOS 项目(图 2 - 10)是一项技术验证任务,由 DLR 提出。DEOS 项目的主要目标是:① 服务航天器机械臂在受控状态下抓捕翻滚的非合作目标;② 在任务末期,通过受控再入机动,使对接后的组合体沿预定走廊进入大气层烧毁,完成离轨处理。其次要目标是完成一系列交会、捕获、对接、组合体轨道机动任务[17]。

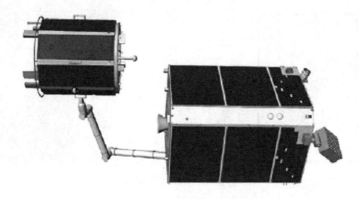

图 2 - 10　DEOS 服务航天器(右)和被服务航天器(左)

　　通用轨道修正航天器任务(Spacecraft for the Universal Modification of Orbits, SUMO)是由海军研究实验室 NRL 开展的[18],如图 2 - 11 所示,其主要目的是利用机器视觉、机器人、机构、自主控制算法等技术,验证自主交会对接、抓捕未来卫星各种不同类型接口的服务操作能力。SUMO 项目原计划于 2008 年进行飞行演示验证,后于 2006 年更名为 FREND(Front-end Robotics Enabling Near-term Demonstration)[19],意为近期可演示验证的机器人技术,目前已经在地面测试环境中成功完成了自主交会对接演示实验。

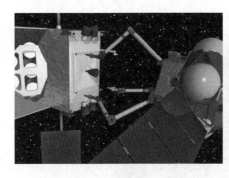

图 2 - 11　SUMO 抓捕示意图　　　　**图 2 - 12　Phoenix(凤凰)计划示意图**

　　Phoenix(凤凰)计划于 2012 年由 DARPA 公布[20],如图 2 - 12 所示,其目的是研发和演示在轨捕获退役或失效航天器并重用其有效部件来以极低的成本组成一个新卫星的技术。其在轨捕获操控技术可应用于空间碎片清理。

2. 柔性绳网抓捕离轨

柔性绳网抓捕离轨指通过绳网、口袋、鱼叉等装置实现对目标的柔性抓捕，之后拖动碎片离轨。该离轨技术不需要考虑特定的抓捕位置，可适用于不同形状、尺寸的碎片抓捕。典型项目，如美国小行星重定向项目（Asteroid Redirect Mission，ARM），日本新型空间绳网系统（Furoshiki），欧洲机器人地球同步轨道复位器项目（Robotic Geostationary Orbit Restorer，ROGER），欧洲主动碎片移除计划（e. Deorbit）等。

美国小行星重定向项目（Asteroid Redirect Mission，ARM）于 2012 年提出，任务目标是用囊袋式抓捕系统抓捕一颗直径 10 m 以内、重约数百吨的近地小行星，或在大型小行星表面拾取一块卵石，并于 2025 年左右将其带回近月轨道供进一步研究（图 2－13）[21]。其囊袋式抓捕装置可以看作绳网的特例。

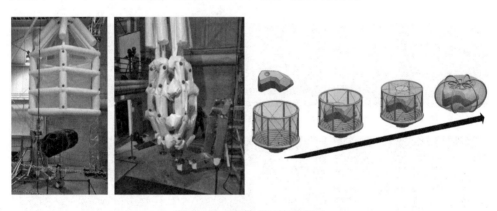

图 2－13　囊袋式抓捕示意图

Furoshiki 于 2001 年由 Nakasuka 等提出，卫星系统的主体由大型绳网或薄膜构成，通过控制顶点处的子卫星或旋转整个系统来保持张紧状态，该绳网系统首先由人造卫星携带进入预定轨道，再脱离卫星并开始打捞轨道内的空间碎片[22]。

ROGER 项目始于 2001 年，旨在用飞网/飞爪抓捕地球静止轨道废弃卫星和运载器上面级，如图 2－14 所示，并通过连接到飞网/飞爪上的系绳来将目标运输到高于 GEO 的轨道上，完成轨道碎片清理[23]。

欧洲主动碎片移除计划（e. Deorbit）的任务目标是移除近地轨道保护区域内欧洲航天局自有的大型空间碎片，并集成了"清洁太空-1"（ClearSpace one）项目、"空间碎片移除"（RemoveDebris）项目等的成果。对诸如抛射网（飞网）、鱼叉、机械臂、触手、粘贴引擎、离子发动机等多种捕获离轨装置进行了研究，如图 2－15 所示，研究认为对于具有完整意义上非合作特征的空间碎片，捕获中优选的捕获方式为 TRP（Technology Research Programme）计划和 GSTP（General Support Technology

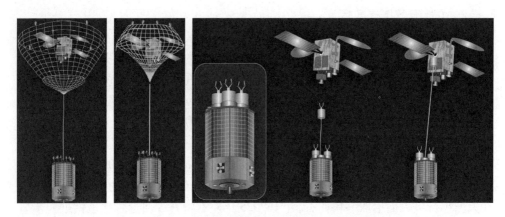

图2-14   ROGER项目飞网/飞爪示意图

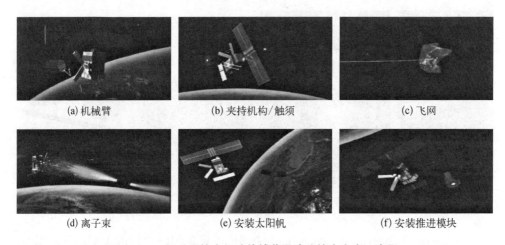

(a) 机械臂   (b) 夹持机构/触须   (c) 飞网

(d) 离子束   (e) 安装太阳帆   (f) 安装推进模块

图2-15   拟采用的空间碎片捕获及清除技术方案示意图

Programme)计划提出的抛射网捕获与鱼叉捕获方式[24]。

MXER(Momentum eXchange Electrodynamic Reboost)是NASA在空间推进计划下的研究项目,是电动力系绳与柔性绳网的综合应用。MXER在旋转绳系系统过程中利用抓捕网实现对轨道小目标的侧向捕获,并利用绳系机动原理,将所捕获的小目标投掷到目标轨道。图2-16是MXER的任务过程概念图。MXER项目中对目标的抓捕中采用TUI公司开发的GRASP(Grapple, Retrieve, And Secure Payload)绳/网抓捕机构,如图2-17所示。

EDDE计划于2010年由DARPA公布,是一种依靠带电导体与地球磁场相互作用产生推力的绳系卫星,也是电动力系绳与柔性绳网的综合应用,利用飞网捕获空间碎片,适用于低地球轨道的碎片清理,如图2-18所示,完成捕获和释放后,可在数天内提升和改变轨道到达另一个目标。

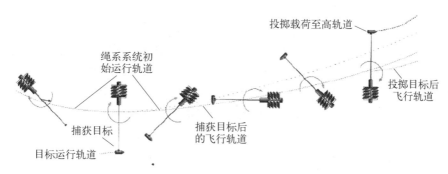

图 2 - 16　MXER 任务概念图

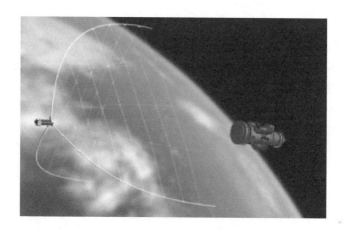

图 2 - 17　GRASP 试验项目绳网抓捕机构

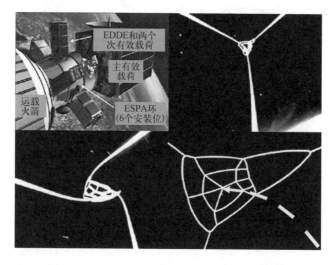

图 2 - 18　EDDE 飞网管理器和飞网展开设想图

3. 其他新型抓捕离轨

其他新型抓捕离轨技术指的是飞矛抓捕、飞舌抓捕、柔性触手抓捕等技术。飞矛抓捕指的是利用跟瞄伺服系统实现对空间目标的跟踪对准,发射飞矛贯入目标表面后展开产生附着力,并通过牵引装置实现对目标的捕获。典型项目如欧洲主动碎片移除计划(e. Deorbit)。飞舌抓捕指的是利用飞舌的黏附力,实现对目标的附着,并通过牵引装置实现捕获的技术。典型项目如 NASA 人造"壁虎爪"系统。柔性触手抓捕指的是模仿象鼻、章鱼触手等运动,通过连续柔性大变形来实现捕获操作。典型项目如美国 OctArm 机械臂[25]、欧盟 OCTOPUS 机械臂[26]等。

2.2.2　非接触式离轨技术

非接触式离轨指利用激光、离子束、微粒云雾、静电吸附等作用于空间碎片时的力现象在碎片运动过程中施加特定力的作用,使其离开原来的轨道,达到移除离轨的目的。非接触式离轨在清除过程不会与碎片发生直接接触,因此,不需要抓捕过程和复杂的控制系统。

1. 激光移除离轨

根据移除的效果,激光移除可分为气化移除和气化推移两种方式。其中气化移除是采用大功率连续波激光照射碎片,使其温度升高至升华,实现碎片移除;气化推进是采用高能脉冲激光束照射碎片表面,产生类似于火箭推进的"热物质射流",从而改变其轨道,如图 2-19 所示。激光移除适用于厘米级的小碎片。在 20 世纪 90 年代,美国、德国等就提出了用强激光移除空间碎片的概念[27, 28]。

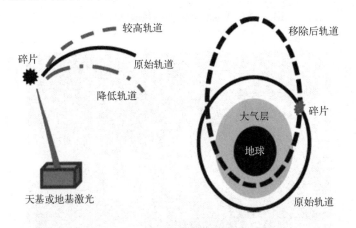

图 2-19　激光推移离轨原理示意图

1996 年 NASA 和美国空军提出"猎户座"(ORION)计划,研究采用地基激光清除近地轨道 1~10 cm 量级空间碎片,如图 2-20 所示,近期目标是清除 800 km 以下轨道高度空间碎片,远期目标是清除 1 500 km 以下轨道高度空间碎片[29]。

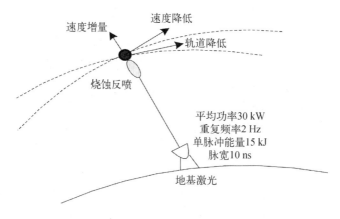

图 2 - 20　美国 ORION 计划示意图

2011 年,欧洲第七框架计划(FP7)资助下提出 CLEANSPACE 计划,旨在灵活、快速、清除低轨 1~10 cm 量级危险碎片[30]。

在天基激光移除计划方面,早在 1989 年,美国洛斯阿拉莫斯国家实验室 Metzger 即提出了天基激光移除碎片方案[31]。2015 年,一个国际科学家小组提出利用天基系统解决日益严重的空间碎片问题的方案,拟在国际空间站上部署,可以使 100 km 范围内的空间碎片脱轨[32]。

2. 离子束移除离轨

离子束移除离轨指通过天基离子束系统,即离子束管控卫星,向空间碎片发射高能离子束,制动目标并改变其轨道参数,使其离轨。远离离子束中心线的大发散角的等离子体非常稀少(动量可忽略不计),因此,不会对空间环境造成污染。该方式适用于不同轨道、不同尺寸大小的空间碎片[33]。典型项目为俄罗斯"扫除者"太空清除器项目。

"扫除者"太空清除器项目被列入 2016—2025 年联邦航天规划,从 2018 年开始设计,预计 2025 年投入试运行。"扫除者"航天器重达 4 吨,可以在一个周期内(最长 6 个月)清除约 10 件废弃航天器。每台"扫除者"的使用期限预计达到 10 年,即在工作不少于 20 个周期内可从轨道上清除近 200 个空间碎片[34]。

此外,欧空局、日本等均提出了类似的概念,国内外学者就其理论分析和概念研究开展了相关工作[35-37]。

3. 微粒云雾移除离轨

在碎片(或失效航天器)运行轨道上喷射液体、气体、微粒云雾等来增加阻力或产生反向推力,降低碎片速度,从而降低其轨道,达到移除目的。微粒云雾移除的对象是 LEO 轨道上不可跟踪的微小空间碎片。NASA 在实验室验证了钨粉尘的作用效果(对航天器进行操作)[4]。美国海军研究实验室(NRL)提出利用粉尘拦截作用清除 LEO 空间碎片,具体设想是利用火箭把微小的人造粉尘(考虑使用钨粉)抛洒在空间碎片要经过的轨道上,当空间碎片经过粉尘区域时,因碰撞产生阻力作用,致使空间碎片的轨道速度降低、轨道高度降低,最终掉入大气层坠毁[38]。该技术的缺点是喷射出的粒子自由分散,可控性较差。此外,存留的微粒云雾可能会成为新的空间碎片,影响正常运行的航天器。因此,该方法从概念上可以用于清除 LEO 上毫米或厘米级空间碎片,但实际工程应用效果存疑。

2.2.3 被动离轨移除技术

与费用高昂的空间碎片主动移除相比,该技术为新研制的卫星增加无动力离轨装置,使其在寿命终止后自主离轨,从源头避免空间碎片的产生,主要包括充气增阻离轨、电动力绳系离轨、太阳帆离轨等。

1. 充气增阻离轨

该技术使用充气装置形成气球或抛物面形状,提高气动阻力,降低失效卫星的在轨寿命,实现移除。其优点是效率高、成本低。其缺点是目标增大,降轨过程中容易破裂或与其他航天器或碎片发生碰撞,可能产生大量新碎片,且只适用于 LEO 轨道碎片移除。典型项目如 2004 年美国贝尔公司提出了"充气加固拖曳结构"(towed rigidizable inflatable structure, TRIS)。

2. 电动力绳系离轨

电动力绳系离轨运用在地磁场运动的优势使空间碎片再入大气层移除(图 2-21)。离轨过程中,电动力绳系以轨道速度在地磁场中运动,系绳上形成稳定的电流,地磁场则对系绳产生洛伦兹力,由于洛伦兹力与空间碎片运动速度方向相反,使卫星轨道能量减少,轨道高度下降[33, 39]。由于电磁场强度的限制,电动力绳系仅适用于清除 LEO 空间碎片。

美国 Robert P. Hoyt 和 Robert L. Forward 1994 年成立 TUI 公司,该公司基于电动力绳系技术开发了一种轻巧可靠的空间系绳产品,称为终结者(terminator tether, TM)[40]。

意大利空间局与 NASA 联合开发了 TSS 项目,分别于 1992 年和 1996 年进行了"TSS-1 试验"[41]和"TSS-1R 试验"[42],是人类历史上首次进行 TSS 的电动力试验,并验证了通过 TSS 系绳切割磁

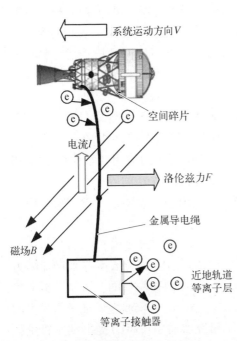

图 2-21 电动力绳系的原理图

力线产生电动势的可能性。

2003 年 7 月,在第 39 届 AIAA 联合推进会议上,回顾了 NASA 的 ProSEDS 电动力缆绳项目,分析了空间飞行器由初始 360 km 的轨道降轨到 285 km 的轨道的一些预期的系统特性[43]。

2000 年,美国公布了其正在研究的 Remora Remover 项目,作为天基反卫星武器,机动到目标星轨道上并与其会合,然后通过爪勾、勾网、磁性装置或标枪将一根长几千米的导线的一端附着在目标星上,如图 2-22 所示,其在攻击敌方卫星的同时并不产生新的空间碎片[43, 44]。

2016 年 12 月,日本发射 HTV 货运飞船(也称鹳号货运飞船)6 号机抵达国际空间站,此次任务携带电动力绳系装置,将在太空释放系绳以对该电动力绳系技术进行在轨测试,此次在轨演示任务被称为"鹳号集成系绳试验"(Konotori Integrated Tether Experiment, KITE),如图 2-23 所示。但官方报道,该计划后因绳系释放装置出现故障而中止[45]。

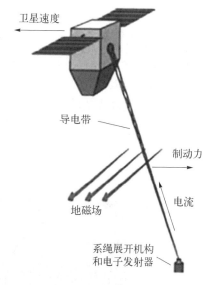

图 2-22 电动力绳系主动移除碎片原理示意图

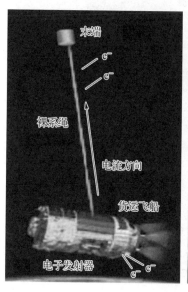

图 2-23 KITE 任务原理示意图

此外,还有绳网与电动力系绳的综合应用,如前所述 MXER 项目和 EDDE 计划等。

3. 太阳帆离轨

太阳帆依靠反射自然环境中的太阳光光子产生推力,通过持续累积推力形成大的速度增量,迫使碎片离开原有轨道,实现离轨。碎片轨道的抬升或降低可通过控制太阳帆与太阳光之间的几何关系实现,较适用于地球同步轨道碎片移除。该方法的缺点是高度依赖太阳帆控制的准确性[33]。

英国萨瑞大学的"立方体太阳帆"(CubeSail)计划,将展开面积 25 m² 的"立方帆"安装于一颗 3U(质量约 3 kg)立方体卫星上,验证太阳帆移除空间碎片的技术可行性[46],如图 2 - 24 所示。

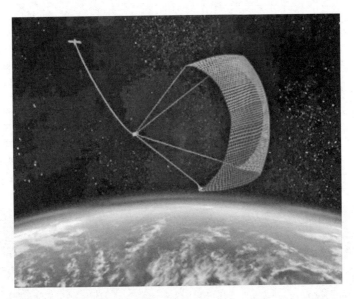

图 2 - 24　CubeSail 计划原理示意图

NASA 研制了纳型帆- D(NanoSail - D)制动帆,制动帆展开面积 10 m²,所安装卫星为 3U 立方体卫星,并进行了离轨演示验证[47]。

太阳帆离轨也是"欧洲离轨"(e. Deorbit)项目所发展的空间碎片移除技术之一。

2019 年 12 月,中国科学院沈阳自动化研究所研制的"天帆一号"太阳帆成功完成在轨试验,这是我国首次完成太阳帆在轨关键技术试验。

2.3　各种空间碎片移除手段比较分析

针对上述接触式离轨、非接触式离轨、被动离轨等多种离轨移除技术,表 2 - 6 分析了三类离轨移除技术的优缺点,表 2 - 7 从适用轨道范围、清除目标、时效性、应用前景、技术成熟度等方面进行了归纳总结[40]。

表 2-6 几种离轨移除技术的优缺点

离 轨 技 术	优 点	缺 点
接触式离轨移除技术	方式简单;效果高;易控制,清理速度快	技术要求高;费用昂贵
非接触离轨移除技术	使用方便;可远距离进行离轨移除操作	适用特定轨道范围;离轨清理时间及轨道不能精确控制
被动离轨移除技术	结构简单;成本低	适用特定轨道范围;清理所需的时间长;不易精确控制

表 2-7 典型离轨移除技术对比

	清除方法	适用轨道范围	清除目标	时效性(移除周期)	应用前景	技术成熟度
接触式离轨技术	机械臂抓捕离轨	LEO、MEO、GEO	>(0.1~1) m	较短	高	7~8 级
	柔性绳网抓捕离轨	LEO、MEO、GEO	>(0.1~1) m	较短	高	7~8 级
	其他新型抓捕离轨	LEO、MEO、GEO	>(0.1~1) m	较短	高	6~7 级(飞矛) 3~4 级(其他)
非接触式离轨技术	激光移除离轨	LEO(地基) LEO、MEO、GEO(天基)	1~10 cm	较长	一般(地基) 较高(天基)	5~6 级
	离子束移除离轨	LEO、MEO、GEO	>20 cm	较长	较高	3~4 级
	微粒云雾移除离轨	LEO	<10 cm	长	低	2~3 级
被动离轨移除技术	充气增阻离轨	LEO	寿命末期航天器	较长	高	7~8 级
	电动力绳系离轨	LEO		较长	较高	7~8 级
	太阳帆离轨	较适用于 GEO		长	高	5~6 级

综合分析,目前机械臂、柔性绳网等接触式离轨移除技术适用范围广,可操作性强,技术相对成熟,易于工程实现,是当前实施空间碎片移除的优选技术途径。

激光离轨移除技术目前正开展地面关键技术攻关,已具有一定的技术基础,是当前最可行的针对厘米级危险碎片移除的技术手段。被动式离轨移除技术结构简单,成本低,且已具有较好的技术基础,可作为后续卫星寿命末期自主离轨的通用化设计。

参考文献

[1] 霍江涛,秦大国,祁先锋. 空间碎片概况研究. 装备指挥技术学院学报,2007,18(5):56-60.

[2] Akella M R, Alfriend K T. The probability of collision between space objects. Journal of Guidance, Control and Dynamics, 2000, 23(5): 769-772.

[3] 林来兴. 空间碎片现状与清理. 航天器环境工程,2012,3:1-10.

[4] 泉浩芳,张小达,周玉霞,等. 空间碎片减缓策略分析及相关政策和标准综述. 航天器环境工程,2019,36(1):7-14.

[5] 龚自正,徐坤博,牟永强,等. 空间碎片环境现状与主动移除技术. 航天器环境工程,2014,31(2):129-135.

[6] 申麟,李宇飞,赫武乐. 空间碎片主动清除技术概述. 成都:第六届全国空间碎片学术交流会文集,2011.

[7] Liou J C. USA space debris environment, operations, and research updates. Vienna: 54th Session of the Scientific and Technical Subcommittee, 2017.

[8] Early J T, Bibeau C, Phipps C R. Space debris de-orbiting by vaporization impulse using short pulse laser. Sendai: Second International Symposium on Beamed Energy Propulsion, 2004.

[9] 陈春燕,吴胜宝,董晓琳,等. 空间碎片材料检测技术研究. 宇航计测技术,2017,37(2):54-94.

[10] McNight D, Johnson N, Fudge M, et al. Satellite orbital debris characterization impact test (SOCIT). Connecticut: Kaman Sciences Corporation, 1995.

[11] 龚自正,杨继运,张文兵,等. 航天器空间碎片超高速撞击防护的若干问题. 航天器环境工程,2007,24(3):125-130.

[12] 郭荣. 近地轨道航天器的空间碎片碰撞预警与轨道规避策略研究. 长沙:国防科学技术大学,2005.

[13] 冯凯,李丹明,李居平,等. 空间碎片监测及清除技术研究进展. 真空与低温,2016,22(6):335-339.

[14] 杨嵩,丁宗华,许正文,等. 曲靖上空空间碎片姿态、分布和散射特性的统计分布. 电波科学学报,2018,33(6):648-654.

[15] 李明,龚自正,刘国青,等. 空间碎片监测移除前沿技术与系统发展. 科学通报,2018,63:2570-2591.

[16] 翟光,仇越,梁斌,等. 在轨捕获技术发展综述. 机器人,2008,20(5):467-480.

[17] 贾平,刘海印,李辉,等. 德国轨道任务服务系统发展分析. 航天系统与技术,2016,6:24-29.

[18] Bosse A B, Barnds W J, Brown M A, et al. SUMO: spacecraft for universal modification of orbits. Bellingham: Spacecraft Platforms and Infrastructure, 2004.

[19] Debus T J, Dougherty S P. Overview and performance of the front-end robotics enabling near-term demonstration（FREND）robotic arm. Seattle：AIAA Infotech @ Aerospace Online Conference, 2009.

[20] 李书成, 朱保魁. 从"凤凰计划"看美国太空战战略. 太空探索, 2014, 10：54 - 57.

[21] Muirhead B K, Brophy J R. Asteroid redirect robotic mission feasibility study. Chicago：Aerospace Conference, IEEE, 2014.

[22] Nakasuka S, Sahara H, Nakamura Y, et al. Large"Furoshiki"net extension in space-sounding rocket experiment results. Automatic Control in Aerospace, 2007, 17（1）：485 - 490.

[23] Bischof B, Kerstein L, Starke J, et al. ROGER — robotic geostationary orbit restorer. Bremen：54th International Astronautical Congress of the International Astronautical Federation, 2003.

[24] 焉宁, 唐庆博, 陈蓉, 等. 欧洲的空间碎片清除技术发展及其启示. 空间碎片研究, 2018, 18（2）：14 - 22.

[25] Yekutieli Y, Mitelman R, Hochner B, et al. Analyzing octopus movements using three-dimensional reconstruction. Journal of Neurophysiology, 2007, 98(3)：1775 - 1790.

[26] Kang R, Branson D T, Guglielmino E, et al. Dynamic modeling and control of an octopus inspired multiple continuum arm robot. Computers & Mathematics with Applications, 2012, 64（5）：1004 - 1016.

[27] Sforza P M. Laser system for spacecraft hull protection. Montreal：42nd International Astronautical Congress, 1991.

[28] Schall W O. Orbital debris removal by laser radiation. Dresden：41st International Astronautical Congress, 1991.

[29] 尚吉扬, 袁杰, 于大海, 等. 基于高能激光的空间小碎片清除技术. 工艺设计改造及检测检修, 2019, 11：73 - 74.

[30] Esmiller B, Jacquelard C, Eckel H A, et al. Space debris removal by ground-based lasers：main conclusions of the European project CLEANSPACE. Applied Optics, 2014, 53（31）：145 - 154.

[31] Metzger J D, Leclaire R J, Howe S D, et al. Nuclear-powered space debris sweeper. Journal of Propulsion and Power, 1989, 5(5)：582 - 590.

[32] 刘华伟, 刘永健, 谭春林, 等. 空间碎片移除的关键技术分析与建议. 航天器工程, 2017, 26（2）：105 - 113.

[33] 霍俞蓉, 李智. 空间碎片清除技术的分析与比较. 兵器装备工程学报, 2016, 37（9）：181 - 187.

[34] 陈蓉, 申麟, 唐庆博, 等. 离子束推移清除空间碎片技术浅析. 空间碎片研究, 2018, 18(1)：48 - 52.

[35] Kitamura S. Large space debris reorbiter using ion beam irradiation. Prague：61st International Astronautical Federation, 2010.

[36] Bombardelli C, Peláez J. Ion beam shepherd for contactless space debris removal. Journal of Guidance, Control, and Dynamics, 2011, 34(3)：916 - 920.

[37] Bombardelli C, Urrutxua H, Merino M, et al. Dynamics of ion-beam-propelled space debris.

São José dos Campos: 22nd International Symposium on Space Flight Dynamics, 2011.

[38] 黄镐,于灵慧. 空间碎片主动清除技术综述. 烟台: 第一届中国空天安全会议,2015.

[39] 汪卫,谢侃,夏启蒙,等. 电动力绳系推进系统降轨销毁空间碎片研究. 大连: 中国航天第三专业信息网第三十八届技术交流会暨第二届空天动力联合会议,2017.

[40] 唐琼,张烽,张雨佳. 采用电动力绳系清除空间碎片的优劣势分析. 空间碎片研究,2019,19(2): 39-43.

[41] Dobrowolny M, Stone N H. A technical overview of TSS-1: the first tethered satellite system mission. Nuovo Cimento, 1994, 17(1): 1-12.

[42] Stone N H, Bonifazai C. The TSS-1R mission: overview and scientific context. Geophysical Research Letters, 1998, 25(4): 409-412.

[43] 刘文佳. 电动力缆绳离轨特性研究. 哈尔滨: 哈尔滨工业大学,2006.

[44] Hoyt R P, Smith P. The remora remover/sup TM/: a zero-debris method for on-demand disposal of unwanted LEO spacecraft. Seattle: Aerospace Conference Proceedings, 2000.

[45] 张烽,王小锭,吴胜宝,等. 日本 KITE 试验任务综述与启示. 空间碎片研究,2018,18(2): 27-36.

[46] 梁振华,曾玉堂,张翔,等. 立方体卫星制动帆装置离轨时间分析. 航天器工程,2016,25(3): 26-31.

[47] Macdonald M. Advances in solar sailing. Berlin: Praxis Publishing, 2014.

第3章
空间碎片主动接近技术

3.1 空间碎片接近相对测量与导航技术

3.1.1 相对测量与导航方法综述

在空间碎片清理的任务中,对空间碎片进行相对测量导航是实现与空间碎片交会、伴飞、实现抓捕的前提,直接影响到制导和控制的精度。与交会对接或编队等合作航天器不同,作为空间碎片本身通常无目标标识器或交会敏感器,甚至本身失去工作或主动控制能力,是一类典型非合作空间目标。用于交会对接等合作航天器的相对状态测量与控制方法难以直接应用于针对空间碎片的抵近移除任务。

空间碎片的相对导航的实现依赖于硬件和软件两个方面的条件。在硬件上,要求具有能够主动测量、实时输出的测量设备;在软件上,要求具有能够从测量信息中精确、快速、稳定解算出目标轨道信息的导航算法。空间碎片相对导航的总体框架如图3-1所示。

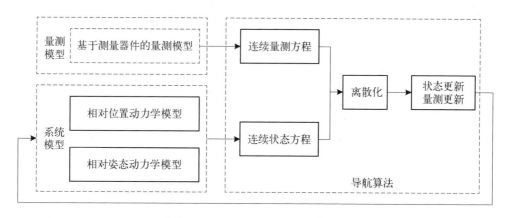

图 3-1 空间碎片相对导航的总体框架

目前,用于非合作空间目标相对状态测量的硬件系统主要有视觉可见光敏感器、红外敏感器、微波雷达或激光雷达等[1-4]。

　　视觉测量是目前国内外空间碎片移除任务相对导航中的主要测量方法,经过原理研究和地面演示验证表明其是一个有效的方式。视觉测量的基本器件–视觉可见光敏感器具备体积小、重量轻、功耗低等特点,能够有效支持高精度操控任务,进而提高任务航天器的智能自主化水平,因此视觉可见光系统已成为针对空间碎片移除相对状态获取的优先选择。国内外多项已飞行验证或正在实施的空间碎片移除验证任务都配备了视觉敏感器,并进行了成功应用与验证。根据光学敏感器数量的不同视觉测量系统又可分为单目视觉和立体视觉。视觉测量也存在一定局限性:一方面,非合作目标没有辅助测量的标识等装置,使得用于非合作目标测量的视觉系统的可靠度有所下降,视觉系统存在单次匹配失败的可能,在太空光学环境中有时成像质量差导致后续处理困难,空间目标表面有多层隔热部件导致图像特征不明显;另一方面,导航算法采用点特征尚不能完全满足近距离相对导航的需求[5]。

　　微波雷达是航天器相对导航常用敏感器,可以自主对目标进行搜索、捕获、跟踪和测量,测量信息包括相对距离和相对方位,以及距离和方位的变化率。微波雷达技术成熟,测量范围广(从几千米到几百千米),已广泛应用于航天器交会的远程导引阶段。利用雷达测量信息并结合状态估计方法可以实现航天器的相对导航[6]。

　　激光雷达突破了传统的成像概念和模式,具有工作距离长、工作频率高、波长短、波束窄,距离、速度和角度测量精度高,受光照条件影响小,且测量精度高等优势。激光成像雷达的分类方式很多,如按照激光器类型可分为 CO_2 激光器雷达、半导体激光器雷达和固体激光器雷达等,或者按照扫描方式可分为扫描型和非扫描型激光成像雷达。目前典型的有 LDRI 系统、着陆器激光成像雷达系统、TriDAR 敏感器、Argon 系统等[7]。激光雷达和微波雷达功能相似,但作用范围相对较小(一般小于 100 km),主要用于近程导引阶段[6]。

　　相对导航是指确定航天器与目标的相对位置和姿态以及两者导数即相对速度和角速度的过程。目前,针对空间非合作目标的相对导航滤波研究已经成为国内以及国际上的热点和难点。

　　1960 年卡尔曼(Kalman)首次提出了卡尔曼滤波算法,这是一种线性递推最小方差估计算法。算法一经提出就在工程领域得到广泛应用,因在阿波罗计划中的成功运用成为广大科研人员的关注热点。Kalman 滤波结构框架如图 3−2 所示。

　　尽管卡尔曼滤波给出了线性和高斯条件下滤波问题的最优解,但现实中很多问题都具有非线性特性。一种最直接的方法是将非线性状态模型和测量模型进行近似线性化,对线性化的系统采用卡尔曼滤波,这种至今为止应用于各个领域的方法称为扩展卡尔曼滤波(extended Kalman filter, EKF)。EKF 算法由于简洁的形式和高效的计算性能等优势,使其成为一种在社会生产实际中应用最为广泛的非线

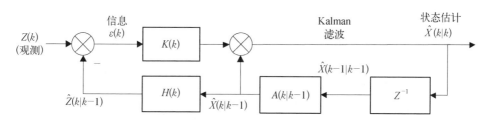

图 3 - 2　Kalman 滤波结构框架

性状态估计算法。它以泰勒展开为工具,对系统函数和量测函数按标称状态或最优状态估计进行一阶线性化,求取雅克比矩阵,从而按照标准 Kalman 滤波算法的形式进行状态估计。但是经过一阶线性化近似后,EKF 忽略了模型部分非线性特性,在初始误差较大时,存在估计效果急剧下降和滤波收敛速度缓慢的问题。

根据"对随机变量的概率密度分布进行近似要比对关于它的非线性函数进行近似容易得多"的思想,Julier S 等提出了利用无迹变换来逼近状态后验概率密度函数的无迹卡尔曼滤波(unscented Kalman filter, UKF)。由于 UKF 算法源于无迹变换,因而无需同 EKF 算法一般计算雅克比矩阵,对非线性状态的估计精度至少达到 2 阶,且计算量与 EKF 算法处于同一量级。UKF 通过经无迹变换后的采样点集来逼近非线性函数概率分布,并继承了卡尔曼滤波框架,因此较 EKF 具有更好的非线性估计性能。UKF 不需要计算非线性系统的雅可比矩阵,由于其具有良好适应性得到了人们广泛的关注。

为了更好地满足非线性系统滤波要求,有必要研究具有良好精度且易于工程实现的方法。容积卡尔曼滤波(cubature Kalman filter, CKF)是近年来提出的一种新型非线性高斯滤波方法。容积卡尔曼滤波具有严格的数学证明,通过三阶容积法则的数值积分方法来近似高斯加权积分,充分利用了容积积分近似计算多维函数积分具有的高效率特点。容积卡尔曼滤波具有等权值的 n 个(n 为被积函数维数)容积点,经证明其对随机变量非线性变换后概率分布具有良好的逼近精度。自 CKF 提出以来,已经在定位、传感器融合和姿态估计等工程应用领域取得了广泛应用。

3.1.2　典型相对测量方法

基于上述基本导航敏感器,给出典型测量导航模型如下。

1. 基于双目测量的量测模型[8]

假设 3 - 1:假设立体视觉采样系统已经校对完善,相机成像面在同一个平面内,且对单个相机内参数的标定过程结束。

假设 3 - 2:假设通过 SURF 算子和立体匹配算法对采样数据处理后,可得到 N

个特征点在成像平面上的像素坐标。其中,特征点 $\boldsymbol{P}_i$ 在左右相机上对应的像素坐标分别为 $p_{il} = (u_{il}, v_{il})$ 和 $p_{ir} = (u_{ir}, v_{ir})$。

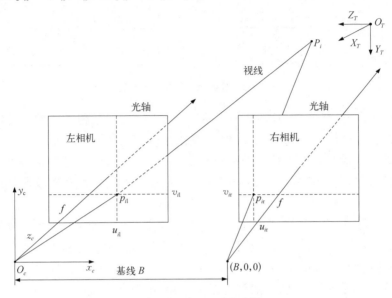

图 3 - 3　双目测量示意图

以左相机的安装位置 $\boldsymbol{P}_C$ 为原点,建立立体视觉成像系统,并假设相机坐标系方向与追踪星体坐标系方向一致,则目标星上的特征点 $\boldsymbol{P}_i$ 在追踪星左相机坐标系下的坐标 $\boldsymbol{\rho}_i$ 为

$$\boldsymbol{\rho}_i = \boldsymbol{R}_{CT}(\boldsymbol{\sigma})\boldsymbol{P}_i + \boldsymbol{\rho}_0 + \boldsymbol{P}_C \qquad (3-1)$$

其中,$\boldsymbol{P}_i$ 表示在目标星体系坐标下第 i 个特征点的位置矢量。定义 $\boldsymbol{\rho}_i = [\rho_{ix} \quad \rho_{iy} \quad \rho_{ix}]^{\mathrm{T}}$,$R_{CT}(\boldsymbol{\sigma})$ 为 F_T 系到 F_C 系的姿态旋转矩阵如下:

$$\boldsymbol{R}_{CT}(\boldsymbol{\sigma}) = \boldsymbol{I} - \frac{4(1 - \boldsymbol{\sigma}^{\mathrm{T}}\boldsymbol{\sigma})}{(1 + \boldsymbol{\sigma}^{\mathrm{T}}\boldsymbol{\sigma})^2}[\boldsymbol{\sigma} \times] + \frac{8}{(1 + \boldsymbol{\sigma}^{\mathrm{T}}\boldsymbol{\sigma})^2}[\boldsymbol{\sigma} \times]^2 \qquad (3-2)$$

两相机采样时间一致,特征点 $\boldsymbol{P}_i$ 与其成像点在双视几何下的对应关系如图 3 - 3 所示。其中,基线 B 表示两相机投影中心点的连线距离。由图 3 - 3 可知,经立体校正后左右成像点在图像像素坐标系 $O_p v$ 轴方向的坐标值是相等的,设 f 为相机焦距,则可得

$$u_{il} = f\frac{\rho_{ix}}{\rho_{iz}d_u} + u_0$$

$$u_{ir} = f\frac{(\rho_{ix} - B)}{\rho_{iz}d_u} + u_0$$

$$v_{il} = v_{ir} = f\frac{\rho_{iy}}{\rho_{iz}d_v} + v_0 \tag{3-3}$$

其中, d_u 和 d_v 分别表示每个像素在 $O_p u$ 轴和 $O_p v$ 轴方向的实际物理尺寸大小,其值为相机内参数的标定结果。每个特征点对应的观测方程为

$$\boldsymbol{z}_{ik} = \boldsymbol{h}_i(\boldsymbol{x}_k) + \boldsymbol{n}_k, \ i = 1, \cdots, N \tag{3-4}$$

其中, z_{ik} 为采集到的像素点坐标 p_{il} 和 p_{ir} 值; $\boldsymbol{n}_k$ 表示均值为零方差为 $\boldsymbol{R}$ 的高斯白噪声; $\boldsymbol{h}_i(\boldsymbol{x}_k)$ 取为

$$\boldsymbol{h}_i(\boldsymbol{x}_k) = \left[f\frac{\rho_{ix}}{\rho_{iz}d_u} + u_0 \quad f\frac{\rho_{iy}}{\rho_{iz}d_v} + v_0 \quad f\frac{(\rho_{ix} - B)}{\rho_{iz}d_u} + u \quad f\frac{\rho_{iy}}{\rho_{iz}d_v} + v_0 \right]^{\mathrm{T}} \tag{3-5}$$

上述公式一同构成了系统的状态估计模型。

2. 基于视觉+激光测距组合测量的测量模型[4]

采用激光测距仪和可见光相机作为相对测量敏感器。其中激光测距仪输出空间碎片与任务航天器之间的距离信息,可见光相机输出空间碎片在任务航天器相机测量坐标系下的角度信息。

可见光相机对空间碎片的高低角 α 和方位角 β 进行测量。如图 3-4 所示,其中 x 轴为相机光轴的方向,高低角 α 为空间碎片的方向矢量与相机焦平面(xoz)的夹角,方位角 β 为空间碎片的方向矢量在焦平面的投影与相机光轴的夹角。空间碎片在相机测量坐标系下的位置矢量为 $\rho_c = (x_c, y_c, z_c)^{\mathrm{T}}$,则角度信息和距离信息的测量值可表示为

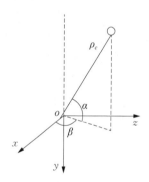

图 3-4　空间碎片在航天器测量坐标系下的位置

$$\begin{cases} \alpha_m = \alpha + v_\alpha = \arctan(-y_c, \sqrt{x_c^2 + z_c^2}) + v_\alpha \\ \beta_m = \beta + v_\beta = \arctan(z_c, x_c) + v_\beta \\ \rho_m = \sqrt{x_c^2 + y + z_c^2} + v_\rho \end{cases} \tag{3-6}$$

式中, α_m 、 β_m 和 ρ_m 为实际测量值; v_α 、 v_β 和 v_ρ 分别表示测量噪声。

为了使问题简化,假设相机的测量坐标系与任务航天器的本体坐标系重合。相对导航的观测方程为

$$Z = h(X) + v = \begin{vmatrix} \arctan(-y, \sqrt{x^2 + z^2}) \\ \arctan(z, x) \\ \sqrt{x^2 + y^2 + z^2} \end{vmatrix} + \begin{bmatrix} v_\alpha \\ v_\beta \\ v_\rho \end{bmatrix} \tag{3-7}$$

3.1.3　典型相对导航方法

（1）典型的无迹卡尔曼滤波算法（UKF）具体过程如下[9]。

该方法在处理状态方程时，首先进行 Unscented 变换（U 变换，UT），然后使用 U 变换后的状态变量进行滤波估计，以减小估计误差。

假设离散非线性系统状态空间形式为

$$\begin{cases} \boldsymbol{x}_k = \boldsymbol{f}(\boldsymbol{x}_{k-1}) + \boldsymbol{w}_{k-1} \\ z_k = \boldsymbol{h}(\boldsymbol{x}_k) + \boldsymbol{v}_k \end{cases} \tag{3-8}$$

UKF 法首先要构造 Sigma 点，设状态向量为 n 维，$\overline{\boldsymbol{x}}_k$ 为 $\boldsymbol{x}$ 的均值，$\boldsymbol{P}_k$ 为协方差矩阵，$2n+1$ 维的 Sigma 点集可表示为

$$\begin{aligned} \boldsymbol{X}_0 &= \overline{\boldsymbol{x}}_k \\ \boldsymbol{X}_i &= \overline{\boldsymbol{x}}_k + (\sqrt{(n+\lambda)\boldsymbol{P}_k})_i, \ i = 1, \cdots, n \\ \boldsymbol{X}_i &= \overline{\boldsymbol{x}}_k - (\sqrt{(n+\lambda)\boldsymbol{P}_k})_{i-n}, \ i = n+1, \cdots, 2n \end{aligned} \tag{3-9}$$

其中，$(\sqrt{(n+\lambda)\boldsymbol{P}_k})_i$ 表示矩阵平方根的第 i 列；λ 为标量。

UKF 主要包括时间更新和测量更新两部分，具体如下。

（a）时间更新。首先假定初始时刻未知状态的先验分布均值为 $\hat{\boldsymbol{x}}_0$，方差为 $\boldsymbol{P}_0$。进一步构造 Sigma 点，给定上一步的状态估计值及其方差阵：

$$\begin{aligned} \boldsymbol{X}_{i,k-1} &= \hat{\boldsymbol{x}}_{k-1}, \ i = 0 \\ \boldsymbol{X}_{i,k-1} &= \hat{\boldsymbol{x}}_{k-1} + (a\sqrt{l\boldsymbol{P}_{k-1}})_i, \ i = 1, \cdots, l \\ \boldsymbol{X}_{i,k-1} &= \hat{\boldsymbol{x}}_{k-1} - (a\sqrt{l\boldsymbol{P}_{k-1}})_{i-l}, \ i = l+1, \cdots, 2l \end{aligned} \tag{3-10}$$

其中，参数 a 描述了 Sigma 的散布，一般为一个小的正数；$(\sqrt{\cdot})_i$ 表示矩阵平方根的第 i 列，矩阵 $\sqrt{\boldsymbol{P}_{k-1}}$ 是通过矩阵分解得到的。对于 l 维系统，需要选取 $2l+1$ 个 Sigma 点。

将各 Sigma 点分别带入状态转移函数进行计算，得到一组新的样本：

$$\boldsymbol{X}_{i,k|k-1} = \boldsymbol{f}(\boldsymbol{X}_{i,k-1}), \ i = 0, \cdots, 2l \tag{3-11}$$

可得到状态变量的预测值和方差矩阵如下：

$$\begin{aligned} \hat{\boldsymbol{x}}_{k|k-1} &= \sum_{i=0}^{2l} w_i \boldsymbol{X}_{i,k|k-1} \\ \boldsymbol{P}_{k|k-1} &= \sum_{i=0}^{2l} w_i (\boldsymbol{X}_{i,k|k-1} - \hat{\boldsymbol{x}}_{k|k-1})(\boldsymbol{X}_{i,k|k-1} - \hat{\boldsymbol{x}}_{k|k-1})^{\mathrm{T}} + \boldsymbol{Q}_k \end{aligned} \tag{3-12}$$

式中，$i = 0$ 时，$w_i = 1 - 1/a^2$；$i = 1, \cdots, 2l$ 时，$w_i = 1/2la^2$。

（b）测量更新。根据时间更新结果重新计算 Sigma 点：

$$
\begin{aligned}
&\boldsymbol{X}_{i,k|k-1}^{*} = \hat{\boldsymbol{x}}_{k|k-1},\ i = 0 \\
&\boldsymbol{X}_{i,k|k-1}^{*} = \hat{\boldsymbol{x}}_{k|k-1} + (a\sqrt{l\boldsymbol{P}_{k|k-1}})_i,\ i = 1,\cdots,l \\
&\boldsymbol{X}_{i,k|k-1}^{*} = \hat{\boldsymbol{x}}_{k|k-1} - (a\sqrt{l\boldsymbol{P}_{k|k-1}})_{i-l},\ i = l+1,\cdots,2l
\end{aligned}
\tag{3-13}
$$

将重新计算的 Sigma 点代入量测方程进行计算：

$$
\boldsymbol{\gamma}_{i,k} = \boldsymbol{h}(\boldsymbol{X}_{i,k|k-1}^{*}),\ i = 0,\cdots,2l
\tag{3-14}
$$

观测量的预测均值 $\hat{\boldsymbol{z}}_k$ 及其方差 $\boldsymbol{P}_{zz}$ 的计算如下：

$$
\begin{aligned}
&\hat{\boldsymbol{z}}_k = \sum_{i=0}^{2l} w_i \boldsymbol{\gamma}_{i,k} \\
&\boldsymbol{P}_{zz} = \sum_{i=0}^{2l} w_i (\boldsymbol{\gamma}_{i,k} - \hat{\boldsymbol{z}}_k)(\boldsymbol{\gamma}_{i,k} - \hat{\boldsymbol{z}}_k)^{\mathrm{T}} + \boldsymbol{R}_k
\end{aligned}
\tag{3-15}
$$

状态和观测量的互协方差矩阵 $\boldsymbol{P}_{xz}$ 为

$$
\boldsymbol{P}_{xz} = \sum_{i=0}^{2l} w_i (\boldsymbol{X}_{i,k|k-1} - \hat{\boldsymbol{x}}_{k|k-1})(\boldsymbol{\gamma}_{i,k} - \hat{\boldsymbol{z}}_k)^{\mathrm{T}}
\tag{3-16}
$$

通过观测量对预测值进行修正，得到状态估计值及方差矩阵为

$$
\begin{aligned}
&\hat{\boldsymbol{x}}_k = \hat{\boldsymbol{x}}_{k|k-1} + \boldsymbol{W}_k(\boldsymbol{z}_k - \hat{\boldsymbol{z}}_{k|k-1}) \\
&\boldsymbol{P}_{k|k} = \boldsymbol{P}_{k|k-1} - \boldsymbol{W}_k \boldsymbol{P}_{zz,k|k-1} \boldsymbol{W}_k^{\mathrm{T}} \\
&\boldsymbol{W}_k = \boldsymbol{P}_{xz} \boldsymbol{P}_{zz}^{-1}
\end{aligned}
\tag{3-17}
$$

（2）典型的容积卡尔曼滤波算法（CKF）具体过程如下。

假设离散非线性系统状态空间形式为

$$
\begin{cases}
\boldsymbol{x}_k = \boldsymbol{f}(x_{k-1}) + \boldsymbol{w}_{k-1} \\
\boldsymbol{z}_k = \boldsymbol{h}(\boldsymbol{x}_k) + \boldsymbol{v}_k
\end{cases}
\tag{3-18}
$$

对于使用卡尔曼滤波器结构的高斯滤波器处理状态估计，其一般形式如下：

$$
\begin{cases}
\hat{\boldsymbol{x}}_{k|k} = \hat{\boldsymbol{x}}_{k|k-1} + \boldsymbol{W}_k(\boldsymbol{z}_k - \hat{\boldsymbol{z}}_{k|k-1}) \\
\boldsymbol{P}_{k|k} = \boldsymbol{P}_{k|k-1} - \boldsymbol{W}_k \boldsymbol{P}_{zz,k|k-1} \boldsymbol{W}_k^{\mathrm{T}} \\
\boldsymbol{W}_k = \boldsymbol{P}_{xz,k|k-1} \boldsymbol{P}_{zz,k|k-1}^{-1}
\end{cases}
\tag{3-19}
$$

具体的表达式为

$$
\hat{\boldsymbol{x}}_{k|k-1} = \boldsymbol{E}[\boldsymbol{f}(\boldsymbol{x}_{k-1})] = \int_{R^n} \boldsymbol{f}(\boldsymbol{x}_{k-1}) \times N(\boldsymbol{x}_{k-1};\boldsymbol{P}_{k-1|k-1})\mathrm{d}\boldsymbol{x}_{k-1}
\tag{3-20}
$$

$$P_{k|k-1} = E[(x_k - x_{k|k-1})(x_k - x_{k|k-1})^T]$$

$$= -x_{k|k-1}x_{k|k-1}^T + \int_{R^n} f(x_{k-1})f^T(x_{k-1}) \times N(x_{k-1};P_{k-1|k-1})dx_{k-1} + Q_{k-1}$$

$$(3-21)$$

$$\hat{z}_{k|k-1} = E[h(x_k)] = \int_{R^n} h(x_k) \times N(x_k;P_{k|k-1})dx_k \qquad (3-22)$$

$$P_{zz,k|k-1} = E[(z_k - \hat{z}_{k|k-1})(z_k - \hat{z}_{k|k-1})^T]$$

$$= -\hat{z}_{k|k-1}\hat{z}_{k|k-1}^T + \int_{R^n} h(x_k)h^T(x_k) \times N(x_k;P_{k|k-1})dx_k + R_k \qquad (3-23)$$

$$P_{xz,k|k-1} = E[(x_k - x_{k|k-1})(z_k - \hat{z}_{k|k-1})^T]$$

$$= \int_{R^n} x_k h^T(x_k) \times N(x_k;P_{k|k-1})dx_k - x_{k|k-1}\hat{z}_{k|k-1}^T \qquad (3-24)$$

然后利用 Spherical-Radial Cubature 准则计算积分,对于标准高斯分布:

$$I_N(f) = \int_{R^n} f(x)N(x;0,I)dx \approx \sum_{i=1}^{m} w_i f(\xi_i) \qquad (3-25)$$

$$\begin{cases} \xi_i = \sqrt{\dfrac{m}{2}}[1]_i \\ w_i = \dfrac{1}{m}, \ i = 1, \cdots, m, \ m = 2n \end{cases} \qquad (3-26)$$

对于一般的高斯分布:

$$\int_{R^n} f(x)N(x;v,\Sigma)dx = \int_{R^n} f(\sqrt{\Sigma}x + u)N(x;0,I)dx = \sum_{i=1}^{m} \omega_i f(\sqrt{\Sigma}\xi_i + u)$$

$$(3-27)$$

(a) 时间更新。假设 k 时刻后验密度函数 $\rho(x_{k-1}) = N(x_{k-1|k-1},P_{k-1|k-1})$ 已知,Cholesky 分解:

$$P_{k-1|k-1} = S_{k-1|k-1}S_{k-1|k-1}^T \qquad (3-28)$$

计算 Cubature 点 $(i = 1, 2, \cdots, m)$

$$\boldsymbol{\chi}_{i,k-1|k-1} = S_{k-1|k-1}\xi_i + \hat{x}_{k-1|k-1}, \ m = 2n \qquad (3-29)$$

通过状态方程传播 Cubature 点:

$$\boldsymbol{\chi}_{i,k|k-1}^* = f(\boldsymbol{\chi}_{i,k-1|k-1}) \qquad (3-30)$$

估计 k 时刻的状态预测值：

$$\hat{\pmb{x}}_{k|k-1} = \frac{1}{m} \sum_{i=1}^{m} \pmb{\chi}^{*}_{i,k|k-1} \qquad (3-31)$$

估计 k 时刻的状态误差协方差预测值：

$$\pmb{P}_{k|k-1} = \frac{1}{m} \sum_{i=1}^{m} \pmb{\chi}^{*}_{i,k|k-1} \pmb{\chi}^{*\mathrm{T}}_{i,k|k-1} - \hat{\pmb{x}}_{k|k-1} \hat{\pmb{x}}^{\mathrm{T}}_{k|k-1} + \pmb{Q}_{k-1} \qquad (3-32)$$

（b）测量更新。通过 Cholesky 分解：

$$\pmb{P}_{k|k-1} = \pmb{S}_{k|k-1} \pmb{S}^{\mathrm{T}}_{k|k-1} \qquad (3-33)$$

计算 Cubature 点 $(i = 1, 2, \cdots, m)$：

$$\pmb{\chi}_{i,k|k-1} = \pmb{S}_{k|k-1} \pmb{\xi}_i + \hat{\pmb{x}}_{k|k-1} \qquad (3-34)$$

通过观测方程传播 Cubature 点：

$$\pmb{Z}^{*}_{i,k|k-1} = \pmb{h}(\pmb{\chi}_{i,k|k-1}) \qquad (3-35)$$

估计 k 时刻观测预测值：

$$\hat{\pmb{z}}_{k|k-1} = \frac{1}{m} \sum_{i=1}^{m} \pmb{Z}^{*}_{i,k|k-1} \qquad (3-36)$$

估计自相关协方差阵：

$$\pmb{P}_{zz,k|k-1} = \frac{1}{m} \sum_{i=1}^{m} \pmb{Z}^{*}_{i,k|k-1} \pmb{Z}^{*\mathrm{T}}_{i,k|k-1} - \hat{\pmb{z}}_{k|k-1} \hat{\pmb{z}}^{\mathrm{T}}_{k|k-1} + \pmb{R}_k \qquad (3-37)$$

估计互相关协方差阵：

$$\pmb{P}_{xz,k|k-1} = \frac{1}{m} \sum_{i=1}^{m} \pmb{\chi}^{*}_{i,k|k-1} \pmb{Z}^{*\mathrm{T}}_{i,k|k-1} - \hat{\pmb{x}}_{k|k-1} \hat{\pmb{z}}^{\mathrm{T}}_{k|k-1} \qquad (3-38)$$

估计卡尔曼增益：

$$\pmb{W}_k = \pmb{P}_{xz,k|k-1} \pmb{P}^{-1}_{zz,k|k-1} \qquad (3-39)$$

k 时刻状态估计：

$$\hat{\pmb{x}}_{k|k} = \hat{\pmb{x}}_{k|k-1} + \pmb{W}_k(\pmb{z}_k - \hat{\pmb{z}}_{k|k-1}) \qquad (3-40)$$

k 时刻协方差阵估计值：

$$\pmb{P}_{k|k} = \pmb{P}_{k|k-1} - \pmb{W}_k \pmb{P}_{zz,k|k-1} \pmb{W}^{\mathrm{T}}_k \qquad (3-41)$$

3.2　超近程段碎片运动参数辨识与测量技术

3.2.1　参数辨识方法综述

在空间碎片运动接近研究过程中,相应的非线性系统的动力学参数辨识问题在理论分析和工程应用方面均有其重要性。对实际工程而言,通过测量技术与辨识方法识别空间碎片在一定条件下的运动参数或预计其变化范围,具有重要的指导意义。运动参数测量辨识基本框架如图3-5所示。

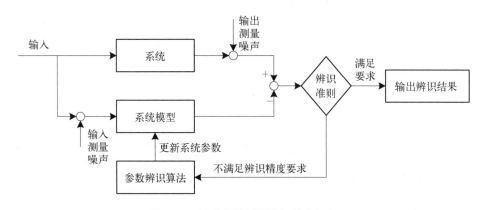

图3-5　运动参数测量辨识基本框架

通过任务航天器实现碎片运动参数测量的方法包括电子经纬法[5]、雷达测距法[10]、莫尔条纹测距法[11]、激光跟踪测距法[12]及视觉测量法[13,14]等。电子经纬法虽然测量精度较高,但在测量过程中需要人为参与且不能对大范围运动物体进行连续测量;雷达测距法主要用于长距离、大范围的距离测量;莫尔条纹测距法主要应用于物体轮廓和形状的测量。目前,最常用的为激光跟踪测距法和视觉测量法。

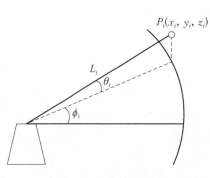

图3-6　激光跟踪测距
系统测量原理

1. 基于激光跟踪测距原理的运动参数测量[15]

激光跟踪测距系统主要由激光干涉仪、跟踪机构、靶镜及计算机等组成激光跟踪测距系统属于球坐标测量系统,其测量原理如图3-6所示。在测量过程中,将靶镜固定于被测点 P_i 上,从激光干涉仪发出的测量光束经跟踪转镜反射后射向靶镜。之后,测量光束通过靶镜中的角锥棱镜被平行反射回来,反射光束与参考光束进行干涉,从而得到靶镜与激光干涉仪之间的距离 L_i。同时,通过与跟踪机构相连的角度编码器获得测量光束的水平转角 ϕ_i 和垂直转角 θ_i。在获得了距离量 L_i 和角度量 ϕ_i、θ_i 后通过相应计算即可得到被测点 P_i 的空间位置坐标[10-17]。

2. 基于视觉测量原理的运动参数测量[15]

视觉测量是模仿人类视觉功能,通过光学成像设备获取空间物体图像数据,进而从获取的序列图像中提取相关信息并进行分析、处理,以实现对空间物体形态及运动状态的识别。

根据工作方式的不同,基于视觉的运动参数测量可以分为两类:合作目标运动参数测量与非合作目标运动参数测量。针对空间碎片的非合作目标运动参数测量不需要在运动目标上安装任何装置,其通过提取运动目标本身的特征来对目标运动参数进行求取。非合作目标运动参数测量方法普遍存在运算量大、速度慢、测量精度低的不足。根据测量过程中使用摄像机数目的多少,视觉测量系统可以分为三类:单目视觉测量系统、双目视觉测量系统及多目视觉测量系统。单目视觉测量系统采用单个摄像机对目标运动参数进行测量,其在测量过程中根据图像信息获取了运动目标在空间的二维平面信息,而丢失了纵向深度信息,因此,采用单目视觉进行空间目标运动参数测量时,需借助其他约束条件。双目视觉测量系统利用两台摄像机根据立体视觉测量原理对空间目标运动参数进行测量,其通过运动目标上同一特征点在两摄像机像平面上的不同投影位置获得该点的空间三维坐标,进而再采用合适的解算方法对目标运动参数进行求解。像点的匹配是进行双目视觉测量的关键。多目视觉测量系统测量原理与双目视觉测量系统大致相同,其主要是在测量视场较大或被测结构较复杂时,通过增加摄像机的数目以满足相应的测量范围或测量精度需求[18-21]。

连续系统辨识方法主要分为两大类[22],直接辨识法与间接辨识法。直接法包括概率与统计意义下的辨识方法,例如递归最小二乘算法、卡尔曼滤波、自适应观测器等。间接法是指先将连续系统离散化,针对得到的离散系统进行辨识,再转换为连续系统的过程。离散系统的类型包括状态空间模型、输入输出差分方程、传递函数矩阵及 Markov 参数矩阵等。针对常用的输入输出差分方程,相应的辨识方法包括最小二乘法、递推最小二乘法、增广最小二乘法、辅助变量法及极大似然法等。

连续的多变量系统由于自身的耦合性[23],很难用常规方法进行辨识。常见的方法有最小二乘法、递阶辨识法和子空间辨识法等。最小二乘法编程简单,能实现实时在线辨识,并且容易推广,具有十分重要的意义。子空间辨识法[23-25]是通过计算数据压缩矩阵,使用 SVD 分解和 QR 分解技术,来辨识状态空间的系统参数矩阵,具有很好的数值稳定性,为这些传统方法提供了另一种替代,特别是在 MIMO 线性系统中。

3.2.2　典型运动参数辨识方法

1. 最小二乘估计(LS)辨识方法

对于待辨识的线性回归模型:

$$y(k) = \boldsymbol{\varphi}^{\mathrm{T}}(k)\boldsymbol{\theta} + v(k) \tag{3-42}$$

其中,$\boldsymbol{\theta}$ 为参数向量。

最小二乘算法的基本公式为

$$
\begin{aligned}
&\hat{\boldsymbol{\theta}}(k) = \boldsymbol{P}(k)\boldsymbol{\xi}(k) \\
&\boldsymbol{L}(k) = \boldsymbol{P}(k) - \frac{\boldsymbol{P}(k-1)\boldsymbol{\varphi}(k)\boldsymbol{\varphi}^{\mathrm{T}}(k)\boldsymbol{P}(k-1)}{1 + \boldsymbol{\varphi}^{\mathrm{T}}(k)\boldsymbol{P}(k-1)\boldsymbol{\varphi}(k)}, \boldsymbol{P}(0) = p_0\boldsymbol{I}_n \\
&\boldsymbol{\xi}(k) = \boldsymbol{\xi}(k-1) + \boldsymbol{\varphi}(k)\boldsymbol{y}(k), \boldsymbol{\xi}(0) = 0
\end{aligned}
\tag{3-43}
$$

2. 递归最小二乘估计(RLS)辨识方法

对于待辨识的线性回归模型:

$$y(k) = \boldsymbol{\varphi}^{\mathrm{T}}(k)\boldsymbol{\theta} + v(k) \tag{3-44}$$

其中,$\boldsymbol{\theta}$ 为参数向量。

递推最小二乘算法的基本公式为

$$
\begin{aligned}
&\hat{\boldsymbol{\theta}}(k) = \hat{\boldsymbol{\theta}}(k-1) + \boldsymbol{L}(k)[\boldsymbol{y}(k) - \boldsymbol{\varphi}^{\mathrm{T}}(t)\hat{\boldsymbol{\theta}}(k-1)] \\
&\boldsymbol{L}(k) = \frac{\boldsymbol{P}(k-1)\boldsymbol{\varphi}(k)}{1 + \boldsymbol{\varphi}^{\mathrm{T}}(k)[\boldsymbol{P}(k-1)\boldsymbol{\varphi}(k)]} \\
&\boldsymbol{P}(k) = \boldsymbol{P}(k-1) - \boldsymbol{L}(k)[\boldsymbol{P}(k-1)\boldsymbol{\varphi}(k)]^{\mathrm{T}}, \boldsymbol{P}(0) = p_0\boldsymbol{I}_n
\end{aligned}
\tag{3-45}
$$

RLS 算法的计算步骤如下。

Step1:令 $t=1$,置参数估计初值 $\hat{\boldsymbol{\theta}}(0) = \boldsymbol{I}_n/p_0$, 协方差阵初值 $\boldsymbol{P}(0) = p_0\boldsymbol{I}$, $p_0 = 10^6$。

Step2:采集观测数据 $\boldsymbol{u}(t)$ 和 $\boldsymbol{y}(t)$,构成信息向量 $\boldsymbol{\varphi}(t)$。

Step3:计算增益向量 $\boldsymbol{L}(t)$ 和协方差矩阵 $\boldsymbol{P}(t)$。

Step4:刷新参数估计向量 $\hat{\boldsymbol{\theta}}(t)$,继续进行递推计算。

3. Kalman 滤波/扩展卡尔曼滤波

参考典型相对导航方法。

3.2.3　典型目标特性辨识方法

1. 目标质心位置的辨识

如图 3-7 所示,假设观察卫星和目标处于同一轨道,观察卫星姿态不变,目标处于自由旋转状态。惯性坐标系 $\{A\}$ 固定于观察卫星的质心(或观察卫星上的任意一点);本地坐标系 $\{B\}$ 固定于目标的质心,且其坐标轴与目标的惯性张量的主轴相同,目标的惯性张量矩阵在矩阵 $\boldsymbol{B}$ 下为一不变对角矩阵;另一个本地坐标系 $\{C\}$ 的坐标原点为目标上的任意一点(为方便跟踪,可以选取目标卫星表面上一个便于辨识跟踪的特征点),坐标系固定于目标卫星上,即其随目标一起旋转,且与坐标系 $\{B\}$ 的相对位姿保持不变。在坐标系 $\{C\}$ 下,目标的惯性张量矩阵为一不变对角矩阵。

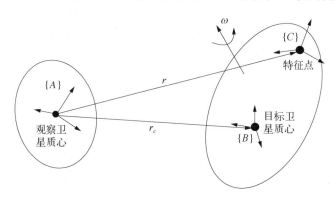

图 3 - 7　视觉辨识目标的质心位置和惯量参数比

假设从观察卫星上测量目标上某一点的速度,不妨将这一点选定为坐标系 $\{C\}$ 的原点 O_C,则

$$^{A}\boldsymbol{v}_{OC} = {}^{A}\boldsymbol{v}_{OB} + {}^{A}\boldsymbol{\omega} \times {}^{A}\boldsymbol{\rho} \tag{3-46}$$

其中, $\boldsymbol{v}_{OC}$、$\boldsymbol{v}_{OB}$、$\boldsymbol{\omega}$、$\boldsymbol{\rho}$ 分别为在惯性坐标系 $\{A\}$ 下 O_C 点、O_B 点的速度及目标的旋转角速度和 O_C 点至 O_B 点的向量(各向量的左上标代表的是该向量在某坐标系的表达)。在坐标系 $\{A\}$ 下,向量 $^{A}\boldsymbol{\rho}$ 是变化的,可以将其表达为一个旋转矩阵与一个常向量的乘积:

$$^{A}\boldsymbol{\rho} = \boldsymbol{T}_{B}^{A} \cdot {}^{B}\boldsymbol{\rho} \tag{3-47}$$

$\boldsymbol{T}_{B}^{A}$ 是从 $\{B\}$ 到 $\{A\}$ 的转置矩阵,$^{B}\boldsymbol{\rho}$ 为矢量 $\boldsymbol{\rho}$ 在坐标系 $\{B\}$ 下的表达,因而是一个常向量。所以式(3-46)可改写为

$$^{A}\boldsymbol{v}_{OC} = {}^{A}\boldsymbol{v}_{OB} + {}^{A}\boldsymbol{\omega} \times \boldsymbol{T}_{B}^{A} \cdot {}^{B}\boldsymbol{\rho} \tag{3-48}$$

其中, $^{A}\boldsymbol{v}_{OC}$、$^{A}\boldsymbol{\omega}$ 和 $\boldsymbol{T}_{B}^{A}$ 可以通过测量得到(当然测量有噪声,所以这三个量并不一定完全准确),$^{A}\boldsymbol{v}_{OB}$ 和 $^{B}\boldsymbol{\rho}$ 是待估计的量。式(3-48)还可以写成

$$\begin{bmatrix} \boldsymbol{I}_{3\times3} & {}^{A}\boldsymbol{\omega} \times \boldsymbol{T}_{B}^{A} \end{bmatrix} \cdot \begin{bmatrix} {}^{A}\boldsymbol{v}_{OB} \\ {}^{B}\boldsymbol{\rho} \end{bmatrix} = {}^{A}\boldsymbol{v}_{OC} \tag{3-49}$$

式中, $\boldsymbol{I}_{3\times3}$ 为 3×3 的单位矩阵:

$$
{}^A\boldsymbol{\omega} = \begin{bmatrix} 0 & -{}^A\omega_3 & {}^A\omega_2 \\ {}^A\omega_3 & 0 & -{}^A\omega_1 \\ -{}^A\omega_2 & {}^A\omega_1 & 0 \end{bmatrix} \tag{3-50}
$$

式(3-49)含有六个未知数却只有三个方程,所以仅仅通过一次测量是不可能求得目标卫星的质心速度和位置的。需要至少两次独立的测量才能根据式(3-49)求得待估计参数,同时考虑到测量中存在误差,所以通常需要进行多次独立测量,以获得参数较为准确的估计,即

$$
\begin{bmatrix} \boldsymbol{I}_{3\times3} & {}^A\boldsymbol{\omega}_1 \times \boldsymbol{T}_{B1}^A \\ \boldsymbol{I}_{3\times3} & {}^A\boldsymbol{\omega}_2 \times \boldsymbol{T}_{B2}^A \\ \boldsymbol{I}_{3\times3} & {}^A\boldsymbol{\omega}_3 \times \boldsymbol{T}_{B3}^A \\ \vdots & \vdots \\ \boldsymbol{I}_{3\times3} & {}^A\boldsymbol{\omega}_n \times \boldsymbol{T}_{Bn}^A \end{bmatrix} \cdot \begin{bmatrix} {}^A\boldsymbol{v}_{OB} \\ {}^B\boldsymbol{\rho} \end{bmatrix} = \begin{bmatrix} {}^A\boldsymbol{v}_{OC1} \\ {}^A\boldsymbol{v}_{OC2} \\ {}^A\boldsymbol{v}_{OC3} \\ \vdots \\ {}^A\boldsymbol{v}_{OCn} \end{bmatrix} \tag{3-51}
$$

式中,右下标数字代表的是独立测量的次序。或者将式(3-51)记为

$$
\boldsymbol{Ax} = \boldsymbol{b} \tag{3-52}
$$

其中,

$$
\boldsymbol{A} = \begin{bmatrix} \boldsymbol{I}_{3\times3} & {}^A\boldsymbol{\omega}_1 \times \boldsymbol{T}_{B1}^A \\ \boldsymbol{I}_{3\times3} & {}^A\boldsymbol{\omega}_2 \times \boldsymbol{T}_{B2}^A \\ \boldsymbol{I}_{3\times3} & {}^A\boldsymbol{\omega}_3 \times \boldsymbol{T}_{B3}^A \\ \vdots & \vdots \\ \boldsymbol{I}_{3\times3} & {}^A\boldsymbol{\omega}_n \times \boldsymbol{T}_{Bn}^A \end{bmatrix}, \boldsymbol{x} = \begin{bmatrix} {}^A\boldsymbol{v}_{OB} \\ {}^B\boldsymbol{\rho} \end{bmatrix}, \boldsymbol{b} = \begin{bmatrix} {}^A\boldsymbol{v}_{OC1} \\ {}^A\boldsymbol{v}_{OC2} \\ {}^A\boldsymbol{v}_{OC3} \\ \vdots \\ {}^A\boldsymbol{v}_{OCn} \end{bmatrix}
$$

矩阵 $\boldsymbol{A}$ 的维数为 $3n \times 6$, $\boldsymbol{x}$ 的维数为 6×1, $\boldsymbol{b}$ 的维数为 $3n \times 1$。当 $n > 2$ 时,公式(3-52)为过约束方程,可以通过求矩阵的伪逆来求解,即

$$
\boldsymbol{x} = (\boldsymbol{A}^T\boldsymbol{A})^{-1} \cdot \boldsymbol{A}^T\boldsymbol{b} \tag{3-53}
$$

式(3-53)给出了在能够跟踪目标卫星上某一点的速度及目标卫星翻转角速度的条件下估计目标卫星质心位置及其速度的求解方程。

2. 目标归一化惯性张量矩阵的估计

当目标自由旋转时,其角动量是守恒的(不考虑能量损耗),即

$$
\boldsymbol{T}_C^{AC}\boldsymbol{h} = {}^C\boldsymbol{I}^C\boldsymbol{\omega} \tag{3-54}
$$

其中,目标的角动量 $\boldsymbol{h}$、惯性张量矩阵 $\boldsymbol{I}$ 和旋转角速度 $\boldsymbol{\omega}$ 都为目标固定矩阵 C 下的

表达，$\boldsymbol{T}_C^A$ 为从坐标系 $\{C\}$ 至惯性坐标系 $\{A\}$ 的旋转矩阵。旋转角速度 $\boldsymbol{\omega}$ 和 $\boldsymbol{T}_C^A$ 假设都可以测量得到，角动量 $\boldsymbol{h}$ 和惯性张量矩阵 $\boldsymbol{I}$ 未知待估。一次测量也不能对所有参数给出估计，同时考虑到测量中的噪声问题，所以需进行多次独立的测量才可能对参数作出一个较好的估计。

$$
\begin{aligned}
T_{C1}^A\,{}^C h &= {}^C I\,{}^C\omega_1 \\
T_{C2}^A\,{}^C h &= {}^C I\,{}^C\omega_2 \\
T_{C3}^A\,{}^C h &= {}^C I\,{}^C\omega_3 \\
&\vdots \\
T_{Cn}^A\,{}^C h &= {}^C I\,{}^C\omega_n
\end{aligned}
\tag{3-55}
$$

n 为独立观测的次数。式（3 - 55）可以表达为的以下形式：

$$
\boldsymbol{Ax} = \boldsymbol{b}
$$

$$
A = \begin{bmatrix}
\overline{{}^C\boldsymbol{\omega}_1} & -\boldsymbol{T}_{C1}^A \\
\overline{{}^C\boldsymbol{\omega}_2} & -\boldsymbol{T}_{C2}^A \\
\overline{{}^C\boldsymbol{\omega}_3} & -\boldsymbol{T}_{C3}^A \\
\vdots & \vdots \\
\overline{{}^C\boldsymbol{\omega}_n} & -\boldsymbol{T}_{Cn}^A
\end{bmatrix},
\boldsymbol{x} = \begin{bmatrix}
\overline{{}^C\boldsymbol{I}} \\
{}^C\boldsymbol{h}
\end{bmatrix},
\boldsymbol{b} = \begin{bmatrix}
0_{3\times1} \\
0_{3\times1} \\
0_{3\times1} \\
\vdots \\
0_{3\times1}
\end{bmatrix}
\tag{3-56}
$$

其中，A 为 $3n \times 9$ 的矩阵；$\boldsymbol{x}$ 为 9×1 的向量；$\boldsymbol{b}$ 为 $3n \times 1$ 的向量。

$$
\overline{{}^C\boldsymbol{\omega}_i} = \begin{bmatrix}
{}^C\boldsymbol{\omega}_{i1} & {}^C\boldsymbol{\omega}_{i2} & {}^C\boldsymbol{\omega}_{i3} & 0 & 0 & 0 \\
0 & {}^C\boldsymbol{\omega}_{i1} & 0 & {}^C\boldsymbol{\omega}_{i2} & {}^C\boldsymbol{\omega}_{i3} & 0 \\
0 & 0 & {}^C\boldsymbol{\omega}_{i1} & 0 & {}^C\boldsymbol{\omega}_{i2} & {}^C\boldsymbol{\omega}_{i3}
\end{bmatrix}
\tag{3-57}
$$

$$
\overline{{}^C\boldsymbol{I}} = \begin{bmatrix} I_{11} & I_{12} & I_{13} & I_{22} & I_{23} & I_{33} \end{bmatrix}^{\mathrm{T}}
\tag{3-58}
$$

式（3 - 56）可用奇异值分解法（SVD）求解，需要注意的是通过该方法并不能求得相关待估参数的绝对值，而只能求得各参数之间的相对关系。如果仅仅需要预测目标卫星的运动轨迹，那么得到惯性张量矩阵各元素之间的相对关系就可以达成这个目的，但是如果要实施对目标卫星的抓捕，由于涉及碰撞，有必要获取目标卫星动力学参数的真实值。

3. 目标完整惯性参数的估计

要获取目标的动力学参数的确定值，必须施加一个力和力矩至目标上以改变其运动状态，通过测量目标运动改变之前和之后的运动状态就可以对目标的动力学参数作出估计。需要说明的是,对目标的动力学参数确定值进行估计所施加的力和力矩是可以准确测量的或已知的。

目标的动力学参数通常包括其质量和惯性张量矩阵。对目标质量的估计比较简单:在施加力至目标之前,通过公式(3-53)估计其质心运动速度 $^A\boldsymbol{v}_{OB_b}$(力施加之前的质心速度);施加力改变目标物的运动状态,再次通过公式(3-53)估计其质心的运动速度 $^A\boldsymbol{v}_{OB_a}$(力施加之后的速度);则目标的质量可以很直接地求得

$$m = \Delta P/(^A\boldsymbol{v}_{OB_a} - ^A\boldsymbol{v}_{OB_b}) \tag{3-59}$$

其中,m 为目标的质量;ΔP 为施加于目标上的冲量(假设可以准确测量得到);$^A\boldsymbol{v}_{OB_b}$ 和 $^A\boldsymbol{v}_{OB_a}$ 分别为目标在其平移运动状态改变之前和之后的质心运动速度[可根据式(3-56)分别求得]。

为确定目标的惯性张量矩阵首先需施加一个冲量矩阵(假设该冲量矩阵是可以准确测量得到的)至目标上以改变其旋转状态,通过多次测量旋转改变之前的角速度和旋转改变之后的角速度就可以估计目标物的惯性张量矩阵的确定值。在对目标物施加冲量矩之前,

$$\boldsymbol{Ax} = \boldsymbol{b}$$

$$\boldsymbol{A} = \begin{bmatrix} \overline{^c\boldsymbol{\omega}_1} & -\boldsymbol{T}_{C1}^A \\ \overline{^c\boldsymbol{\omega}_2} & -\boldsymbol{T}_{C2}^A \\ \overline{^c\boldsymbol{\omega}_3} & -\boldsymbol{T}_{C3}^A \\ \vdots & \vdots \\ \overline{^c\boldsymbol{\omega}_n} & -\boldsymbol{T}_{Cn}^A \end{bmatrix}, \boldsymbol{x} = \begin{bmatrix} \overline{^c\boldsymbol{I}} \\ ^c\boldsymbol{h} \end{bmatrix}, \boldsymbol{b} = \begin{bmatrix} 0_{3\times1} \\ 0_{3\times1} \\ 0_{3\times1} \\ \vdots \\ 0_{3\times1} \end{bmatrix} \tag{3-60}$$

或

$$\begin{bmatrix} \boldsymbol{A}_{01} & \boldsymbol{A}_{02} \end{bmatrix} \cdot \begin{bmatrix} \overline{^c\boldsymbol{I}} \\ ^c\boldsymbol{h} \end{bmatrix} = \boldsymbol{0} \tag{3-61}$$

其中,

$$\boldsymbol{A}_{01} = \begin{bmatrix} \overline{^c\boldsymbol{\omega}_1} \\ \overline{^c\boldsymbol{\omega}_2} \\ \overline{^c\boldsymbol{\omega}_3} \\ \vdots \\ \overline{^c\boldsymbol{\omega}_n} \end{bmatrix}, \boldsymbol{A}_{02} = \begin{bmatrix} -\boldsymbol{T}_{C1}^A \\ -\boldsymbol{T}_{C2}^A \\ -\boldsymbol{T}_{C3}^A \\ \vdots \\ -\boldsymbol{T}_{Cn}^A \end{bmatrix} \tag{3-62}$$

对目标施加一个冲量矩阵 Δh_1（假设可以准确测量）后，再多次测量目标的旋转角速度和旋转矩阵，则可以获得更新后的式（3-60）：

$$\begin{bmatrix} A_{11} & A_{12} \end{bmatrix} \cdot \begin{bmatrix} \overline{^c I} \\ ^c h + \Delta ^c h_1 \end{bmatrix} = \mathbf{0} \qquad (3-63)$$

式（3-63）可改写为

$$\begin{bmatrix} A_{11} & A_{12} \end{bmatrix} \cdot \begin{bmatrix} \overline{^c I} \\ ^c h \end{bmatrix} = -A_{12} \cdot \Delta ^c h_1 \qquad (3-64)$$

将式（3-61）与式（3-64）结合可得

$$\begin{bmatrix} A_{01} & A_{02} \\ A_{11} & A_{12} \end{bmatrix} \cdot \begin{bmatrix} \overline{^c I} \\ ^c h \end{bmatrix} = \begin{bmatrix} \mathbf{0} \\ -A_{12} \cdot \Delta ^c h_1 \end{bmatrix} \qquad (3-65)$$

理论上，只需要施加一个冲量矩阵改变目标的旋转速度，分别多次测量冲量矩阵施加前后目标的旋转速度，就可以根据式（3-65）计算出目标惯性张量的确定值。当然也可以多次施加冲量矩阵至目标上，并在每次冲量矩阵施加后多次测量目标的旋转速度，以期通过这种方式提高在测量有误差的条件下估计的准确度。

$$\begin{bmatrix} A_{01} & A_{02} \\ A_{11} & A_{12} \\ A_{21} & A_{22} \\ \vdots & \vdots \\ A_{m1} & A_{m2} \end{bmatrix} \cdot \begin{bmatrix} \overline{^c I} \\ ^c h \end{bmatrix} = \begin{bmatrix} \mathbf{0} \\ -A_{12} \cdot \Delta ^c h_1 \\ -A_{22} \cdot (\Delta ^c h_1 + \Delta ^c h_2) \\ \vdots \\ -A_{m2} \cdot (\Delta ^c h_1 + \Delta ^c h_2 + \cdots + \Delta ^c h_m) \end{bmatrix} \qquad (3-66)$$

3.3　空间碎片接近制导技术

3.3.1　接近制导方法综述

空间碎片自主接近主要是指航天器不依赖于地面系统、指挥人员的参与自主靠近空间碎片，通过对目标绕飞、伴飞、悬停、交会等一系列近距离空间操作，实现在轨对空间碎片进行监测、成像及移除等任务。空间碎片通常为非合作目标，如何有效、安全、自主接近空间碎片，完成特定的航天任务，成为迫切需要解决的问题[26-28]。

为实现碎片接近任务具有较高精度的相对轨道和姿态状态，有必要从航天器动力学模型与相关控制理论入手，结合任务航天器的任务特点，研究接近空间碎片的任务航天器的控制方法与技术,以提高任务航天器的控制精度和稳定度。此外,目标的非合作特性、空间环境的复杂性及特定任务的快速性要求又进一步增加了完成接近任务的难度,使得目前的控制算法不再适用。因此,通过研究航天器相对轨道设计与控制、姿态鲁棒控制的新理论与新方法,能够显著提高对目标接近与跟踪的控制精度、缩短接近飞行的路径与机动时间、降低任务航天器与目标碰撞的概率等,确保在轨监测以及在轨清除等任务的有效实施。

综上所述,针对接近空间碎片的任务航天器制导技术研究已经成为非常必要的工作。空间碎片接近制导的基本框架如图 3-8 所示。

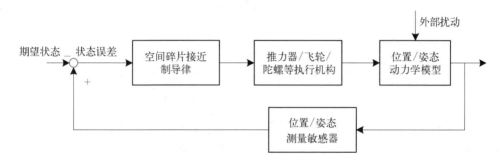

图 3-8　空间碎片接近制导基本框架

目前,国内外学者重点针对自主接近空间目标相对位置控制、接近非合作特性目标的控制及相对轨道与姿态的快速机动控制等内容进行了深入的研究并取得大量成果。

接近空间目标的首要要求是位置满足任务需求。航天器近距离相对位置运动根据目标轨道性质不同一般可以分为圆形轨道与椭圆轨道,其中圆轨道相对运动模型一般采用 C-W 方程描述相对运动过程[29]。为了完成近距离相对运动控制,反步法、滑模控制、最优控制等控制方法得到了广泛应用。基于 T-H 方程,文献[30]利用李雅普诺夫微分方程处理了带有约束的椭圆轨道上的交会控制问题。针对考虑输入受限的圆轨道交会问题,Wang 等[31]基于 C-W 方程提出了鲁棒增益控制策略。基于非线性接近相对运行模型,Imani 等[32]设计了最优滑模控制器与反步滑模控制器,并验证了其优越性。为了处理交会过程中的输入饱和情况,Ma 等[33]建立了饱和近似模型并提出了鲁棒控制器。

在近距离相对运动过程中,通常需要使任务航天器的位置与姿态相对于空间目标以较高精度同时达到期望的状态,因此考虑任务航天器的轨道与姿态运动耦合控制。针对考虑不同实际约束的协同控制问题,反步法、滑模控制、最优控制等控制方法受到许多学者的重视与进一步研究。针对空间翻滚目标的接近与对准问题,基于六自由度姿态轨道耦合模型,Xin 等[34,35]设计了最优跟踪控制策略。为处理交会过程中不同阶段的位置接近与姿态运动控制问题,Capello 等[36]设计了带有切换的滑模控制策略。基于考虑饱和约束的六自由度姿态轨道耦合模型,Zhang 等[37]提出了一种自适应控制器,有效地处理了考虑执行器安装偏移的航天器的旋转与平移综合跟踪控制问题。针对追踪卫星质量与转动惯量未知情况的空间接近问题,Filipe 等[38]提出了一种位置姿态自适应跟踪控制策略。同时考虑交会过程中的输入受限约束、状态约束及参数不确定性,Sun 等[39]提出了自适应反步控制策略,可以保证状态变量的一致有界。

在任务航天器近距离相对运动过程中,任务航天器与目标相距较近,同时运动区域内可能有障碍物,容易发生碰撞。为了保证航天器的安全性,研究考虑安全约束的近距离相对运动控制技术是十分必要的。利用带有安全约束的轨迹规划方法进行近距离安全相对运动设计是一种有效的方法。文献[40]利用滚动时域法研究了接近慢旋合作目标的运动轨迹。针对考虑安全约束的运动轨迹,文献[41,42]设计了基于优化算法的路径规划方法,且文献[41]考虑了运动过程中的姿轨一体化。针对失效卫星的接近问题,Chu 等[43]利用 Gauss 伪谱法设计了最优避碰轨迹。基于 GPOPS - II 求解的标称轨迹,高登巍等[44]设计了反馈跟踪控制策略,可以保证安全接近任务有效地完成。

模型预测控制(MPC)可以有效地处理多约束多变量问题,近年来,许多学者提出基于 MPC 的控制策略处理考虑避障的航天器交会对接问题[45-50]。然而,上述方法均基于线性系统模型,没有考虑外部扰动等非线性项。

安全约束函数与人工势函数可以有效地处理避碰问题,目前受到广泛的重视。Zhang 等[51]利用不可导的势函数限制运动区域,并将其与模糊理论相结合设计了一种制导策略,保证了与非合作目标的顺利对接,且在运动过程中不与空间目标发生碰撞。文献[52,53]分别基于球形与非球形约束区域限制相对位置运动区域并设计了安全接近控制器。郭永[54]与 Li 等[55]将蔓叶面势函数与滑模控制方法相结合,设计了具有避碰功能的姿轨耦合控制器,但均没有考虑输入受限约束,且文献[54]需要获取外部扰动上界信息。Hu 等[56]基于人工势函数和时变滑模面提出了用于考虑避障的构型保持的控制策略。Dong 等[57]设计了新的避碰函数,并基于该避碰函数设计了滑模控制策略,保证了任务航天器在完成接近过程中始终在安全域内运动且不与空间障碍物发生碰撞。

下面给出适用于空间碎片接近的典型制导模型及制导方法。

3.3.2　典型近距离接近制导模型

1. 构建的轨道坐标系

如图 3 - 9 所示,赤道惯性坐标系 ($O_I X_I Y_I Z_I$) 与目标航天器轨道坐标系 ($o_o x_o y_o z_o$)。r_t 和 r_c 分别为地心到目标和任务航天器质心的位置矢量。可得轨道运

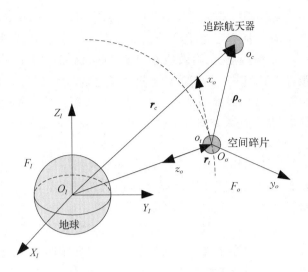

图 3 - 9　目标航天器轨道坐标系

动动力学方程为

$$m_c \ddot{\boldsymbol{\rho}}_o + \boldsymbol{A}_o \dot{\boldsymbol{\rho}}_o + \boldsymbol{B}_o \boldsymbol{\rho}_o + \boldsymbol{f}_o = \boldsymbol{d}_o + \boldsymbol{u}_o \quad\quad (3-67)$$

其中，

$$\boldsymbol{A}_o = 2m_c \dot{\theta}_t \begin{bmatrix} 0 & 0 & -1 \\ 0 & 0 & 0 \\ 1 & 0 & 0 \end{bmatrix} \quad\quad (3-68)$$

$$\boldsymbol{B}_o = m_c \frac{\mu_e}{r_c^3} \boldsymbol{I}_{3\times3} + m_c \begin{bmatrix} -\dot{\theta}_t^2 & 0 & -\ddot{\theta}_t \\ 0 & 0 & 0 \\ \ddot{\theta}_t & 0 & -\dot{\theta}_t^2 \end{bmatrix} \quad\quad (3-69)$$

$$\boldsymbol{f}_o = \mu_e m_c \left[0,\ 0,\ -\frac{r_t}{r_c^3} + \frac{1}{r_t^2} \right]^{\mathrm{T}} \quad\quad (3-70)$$

$$\dot{\theta}_t = \frac{n_t (1 + e_t \cos\theta_t)^2}{(1 - e_t^2)^{\frac{3}{2}}} \quad\quad (3-71)$$

$$\ddot{\theta}_t = \frac{-2n_t^2 e_t (1 + e_t \cos\theta_t)^3 \sin\theta_t}{(1 - e_t^2)^3} \quad\quad (3-72)$$

其中，$n_t = \sqrt{\mu_e / a_t^3}$ 表示的含义为目标航天器的平均角速度；a_t 表示的含义为目标航天器的轨道半长轴；e_t 表示的含义为偏心率。

若任务航天器的期望位置用 $\boldsymbol{\rho}_{od}$ 表示,而速度用 $\dot{\boldsymbol{\rho}}_{od}$ 表示,误差向量可以表示为 $\boldsymbol{e}_o = \boldsymbol{\rho}_o - \boldsymbol{\rho}_{od}$。 重写式(3-67),可得

$$m_c \ddot{\boldsymbol{e}}_o + \boldsymbol{A}_o \dot{\boldsymbol{e}}_o + \boldsymbol{B}_o \boldsymbol{e}_o + \boldsymbol{g}_o = \boldsymbol{d}_o + \boldsymbol{u}_o \qquad (3-73)$$

其中,$\boldsymbol{g}_o = m_c \ddot{\boldsymbol{\rho}}_{od} + \boldsymbol{A}\dot{\boldsymbol{\rho}}_{od} + \boldsymbol{B}\boldsymbol{\rho}_{od} + \boldsymbol{f}_o$。

式(3-67)是任意轨道下的轨道相对动力学方程,当目标航天器运行在近圆轨道时,将式(3-67)写成分量的形式并进行线性化,可得到 C-W 方程:

$$\begin{cases} \ddot{x} - 2\omega\dot{z} = f_x \\ \ddot{y} + \omega^2 y = f_y \\ \ddot{z} - 3\omega^2 z + 2\omega\dot{x} = f_z \end{cases} \qquad (3-74)$$

其中,x、y 和 z 是任务航天器在目标航天器轨道坐标系 $\boldsymbol{F}_o$ 中的坐标分量,ω 为目标航天器的轨道角速度,其大小为 $\dot{\theta}_t$,且式(3-74)适用于相对距离小于 50 km 的情况。f_x、f_y 和 f_z 为 $\dfrac{\boldsymbol{d}_{cl}}{m_c} - \dfrac{\boldsymbol{d}_{tl}}{m_t} + \dfrac{\boldsymbol{u}_l}{m_c}$ 在各坐标轴方向的控制力。当 f_x、f_y 和 f_z 为任意的时间函数时,式(3-74)并不存在一般解析解。

在控制力为零且忽略摄动的情况下,C-W 方程的解析解为

$$\begin{cases} x = x_0 + \dfrac{2\dot{z}_0}{\omega}[1 - \cos(\omega t)] + \left(\dfrac{4\dot{x}_0}{\omega} - 6z_0\right)\sin(\omega t) + (6\omega z_0 - 3\dot{x}_0)t \\ y = y_0\cos(\omega t) + \dfrac{\dot{y}_0}{\omega}\sin(\omega t) \\ z = 4z_0 - \dfrac{2\dot{x}_0}{\omega} + \left(\dfrac{2\dot{x}_0}{\omega} - 3z_0\right)\cos(\omega t) + \dfrac{\dot{z}_0}{\omega}\sin(\omega t) \end{cases}$$

$$(3-75)$$

其中,x_0、y_0 和 z_0 分别为 x、y 和 z 的初始值。

2. 建立在任务航天器体系下的轨道相对运动方程[52,53]

坐标系示意图见图 3-10。其中,赤道惯性坐标系 $(O_I X_I Y_I Z_I)$、目标体坐标系 $(o_t x_t y_t z_t)$ 与任务航天器体坐标系 $(o_c x_c y_c z_c)$ 的建立如图 3-10 所示。定义 $\boldsymbol{\omega}_{cc} = [\omega_{cc1}, \omega_{cc2}, \omega_{cc3}]^T$ 为任务航天器体坐标系 $\boldsymbol{F}_c$ 相对于惯性坐标系 $\boldsymbol{F}_I$ 的相对角速度在 $\boldsymbol{F}_c$ 下的表示,可以得到轨道相对运动动力学方程为

$$m_c \ddot{\boldsymbol{\rho}}_c + \boldsymbol{A}_c \dot{\boldsymbol{\rho}}_c + \boldsymbol{B}_c \boldsymbol{\rho}_c - m_c \boldsymbol{f}_c = \boldsymbol{u}_c + \boldsymbol{d}_c \qquad (3-76)$$

其中,

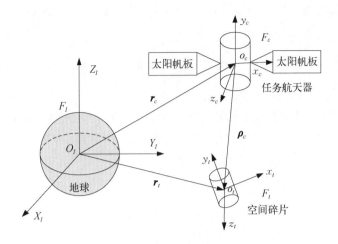

图 3－10　任务航天器体坐标系

$$A_c = 2m_c \begin{bmatrix} 0 & -\omega_{cc3} & \omega_{cc2} \\ \omega_{cc3} & 0 & -\omega_{cc1} \\ -\omega_{cc2} & \omega_{cc1} & 0 \end{bmatrix} \qquad (3-77)$$

$$B_c = m_c \begin{bmatrix} -\omega_{cc2}^2 - \omega_{cc3}^2 & \omega_{cc1}\omega_{cc2} - \dot{\omega}_{cc3} & \omega_{cc1}\omega_{cc3} + \dot{\omega}_{cc2} \\ \omega_{cc1}\omega_{cc2} + \dot{\omega}_{cc3} & -\omega_{cc1}^2 - \omega_{cc3}^2 & \omega_{cc2}\omega_{cc3} - \dot{\omega}_{cc1} \\ \omega_{cc1}\omega_{cc3} - \dot{\omega}_{cc2} & \omega_{cc2}\omega_{cc3} + \dot{\omega}_{cc1} & -\omega_{cc1}^2 - \omega_{cc2}^2 \end{bmatrix} \qquad (3-78)$$

假设任务航天器的期望位置和速度在任务航天器体坐标系下的表示分别为 $\boldsymbol{\rho}_{cd}$ 和 $\dot{\boldsymbol{\rho}}_{cd}$，定义误差向量为 $\boldsymbol{e}_c = \boldsymbol{\rho}_c - \boldsymbol{\rho}_{cd}$，重写式(3-76)，可得

$$m_c \ddot{\boldsymbol{e}}_c + A_c \dot{\boldsymbol{e}}_c + B_c \boldsymbol{e}_c + \boldsymbol{g}_c = \boldsymbol{u}_c + \boldsymbol{d}_c \qquad (3-79)$$

其中，$\boldsymbol{g}_c = -m_c \boldsymbol{f}_c + m_c \ddot{\boldsymbol{r}}_{dc} + A_c \dot{\boldsymbol{r}}_{dc} + B_c \boldsymbol{r}_{dc}$。

3.3.3　典型近距离接近制导方法

空间碎片接近的相对运动模型均可整理为二阶系统。根据上述二阶相对运动接近模型，结合现有接近控制策略，结合应用场景以及制导策略分别给出三种典型接近制导策略的基本原理。

1. 常规近距离接近制导策略

1) 基本原理

当不考虑安全约束要求时，基于上一节的典型近距离接近制导模型(根据具体接近任务选择具体模型)，并考虑多类工程约束条件，确定模型中状态量，进一步将自适应控制、反馈控制与 PID、滑模控制（具有快速响应、对参数及扰动不灵敏等优点）、反步法（可有效地处理包含非匹配不确定项的模型）等控制方法相结合，设计满足约束条件制导律，利用 Lypaunov 函数或时域法等确保系统及其状态的稳定性。

滑模控制：该方法是一种非线性控制。动态控制过程中，根据当前的状态有目的地不断变化，使系统按照预定滑动模态的状态轨迹运动。由于滑动模态可以进行设计且与对象参数及扰动无关，使得该控制策略具有快速响应、对参数及扰动不灵敏等优点。但是，由于状态在滑模面两侧的穿越会导致颤动。

反步法：该方法是一种由前向后递推的设计方法，通过将复杂、高阶的非线性系统分解为多个简单、低阶的子系统，然后在每个子系统中引入误差变量和相应的 Lypaunov 函数，并设计虚拟控制输入保证子系统的稳定性，逐步后推至整个系统完成控制器的设计，实现系统的全局调节或跟踪，使系统达到期望的性能指标。该方法可有效地处理包含非匹配不确定项的模型。

2）典型工程约束

（1）输入饱和：在实际的控制系统中，执行机构的输入是受限的，但在航天器安全接近过程中可能出现输入超出执行机构限度的情况，会引起系统不稳定，为了提高控制性能，在控制器设计过程中考虑输入受限是必要的。

（2）外部扰动上界未知：在实际系统中外部扰动是不可避免的，因此，为了保证工程中控制器的适应性，需要在模型中考虑外部扰动。然而，由于系统外界环境较为复杂，通常情况下系统的外界扰动上界无法确定，控制器设计过程中需要针对扰动上界未知进行有效处理。

（3）状态约束：任务航天器接近空间碎片的过程中，为保证执行机构正常工作，其运动状态需要满足一定的约束条件。因此，需要在控制器设计过程中对跟踪误差以及状态约束，进而提高控制系统性能。

2. 基于安全轨迹跟踪的接近制导策略

基于安全轨迹跟踪的制导方法实际上是一种对安全接近标称轨迹的跟踪控制方法。基于安全轨迹接近制导的主要思想如下：首先根据空间碎片外形包络、障碍物包络等近似拟合给出相应的禁忌区域，此区域确定了任务航天器的禁飞区。进一步，基于该禁飞区利用如高斯伪谱、序列二次规划、智能算法等优化算法规划获取最优的安全接近轨迹，确保了标称轨迹满足安全接近约束条件，同时具有燃料或时间等最优的特性。以跟踪误差为状态变量，根据 PID、滑模控制、反步法等经典控制方法设计合适的跟踪制导律，利用 Lyapunov 稳定性理论确保被控对象的位置和速度均收敛于期望的标称轨迹，保证接近过程的安全性与稳定性。安全包络可以参考势函数的构造方式。基于安全轨迹跟踪的接近制导策略整体流程如图 3-11 所示。

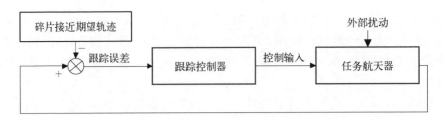

图 3-11　安全接近跟踪控制策略

3. 基于人工势函数的安全接近制导策略

1）基本原理

人工势函数制导方法实际上是一种基于势能的方法，它使被控对象从高势能位置运动到低势能位置。人工势函数制导（artificial potential function guidance，APFG）方法的主要思想如下：首先定义一个标量势函数，此势函数反映了整个状态空间的环境，即定义的势函数在期望的状态位置具有全局最小值，并且用具有较高势函数值的区域表示运动路径的限制条件，如障碍物、禁止区域或接近走廊等，其中高值势函数区域的梯度值直接反映了施加在被控对象上躲避此区域的斥力大小。结合人工势函数，设计适当的控制律，使势函数的导数为负定，这样便可以应用 Lyapunov 稳定性理论确保被控对象的位置和速度均收敛于期望的目标状态点，且不违背路径限制条件[58]。

2）常用势函数类型

（1）基于高斯势函数的椭圆蔓叶线曲面的势函数表达式为[58]

$$\varphi_{os}(\boldsymbol{x}_p,\boldsymbol{q}_t) = \lambda_1 \exp\left(-\frac{1}{2\lambda_2^2} \mid h(\boldsymbol{r}_{tcb}) \mid\right) \tag{3-80}$$

$$h(x,y,z) = \frac{x^3 \tan^2\theta}{2a-x} - y^2 - z^2 = 0 \tag{3-81}$$

式中，$h(r)$ 为椭圆蔓叶曲面的方程。$\boldsymbol{r}_{tcb}$ 为目标本体系下任务航天器相对于目标航天器的位置矢量。$\lambda_1,\lambda_2 > 0$。

（2）椭球/球形势函数表达式为[52]

$$h_e(\boldsymbol{\rho}_t) = \frac{\rho_{tx}^2}{a^2} + \frac{\rho_{ty}^2}{a^2} + \frac{\rho_{tz}^2}{b^2} - 1 \tag{3-82}$$

其中，$\boldsymbol{\rho}_t = [\rho_{tx},\rho_{ty},\rho_{tz}]^{\mathrm{T}}$ 为目标本体系下任务航天器相对于目标航天器的位置矢量。

（3）椭圆蔓叶线曲面的势函数表达式为[54]

$$h_c(\boldsymbol{\rho}_t) = \frac{\rho_{tx}^3 \tan^2\theta}{2a-\rho_{tx}} - \rho_{ty}^2 - \rho_{tz}^2 \tag{3-83}$$

其中，$\boldsymbol{\rho}_t = [\rho_{tx}, \rho_{ty}, \rho_{tz}]^{\mathrm{T}}$ 为任务航天器在目标航天器体坐标系下的表示。

（4）分段连续可导势函数：根据空间碎片外形包络进行近似拟合[57]。

$$h(\boldsymbol{\rho}_t) = \begin{cases} \dfrac{\rho_x^3 \tan^2\theta}{2a_1 - x_{rtb}} - \rho_y^2 - \rho_z^2 & \rho_x \in [0, a_1] \\[3mm] \rho_x^2 + \rho_y^2 + \rho_z^2 - a_3^2 & \rho_x \in [-a_3, a_2] \\[3mm] \rho_x^2 + \rho_z^2 + \rho_z^2 + a^* \sin\left(\dfrac{\pi\rho_x}{a_2}\right)(\rho_y^2 + \rho_z^2) - a_3^2 & \rho_x \in [-a_1, a_2] \end{cases}$$

$$(3-84)$$

其中，$\boldsymbol{\rho}_t = [\rho_{tx}, \rho_{ty}, \rho_{tz}]^{\mathrm{T}}$，$a_1$、$a_2$、$a_3$ 为需要设置的参数，满足不等式 $a_3 > a_2 > a_1 > 0$，a^* 如下

$$a^* = \frac{a_3^2 - a_1^2(1 + \tan^2\theta)}{a_1^2 \sin(\pi a_1/a_2)\tan^2\theta}$$

$$(3-85)$$

参考文献

[1] 宋亮,李志,马兴瑞. 对空间碎片的相对位姿估计. 宇航学报,2015,36(8):906-915.

[2] 李立涛,杨旭,李顺利. 针对非合作目标的中距离相对导航方法. 吉林大学学报(工学版),2008,38(4):986-990.

[3] 周鼎. 基于立体视觉的非合作航天器相对状态估计. 哈尔滨:哈尔滨工业大学,2015.

[4] 董鑫,欧阳高翔. 基于容积卡尔曼滤波的空间碎片相对导航. 红外与激光工程,2015,44:152-157.

[5] 赵侬. 基于深度信息的失效卫星相对导航技术研究. 南京:南京航空航天大学,2019.

[6] 黄享纲. 空间飞行器相对运动自主导航技术研究. 哈尔滨:哈尔滨工业大学,2008.

[7] 陈凤,朱洁,顾冬晴,等. 基于激光成像雷达的空间非合作目标相对导航技术. 红外与激光工程,2016,45(10):1-8.

[8] 于洽. 一类非理想条件下非线性系统的高斯滤波算法及其应用研究. 哈尔滨:哈尔滨工业大学,2015.

[9] 王大轶,李茂登,黄翔宇,等. 航天器多源信息融合自主导航技术. 北京:北京理工大学出版社,2006.

[10] Wang Y K, Huo J, Wang X S. A real-time robotic indoor 3D mapping system using duel 2D laser range finders. Nanjing: Proceedings of 33rd Chinese Control Conference, 2014.

[11] Yen K S, Ratnam M M. Simultaneous measurement of 3-D displacement components from circular grating moire fringes: an experimental approach. Optics and Lasers in Engineering, 2012, 50(6): 887-899.

[12] 周维虎,丁蕾,王亚伟,等. 光束平差在激光跟踪仪系统精度评定中的应用. 光学精密工程,2012,20(4):851-857.

[13] 冯国虎,章大勇,吴文启. 单目视觉下基于对偶四元数的运动目标位姿确定. 武汉大学学

报(信息科学版),2010,35(10):1147-1150.

[14] 岳晓奎,武媛媛,吴侃之.基于视觉信息的航天器位姿估计迭代算法.西北工业大学学报, 2011,29(4):559-563.

[15] 杨宁.飞行器地面试验运动参数视觉测量系统关键问题研究.哈尔滨:哈尔滨工业大学,2015.

[16] 侯宝芬.6D 精密激光跟踪测量技术的研究.西安:西安光学精密机械研究所,2012.

[17] Wendt K, Franke M, Hartig F. Measuring large 3D structure using four portable tracking laser interferometers. Measurement, 2012, 45(10): 2339-2345.

[18] Pan H, Huang J Y, Qin S Y. High accurate estimation of relative pose of cooperative space targets based on measurement of monocular vision imaging. Optik, 2014, 125(13): 3127-3133.

[19] 赵连军.基于目标特征的单目视觉位置姿态测量技术研究.成都:中国科学院大学,2014.

[20] 金伟伟.基于双目视觉的运动小目标三维测量的研究与实现.杭州:浙江大学,2010.

[21] 张晓玲,张宝峰,林玉池.基于光轴垂直双目立体视觉系统的物体运行姿态研究.光电子激光,2010,21(11):1693-1697.

[22] 黄秀韦.非合作目标情形下的航天器交会参数辨识与控制器设计.哈尔滨:哈尔滨工业大学,2017.

[23] Gustafsson T, Viberg M. Instrumental variable subspace tracking with applications to sensor array processing and frequency estimation. Corfu: 8th IEEE Signal Processing Workshop on Statistical Signal and Array Processing, 1996.

[24] Overschee P V, Moor B D. Subspace identification for linear systems: theory, implementation, applications. Dordrecht: Kluwer Academic Publishers, 1996.

[25] Liao Z, Zhu Z, Liang S, et al. Subspace identification for fractional order hammerstein systems based on instrumental variables. International Journal of Control, Automation and Systems, 2012, 10(5): 947-953.

[26] 邬树楠.接近空间目标的追踪航天器控制方法研究.哈尔滨:哈尔滨工业大学,2012.

[27] 张立佳.空间非合作目标飞行器在轨交会控制研究.哈尔滨:哈尔滨工业大学,2008.

[28] 胡晓鑫.在轨非合作目标飞舌抓捕的动力学与控制问题研究.哈尔滨:哈尔滨工业大学,2017.

[29] 杨乐平,朱彦伟,黄涣.航天器相对运动轨迹规划与控制.北京:国防工业出版社,2010.

[30] Zhou B, Lin Z, Duan G R. Lyapunov differential equation approach to elliptical orbital rendezvous with constrained controls. Journal of Guidance, Control, and Dynamics, 2011, 34(2): 345-358.

[31] Wang Q, Zhou B, Duan G R. Robust gain scheduled control of spacecraft rendezvous system subject to input saturation. Aerospace Science and Technology, 2015, 42: 442-450.

[32] Imani A, Beigzadeh B. Robust control of spacecraft rendezvous on elliptical orbits: optimal sliding mode and backstepping sliding mode approaches. Proceedings of the Institution of Mechanical Engineers, Part G: Journal of Aerospace Engineering, 2016, 230(10): 1975-1989.

[33] Ma Y K, Ji H B. Robust control for spacecraft rendezvous with disturbances and input

saturation. International Journal of Control, Automation and Systems, 2015, 13(2): 353 - 360.

[34] Xin M, Pan H. Nonlinear optimal control of spacecraft approaching a tumbling target. Aerospace Science and Technology, 2011, 15(2): 79 - 89.

[35] Xin M, Pan H. Indirect robust control of spacecraft via optimal control solution. IEEE Transactions on Aerospace and Electronic Systems, 2012, 48(2): 1798 - 1809.

[36] Capello E, Punta E, Dabbene F, et al. Sliding-Mode control strategies for rendezvous and docking maneuvers. Journal of Guidance, Control, and Dynamics, 2017, 40(6): 1481 - 1487.

[37] Zhang F, Duan G, Hou M. Integrated relative position and attitude control of spacecraft in proximity operation missions with control saturation. International Journal of Innovative Computing, Information and Control, 2012, 8(5B): 3537 - 3551.

[38] Filipe N, Tsiotras P. Adaptive position and attitude-tracking controller for satellite proximity operations using dual quaternions. Journal of Guidance, Control, and Dynamics, 2014, 38 (4): 566 - 577.

[39] Sun L, Huo W, Jiao Z. Adaptive backstepping control of spacecraft rendezvous and proximity operations with input saturation and full-state constraint. IEEE Transactions on Industrial Electronics, 2017, 64(1): 480 - 492.

[40] 刘智勇,何英姿. 慢旋非合作目标接近轨迹规划. 空间控制技术与应用,2010,36(6): 6 - 10.

[41] 孙俊. 在轨服务航天器位姿一体化规划与控制. 哈尔滨:哈尔滨工业大学,2017.

[42] 缪远明,潘腾. 规避姿态禁区的航天器姿态机动路径规划. 航天器工程,2015,24(4): 33 - 37.

[43] Chu X, Zhang J, Lu S, et al. Optimised collision avoidance for an ultra-close rendezvous with a failed satellite based on the Gauss pseudospectral method. Acta Astronautica, 2016, 128: 363 - 376.

[44] 高登巍,马卫华,袁建平. 采用反馈路径规划的航天器近程安全交会对接. 控制理论与应用,2018,35(10): 1494 - 1502.

[45] Hartley E N, Trodden P A, Richards A G, et al. Model predictive control system design and implementation for spacecraft rendezvous. Control Engineering Practice, 2012, 20(7): 695 - 713.

[46] Leomanni M, Rogers E, Gabriel S B. Explicit model predictive control approach for low-thrust spacecraft proximity operations. Journal of Guidance, Control, and Dynamics, 2014, 37(6): 1780 - 1790.

[47] Weiss A, Baldwin M, Erwin R S, et al. Model predictive control for spacecraft rendezvous and docking: strategies for handling constraints and case studies. IEEE Transactions on Control Systems Technology, 2015, 23(4): 1638 - 1647.

[48] Li Q, Yuan J, Zhang B, et al. Model predictive control for autonomous rendezvous and docking with a tumbling target. Aerospace Science and Technology, 2017, 69: 700 - 711.

[49] Jewison C, Erwin R S, Saenz-Otero A. Model predictive control with ellipsoid obstacle constraints for spacecraft rendezvous. IFAC-Papers OnLine, 2015, 48(9): 257 - 262.

[50] Park H, Zagaris C, Virgili L J, et al. Analysis and experimentation of model predictive control for spacecraft rendezvous and proximity operations with multiple obstacle avoidance. Long Beach: AIAA/AAS Astrodynamics Specialist Conference, 2016.

[51] Zhang D, Song S, Pei R. Safe guidance for autonomous rendezvous and docking with a non-cooperative target. Toronto: AIAA Guidance, Navigation, and Control Conference, 2010.

[52] 李学辉,宋申民. 慢旋非合作目标快速绕飞避碰控制. 控制与决策,2018,33(9): 1612 - 1618.

[53] 李学辉,宋申民,陈海涛,等. 航天器终端接近的有限时间输入饱和避碰控制. 中国惯性技术学报,2017,25(4): 530 - 535.

[54] 郭永,宋申民,李学辉. 非合作交会对接的姿态和轨道耦合控制. 控制理论与应用,2016, 33(5): 638 - 644.

[55] Li X, Zhu Z, Song S. Non-cooperative autonomous rendezvous and docking using artificial potentials and sliding mode control. Proceedings of the Institution of Mechanical Engineers, Part G: Journal of Aerospace Engineering, 2019, 233(4): 1171 - 1184.

[56] Hu Q, Dong H, Zhang Y, et al. Tracking control of spacecraft formation flying with collision avoidance. Aerospace Science and Technology, 2015, 42: 353 - 364.

[57] Dong H, Hu Q, Akella M R. Safety control for spacecraft autonomous rendezvous and docking under motion constraints. Journal of Guidance, Control, and Dynamics, 2017, 40(7): 1680 - 1692.

[58] 张大伟. 航天器自主交会对接制导与控制方法研究. 哈尔滨: 哈尔滨工业大学,2012.

第 4 章
空间碎片接触式移除技术

4.1 空间碎片机械臂抓捕技术

4.1.1 基本原理

空间碎片抓捕机械臂是直接对空间碎片目标实施抓捕操作的一种方式。目前,通过 ETS－Ⅶ、轨道快车等的飞行验证,美、日等基本实现了对合作目标的机动、绕飞与接近抓捕能力,正向着实现对非合作目标抓捕的方向发展。空间碎片抓捕机械臂一般由多自由度运动机械臂和末端执行器组成,其中,机械臂是由一系列连杆和关节连接而成的开链式机构,机械臂关节一般包括肩关节、肘关节和腕关节,机械臂的末端装有末端执行器或相应的操作工具,现有刚性机械臂系统抓捕非合作目标航天器的对接环、螺栓孔等位置,对飞行器和机械臂的位姿精度要求较高。

空间碎片抓捕机械臂一般具有以下技术特点:

(1)系统具备多任务适应性,抓捕策略可根据任务调整,既能够捕获微小目标,也能够捕获不规则的大型目标,实现任务通用化;

(2)具备运动和抓捕容差适应能力,既能够捕获三轴稳定空间目标,又能够捕获旋转翻滚目标;能够根据目标运动状态作出路径规划;具有大范围容差能力,增强防目标逃逸能力;

(3)具备对自旋目标的低冲击柔性捕获、高刚度可靠连接及自主柔顺操控的能力,能够通过主被动联合刚度调节及机械臂柔顺控制,实现捕获过程中随机碰撞冲击的缓冲、高可靠连接刚度的建立及消旋操控过程中的扰动抑制。

4.1.2 系统组成

空间碎片抓捕机械臂主要用于实现空间大范围、多角度运动控制,引导末端抓捕手爪以正确的姿态和轨迹接近抓捕目标,并通过柔顺控制系统设计,消除章动扰动,降低抓捕冲击、提高捕获后控制系统的抗干扰能力和系统稳定性,实现自由空间位置控制到接触空间柔顺控制无缝过渡切换。

根据空间碎片抓捕机械臂任务及功能分析,确定机械臂系统主要配置如下所示。

(1)机械臂结构与机构系统,包括:机械臂关节、末端执行器及结构件等。

(2)机械臂控制系统,包括:机械臂整臂控制器、信息系统及供配电等。

(3)机械臂测量与感知系统,包括:各类视觉传感器、力传感器等。

(4)遥操作系统,包括:地面遥操作平台等。

机械臂结构与机构系统是空间碎片抓捕机械臂的主要执行机构,主要用于结构连接和驱动动作执行。结构与机构系统分机械臂本体和压紧释放机构两部分,机械臂本体主要包括:机械臂关节(及关节控制器)、末端执行器及臂杆等。机械臂结构与机构系统的主要功能是实现空间机械臂末端的空间位置和姿态;末端执行器安装于机械臂本体的末端,用于目标物的捕获、拖动和锁紧等任务。

机械臂控制系统负责解析地面和在轨发出的运动指令,根据路径规划算法规划整个机械臂的运动轨迹和运动参数来控制机械臂的运动过程,向地面反馈机械臂的状态信息,管理各种遥控指令及遥测信息等。机械臂控制系统除主计算机及各种接口电路等硬件设施外,还包含控制机械臂系统的各种软件,例如系统管理软件、系统调度软件、路径规划软件等。这些软件嵌入中央控制器的硬件中,实现对机械臂的各种控制。

机械臂测量与感知系统用于对目标物体及其他设备的视觉成像,以便为地面操作人员提供视觉反馈,辅助地面操作人员控制机械臂完成各种任务。视觉子系统还可以通过图像处理技术识别目标物体上标识点位置,从而确定目标物体的位置和姿态,并将该位姿数据上传到控制系统,实现空间碎片抓捕机械臂的自主控制。根据机械臂的任务要求,视觉子系统在机械臂本体上需配置多台视觉摄像机,以分别监视机械臂的全局状态(目标物体的粗略识别)和局部情况(目标物体的精确定位):在肘关节处安装全局摄像机以确定目标物体的大致位置并拍摄抓取、安装等过程的全貌,而在腕部安装局部摄像机用于提供目标的精确位置以精调抓取装置和目标的相对位姿。除此之外,根据任务需要,可布置全局相机,用于全面观察机械臂的操作状况。

遥操作系统主要完成在轨的各项任务和具体操作。其主要包括操作手柄、操作控制台、显示屏幕及数据传输系统等。遥操作用于在地面对在轨的空间机械臂进行操作。地面遥操作设计的最终目标是要达到能够充分和有效地利用宝贵而有限的天地信道资源,使遥操作信息得以增强,系统环路时延得以消减,遥操作指令得以平滑且及时准确地响应。

4.1.3　工作流程

空间碎片机械臂抓捕工作过程主要分为系统准备→目标识别和参数辨识→接近→捕获→消旋→连接六个主要过程。空间碎片抓捕机械臂通过测量抓捕目标的位姿、速度等信息,并根据自身状态信息,设计针对性的各阶段控制策略,指导抓捕机构执行指令动作,最终完成稳定抓捕任务。

1. 目标识别和参数辨识

一般在地面引导下,任务航天器完成对抓捕目标的远距离搜索和近距离观测,重点测量目标卫星的位置、姿态信息,根据地面指令启动对目标的逼近、停靠等动作,在安全距离范围内通过测量设备对目标的形状、尺寸等外部形态及轨道、姿态等运行状态进行观测和测量,必要时对目标进行绕飞,从而获得更加充分的观测数据;抓捕机械臂根据目标运动信息与抓捕系统设置初始构型,规划机械臂驱动末端抓捕机构靠近目标的运动轨迹,并且将抓捕目标的观测数据下传地面进行分析,制定最佳的抓捕策略。

2. 目标接近与捕获

在视觉系统识别和辅助下,空间碎片抓捕机械臂控制器驱动末端抓捕机构运动,逐渐接近目标对象,直至将目标对象纳入机械臂末端抓捕机构的抓捕包络,对目标进行跟踪锁定,准备实施抓捕;根据地面指令启动星上机械臂及其他抓捕装置,根据视觉测量信息执行抓捕操作,并且机械臂控制模式由刚性臂转为柔顺控制,为降低抓捕过程冲击和章动扰动做好准备。

3. 目标消旋

机械臂末端抓捕机构与目标接触后,贴附的力传感器实时返回接触碰撞力的大小,机械臂控制器根据接触力大小调整末端抓捕机构的驱动力,保证目标位于可靠抓取域。捕获过程中,通过机械臂末端六维力传感器监测系统输入扰动,控制器根据扰动力实时改变机械臂关节刚度和系统控制策略,与机械臂末端抓捕机构输出力进行匹配,减小捕获过程中的章动扰动。

4. 目标连接与精细操作

捕获成功后,任务航天器与抓捕目标形成组合体,组合体在轨三轴稳定,目标与任务航天器运动差得以消除,形成服务航天器星体-抓捕系统-目标体硬连接整体系统,并将目标对象压紧固定在抓捕系统内固定组件上,实现目标与服务航天器硬连接,完成全部捕获过程。

4.1.4　关键技术

空间碎片机械臂抓捕移除过程需考虑抓捕过程的冲击缓冲、处于自旋或章动等运动状态的目标的消旋,故机械臂抓捕过程关键技术包括空间碎片自适应柔顺抓捕技术、空间碎片主动消旋技术等。

4.1.4.1　空间碎片自适应柔顺抓捕技术

1. 机械臂阻抗控制

阻抗控制是 Hogan 提出的一种力控制框架,通过调节机械臂末端执行器位置偏差和接触力之间的动态关系来实现柔顺控制的目的。其中设定的理想的机械臂的末端位置偏差和机械臂环境作用力之间的动态关系称为目标阻抗。

机械臂抓捕目标的示意图见图 4-1。基体,即任务航天器上安装有机械臂系统,通过机械臂的末端实行对目标的抓捕,当末端与目标间发生接触碰撞时,机械臂进行阻抗控制。

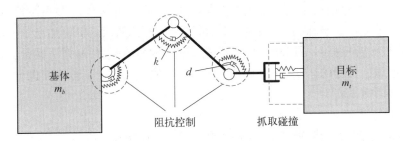

图 4-1　目标抓捕阻抗控制示意图

在阻抗控制中,通常需要同时考虑机械臂与环境的模型,即阻抗关系。在文献 [1] 中给出了机械臂期望阻抗和环境阻抗的建模关系,一个动力学系统的阻抗 $\boldsymbol{Z}(s)$ 定义为系统受外力的拉普拉斯变换与速度的拉普拉斯变换之比,即

$$\boldsymbol{Z}(s) = \frac{\boldsymbol{F}(s)}{\boldsymbol{V}(s)} \tag{4-1}$$

进一步地,通常采用一个等效质量-弹簧-阻尼器二阶系统来描述,于是可以得到环境阻抗和机械臂期望阻抗的建模如下:

$$\boldsymbol{Z}_m(s) = \boldsymbol{M}_d s + \boldsymbol{B}_d + \boldsymbol{K}_d/s \tag{4-2}$$

$$\boldsymbol{Z}_e(s) = \boldsymbol{M}_e s + \boldsymbol{B}_e + \boldsymbol{K}_e/s \tag{4-3}$$

其中,$\boldsymbol{M}_e$、$\boldsymbol{B}_e$ 和 $\boldsymbol{K}_e$ 分别为环境的惯性阵、阻尼阵和刚度阵;$\boldsymbol{M}_d$,$\boldsymbol{B}_d$ 和 $\boldsymbol{K}_d$ 分别为机械臂期望的惯性阵、阻尼阵和刚度阵。为了满足不同的控制目标,机械臂期望阻抗和环境阻抗的建模需要满足一些特性,称之为对偶定理。

定理　对偶定理[1]:

(1) 当环境建模为容性环境,即 $\boldsymbol{M}_e = 0$,$\boldsymbol{Z}_e(s) = \boldsymbol{B}_e + \boldsymbol{K}_e/s$,相对应的机械臂期望阻抗应建模为阻性机械臂,即 $\boldsymbol{Z}_m(s) = \boldsymbol{M}_d s + \boldsymbol{B}_d$;

(2) 当环境建模为阻性环境,即 $\boldsymbol{K}_e = 0$,$\boldsymbol{Z}_e(s) = \boldsymbol{M}_e s + \boldsymbol{B}_e$,相对应的机械臂期望阻抗应建模为容性机械臂,即 $\boldsymbol{Z}_m(s) = \boldsymbol{M}_d s + \boldsymbol{B}_d + \boldsymbol{K}_d/s$。

通用的期望阻抗关系式如下：

$$M_d(\ddot{X} - \ddot{X}_d) + B_d(\dot{X} - \dot{X}_d) + K_d(X - X_d) = F_d - F_e \qquad (4-4)$$

其中，X 和 X_d 分别为操作空间的位姿和期望位姿；F_d 和 F_e 分别为末端执行器作用于环境的期望力与实际力。

2. 双环控制策略

为了协调基于动力学模型的控制、自适应控制及其附加的阻抗控制、轨迹跟踪等目标，采用内环和外环方式进行控制策略设计，结构图如图 4-2 所示。其中内环是基于反馈线性化或是逆动力学的控制环，外环是附加的控制目标以实现更多的控制目标，如轨迹跟踪、阻抗控制等。

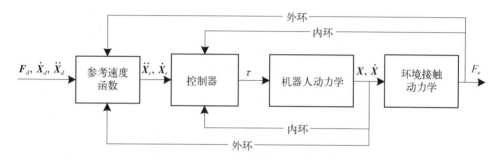

图 4-2　内环/外环控制策略结构图

传统的阻抗控制方法，内环通常采用计算力矩法，外环采用通用的期望阻抗关系式进行控制。具体地，对于末端受约束力的机械臂系统，基于拉格朗日方法推导出来的动力学方程在操作空间的表达为

$$\overline{M}(X)\ddot{X} + \overline{C}(X, \dot{X})\dot{X} + \overline{G}(X) = F - F_e \qquad (4-5)$$

将式(4-4)代入式(4-5)，可以得

$$\tau = J^{\mathrm{T}} \{ \overline{C}\dot{X} + \overline{G} + \overline{M}\ddot{X}_d + \overline{M}M_d^{-1} [B_d(\dot{X}_d - \dot{X}) + K_d(X_d - X) + F_d - F_e] + F_e \}$$

$$(4-6)$$

这是阻抗控制常用的控制方法，实现了带偏置力命令的任意配置的阻抗控制，F_d 为偏置力命令，但是，此控制律需要较大的计算量，并且由于引入接触力 F_e 的影响，套用原计算力矩法的自适应律并不能得到稳定性，而实际应用中，建模的不准确性是不可避免的，缺失自适应功能将会大大削弱基于模型控制算法的优势。

3. 机械臂阻抗控制算法

考虑梯度投影法避障的关节空间参考速度为

$$\dot{q}_{Lr} = J_L^+ (\dot{X}_{LEr} - \dot{X}_b) + k(I - J_L^+ J_L) \frac{\partial H(q_L, q_R)}{\partial q_L} \qquad (4-7)$$

正向递推得到控制律的速度递推关系：

$$V_{r1} = {}^{L1}T_b V_b + z_6 \dot{q}_{Lr1} \tag{4-8}$$
$$V_{Lri} = {}^{Li}T_{L(i-1)} V_{Lr(i-1)} + z_6 \dot{q}_{Lri}(i = 2, 3, \cdots, m)$$

加速度递推关系：

$$\mathring{V}_{Lr1} = {}^{L1}T_b \mathring{V}_b + {}^{L1}\dot{T}_b V_b + z_6 \ddot{q}_{Lr1} \tag{4-9}$$
$$\mathring{V}_{Li} = {}^{Li}T_{L(i-1)} \mathring{V}_{Lr(i-1)} + {}^{Li}\dot{T}_{L(i-1)} V_{Lr(i-1)} + z_6 \ddot{q}_{Lri}(i = 2, 3, \cdots, m)$$

逆向递推得到控制算法的力变换关系：

$$F_{Lri}^* = \hat{M}_{Li} \cdot \mathring{V}_{Lri} + \hat{C}_{Li} \cdot V_{Lri} + \hat{G}_{Li} + K_{LDi}(V_{Lri} - V_{Li}) = Y_{Lri} \hat{\theta}_{Li} + K_{LDi}(V_{Lri} - V_{Li}) \tag{4-10}$$

$$F_{Lrm} = F_{LE} \tag{4-11}$$
$$F_{Lri} = F_{Lri}^* + {}^{L(i+1)}T_{Li}^{\mathrm{T}} F_{Lr(i+1)}$$

旋转关节输出为控制力的第 6 个元素，即

$$\boldsymbol{\tau}_{Li} = z_6^{\mathrm{T}} F_{Lri} \tag{4-12}$$

控制律使用的是动力学参数的估计值，因此需设计自适应律来更新被估参数。取自适应律：

$$\dot{\hat{\boldsymbol{\theta}}}_{Li} = K_{LAi} Y_{Li}^{\mathrm{T}}(V_{Lri} - V_{Li}) \tag{4-13}$$

阻抗控制实现了机械臂抓捕的协调规划及机械臂的阻抗配置，可保证机械臂抓取目标对接的过程中不会产生大的内力和接触力，并根据任务为不同自由度设置相应的阻抗值。

4.1.4.2　空间碎片主动消旋技术

利用机械臂末端执行器灵活的特性在目标表面施加具有缓冲作用的力或力矩，可以实现对目标的接触式消旋。根据末端执行器不同，依据当前研究可分为减速刷消旋和绳系机械臂消旋等方式。

1. 减速刷消旋

JAXA 研究人员提出了一种接触式目标自旋衰减方法，以直径为 2 m 的火箭壳体为研究对象，利用附着在机械臂末端的弹性减速刷与目标壳体之间的摩擦力衰减目标转速。由于减速刷与目标表面接触作用，只能提供单自由度的控制力，适用于目标单轴自旋情况。相比于抓捕后对组合体进行消旋，利用减速刷与目标间的弹性接触力在抓捕前对目标进行消旋带来的冲击会更小，有利于后续的捕获操作。但这类消旋方式实施前需要任务航天器进行复杂的变轨绕飞，接近停靠在距目标非常近的位置处。对于做圆锥运动的翻滚目标，利用该方法进行消旋需要精确控

制机械臂与接触表面的相对位置，以提供稳定的接触制动力，且制动力的大小取决于减速刷刚度。与减速刷连续消旋过程不同，东京工业大学将弹性小球作为机械臂末端执行器，利用机械臂末端与目标表面之间弹性碰撞所产生的推力与摩擦力衰减目标转动。采用弹性小球消旋与直接抓捕相比冲击较小，但对消旋力矩建模时需要获取碰撞点相对于目标质心的位置矢量。当目标转速较快时，根据目标角动量矢量方向辨识作用点位置及规划脉冲路径对机械臂末端控制提出了很高的要求。日本国家航空航天实验室（National Aerospace Laboratory of Japan，NAL）提出了利用多次接触脉冲作用力交替衰减目标章动角和自旋转速的方法，最终完成 3 轴旋转目标的完全衰减，并给出了脉冲次数的优化过程。机械脉冲消旋虽然只提供单自由度作用力矩，但调整主动控制力作用点及脉冲施加时刻，可以实现对目标角动量的衰减，适用于自由翻滚目标的消旋。与减速刷相比，机械脉冲在接触瞬间可提供的制动力增加，控制力矩模型更为精确，制动效率更高，但碰撞风险也随之增大。机械脉冲消旋效果建立在对目标表面及质心特征充分辨识以及机械臂对目标点跟踪能力的基础上，受制于在轨辨识效率及机械臂末端执行器控制精度，适用于转速较低的目标消旋。

2. 空间绳系机械臂消旋

西北工业大学提出了一种基于绳系空间机械臂（tethered space robot，TSR）的翻滚非合作目标姿态稳定控制方法。对于目标质量及惯量等参数未知的目标，既可在线辨识目标质量及惯量参数，也可采用改进的基于动态逆的自适应控制器，快速稳定目标姿态，同时有效降低执行器的饱和程度。有研究者提出了利用黏弹性绳系附着到旋转非合作目标表面上，通过系绳拉力及变形时的阻尼力控制目标转速直至其姿态稳定。借助绳系机械臂本体推进器及系绳拉力，空间绳系机械臂可实现 3 自由度控制力矩的施加，衰减目标三轴转速。空间绳系机械臂虽然增加了系统柔性，但是由于在消旋之前绳系机械臂需要直接抓捕目标或将系绳附着到目标表面，如何避免抓捕失败同时防止系绳缠绕还需要进一步研究。

4.1.5　研究现状

现阶段在轨捕获任务中最常见的手段是通过刚性机械臂，配合不同的末端执行器，对非合作目标的多种结构进行抓捕，抓捕位置通常为目标星的轨控发动机喷嘴或对接环。以下对国外几种典型的案例进行介绍。

1. 轨道快车计划

2007 年，美国轨道快车（Orbital Express）计划成功完成在轨飞行试验，由于其具备在轨捕获、模块更换和在轨加注等多项功能，因而受到了全球范围内的关注。轨道快车计划的概念图如图 4-3 所示。

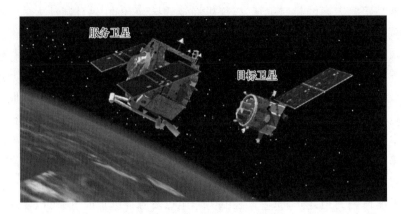

图 4-3　轨道快车计划概念图

　　轨道快车项目由目标卫星 NEXTSat 和服务卫星 ASTRO 两部分组成,两颗卫星运行在轨道高度 492 km,倾角 46°的圆轨道上。NEXTSat 重 226 kg,高和宽各 1 m,由 BALL 公司研制,用于演示被服务的目标星和存储燃料、更换模块的物资存储平台。服务星 ASTRO 重 952 kg,高和宽各 1.8 m,由波音公司研制,安装有对接机构的主动部分,交会对接敏感器和机械臂等关键部件。ASTRO 的主要分系统技术性能指标如表 4-1 所示。

表 4-1　轨道快车计划的服务卫星 ASTRO 的主要分系统技术指标

系 统 名 称	技 术 性 能
星上计算机	开式结构和模块化设计;RAD 加固 750 Power PC 处理器
电源	展开式太阳电池阵;2 节锂离子蓄电池
机械臂	臂长 3.3 m;末端安装有视觉相机
推进剂	73 kg 单组元肼推进剂;37 kg 为传输燃料
姿态和导航	三轴姿态稳定;GPS 接收机;星敏感器;太阳敏感器×4;惯性测量单元
自主交会与捕获敏感器系统 ARCSS	3 台可见光相机(1 台备份);1 台红外相机;1 台激光测距仪;1 台先进视频制导敏感器 AVGS

　　服务星 ASTRO 使用的自主交会与捕获敏感器系统 ARCSS 能提供从数百公里至捕获距离之间的相对状态信息。ARCSS 系统的组件包括窄视场可见光相机 NFOV,宽视场可见光相机 WFOV,红外相机 IR,高精度激光测距仪 LRF,先进视频制导敏感器 AVGS 和捕获跟踪软件。ARCSS 各敏感器的工作范围如图 4-4 所示。

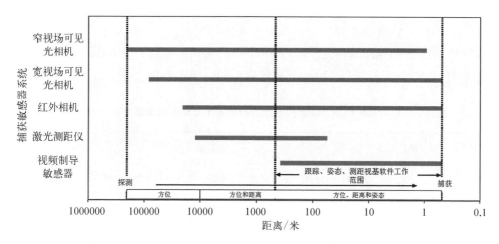

图 4 - 4　轨道快车计划 ARCSS 系统各敏感器的工作范围

在最终接近与捕获对接阶段,ASTRO 采用针对合作目标的 AVGS,其测量距离为 0~300 m,视场±8°,输出频率 5 Hz,跟踪目标时的频率可达 10 Hz。AVGS 包括一种用两个双边窄带激光脉冲源敏感目标并收集图像数据的敏感器,以及一系列的标志器及图像处理软件。AVGS 图像处理软件根据光学成像原理,通过图像数据以及目标航天器的几何形状计算出目标航天器的位置和姿态。AVGS 的标志器有远距离标志器(LRT)和近距离标志器(SRT)两组。当两星距离较远时,启用远距离标志器;当距离较近时,则启用近距离标志器。AVGS 的精度需求如表 4 - 2 所示,在轨试验结果表明 AVGS 基本满足了设计要求。

表 4 - 2　轨道快车计划 AVGS 的精度需求

距离/m	距离偏差/mm	方位角偏差/(°)	滚转角偏差/(°)	俯仰角偏航角偏差/(°)
1~3(SRT)	±12	±0.033	±0.13	±0.20
3~5(SRT)	±35	±0.033	±0.25	±0.33
5~10(SRT)	±150	±0.035	±0.45	±0.70
10~30(SRT)	±1 500	±0.037	±1.3	±2.0
10~30(LRT)	±150	±0.027	±0.15	±0.70
30~50(LRT)	±400	±0.030	±0.25	±1.2
50~100(LRT)	±1 666	±0.033	±0.5	±2.4
100~300(LRT)	±15 000	±0.035	±1.4	±7.0

轨道快车计划进行了详细的任务设计,其主要任务和完成情况如表 4 - 3 所示。在轨期间,轨道快车计划完成的近距离相对运动包括:4~5 km 伴飞、500 m~1 km 伴飞、120 m×60 m 自然绕飞、1 倍和 3 倍轨道角速度的 8 段 100 m 近圆形强迫绕飞、10 m 悬停、目标前后 120 m 处悬停以及-R - Bar 方向逼近。

表 4 - 3　轨道快车计划的主要任务和完成情况

操　作	日期(UTC)	主　要　内　容
任务 0	2007.03.08	两星未分离,进行了地面遥控和自主控制的双向燃料传输演示,随后进行了电池模块的更换演示
任务 1	2007.04.16	在协助 NEXTSat 弹出对接框后,ASTRO 利用机械臂把 NEXTSat 移动至停泊位置后释放,然后利用对接机构实施对接。期间进行了敏感器校准和自主燃料传输试验
任务 2	2007.05.05	ASTRO 自主与 NEXTSat 分离至轨道面外 10 m 处悬停,随后在预定时刻,ASTRO 逼近 NEXTSat 并完成对接
任务 3	2007.05.12	原计划 ASTRO 与 NEXTSat 分离至其后方 30 m 处悬停,然后完成机械臂捕获及辅助对接。 实际分离过程中,由于主份敏感器计算机错误导致两次重启,稳定后 ASTRO 已经在 NEXTSat 后方 120 m 处。随后 ASTRO 试图悬停并完成备份敏感器计算机切换,而此时由于相对导航错误,ASTRO 不得不紧急启动避撞模式,机动至 NEXTSat 前方约 6 km 处。 此后地面操作人员不得不放弃原定的任务 4、任务 6 等一系列逐渐增大距离以测试各种敏感器的计划,转而进行千米量级的交会对接,并计划把机械臂捕获对接改为经过验证的直接对接。 ASTRO 在 4 km 外利用红外相机和激光测距仪搜索到了 NEXTSat,机动至 140 m 处后,ASTRO 启动了 AVGS 和 WFOV,最终与 NEXTSat 直接对接
任务 4	2007.06.16	ASTRO 与 NEXTSat 分离后,ASTRO 对 NEXTSat 进行了 120 m×60 m 的自然绕飞并保持对 NEXTSat 定向,绕飞结束后在 NEXTSat 前方 120 m 处悬停了 17 分钟。随后,ASTRO 机动至 NEXTSat 上方进行-R - Bar 自主逼近和对接
任务 5	2007.06.23	ASTRO 与 NEXTSat 分离并机动至后方 4 km 处,经过两次喷气到达后方 120 m 处悬停,然后以 1 倍轨道角速度进行了 8 段 100 m 的近圆强迫绕飞(1.5 圈),悬停在 NEXTSat 前方 120 m 处,随后机动至 10 m 悬停。之后,ASTRO 开始自主逼近并采用机械臂捕获 NEXTSat 并与之对接。尽管机械臂捕获过程出现异常,但是经过地面人员的抢救,成功实现了对接。随后 ASTRO 成功进行了自主模块更换操作和燃料传输
任务 6	2007.06.27	ASTRO 与 NEXTSat 分离并机动至 NEXTSat 后方 7 km 处,经过 1 次机动至后方 4 km~5 km 处伴飞 6 小时。然后,经过两次机动到达目标后方 120 m 处悬停,随后 ASTRO 以 3 倍轨道角速度对目标进行 8 段 100 m 近圆强迫绕飞(1.5 圈),悬停在 NEXTSat 前方 120 m 处,随后机动至 10 m 处悬停。随后,ASTRO 开始自主逼近并采用机械臂捕获 NEXTSat 并与之对接。对接后进行了燃料传输和电池模块和计算机模块的更换。在计算机模块的插入过程中发现了异常,但地面人员迅速解决了问题并成功实现了计算机模块的更换

续 表

操 作	日期(UTC)	主 要 内 容
离轨	2007.07.17	ASTRO 与 NEXTSat 分离,变轨至其后方 410 km 处,随后返回至目标后方 1 km 处,进行了约 30 小时的 500 m~1 km 的伴飞,后经过多次机动远离 NEXTSat 的轨道

2. FREND/SUMO 计划

2004 年,美国国防高级研究计划局(Department of Advanced Research Project Agency,DARPA)资助了 NCST(The Naval Center for Space Technology)开展 GEO 通用航天器轨道修正系统(Spacecraft for the Universal Modification of Orbits,SUMO)的研究,其目标是为绝大多数没有预先安装抓捕装置、合作标志器或发射器的航天器进行服务,以演示验证机器视觉、机械臂、交会和抓捕的自主控制等技术。2006 年 SUMO 更名为 FREND(Front-end Robotics Enabling Near-term Demonstration),旨在开展针对空间机械手自主抓捕非合作目标的关键技术演示验证研究。

FREND/SUMO 计划中的服务卫星如图 4-5 所示,服务星由推进舱和含自主交会和抓捕系统的载荷舱组成。推进舱包括星敏感器,惯性测量单元,GPS 接收机,控制器,1 个远地点发动机,16 个小推力的姿态发动机,2 个太阳帆板和 2 套地面通信设备。载荷舱包括 3 个 7 自由度的机械臂,3 个含不同终端执行机构的工具箱,用于接近操作的机器视觉系统,远距离探测设备和载荷处理器。

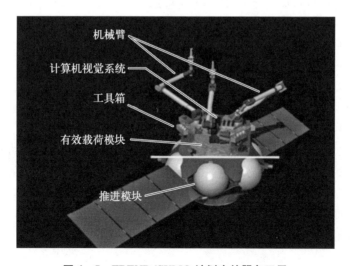

图 4-5 FREND/SUMO 计划中的服务卫星

FREND/SUMO 计划的演示分成 6 个阶段：探测交会阶段，监测阶段，近距离接近阶段，抓捕阶段，辅助变轨阶段及释放分离阶段。探测交会阶段，任务星从距离目标星 20 km 左右开始，通过相对导航机动至距离目标星 40 m 范围内。监测阶段，任务星保持在目标星附近 40 m 范围内飞行，获取目标星的高精度三维图像并建立详细模型。近距离接近阶段，任务星采用相对位姿测量和近距离导航方法机

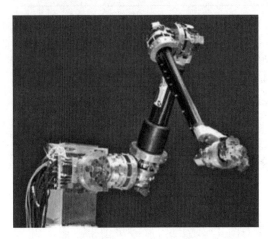

动到距离目标星 1.5 m 范围内。抓捕阶段，任务星在保持相对位置不变的情况下采用机械臂捕获目标。辅助变轨阶段，任务星推动目标星至坟墓轨道或者重新定位至新的工作轨道。释放分离阶段，任务星安全地释放目标星并机动至停泊轨道等待下一次任务。

目前 FREND/SUMO 计划已经完成地面演示验证，图 4 - 6 是 FREND 计划中研制的机械臂。该项目原定于 2011 年开展 LEO 轨道的飞行演示验证，但至今未有公开报道。

图 4 - 6　FREND/SUMO 计划中研制的
用于地面试验的机械臂

3. 美国凤凰计划

凤凰计划由美国 DARPA 于 2011 年发起，其目的是在轨回收并且重用 GEO 轨道通信卫星，并且希望通过该项目加速低成本空间系统技术的研发。

其实凤凰计划只是美国百年星际计划（空间节约计划）的一部分，2012 年 1 月，美国 DARPA 与 NASA 联合公开探讨百年星际计划——美国 DARPA 与 NASA 联合资助美国私营企业计划，旨在未来百年时间内实现人类的星际旅行。在百年星际计划的框架内，主要研究长期适合太空飞船生存的科学技术。美国为此先后启动了一组相互关联的卫星计划如僵尸计划、Brog 计划、伽利略计划、凤凰计划等，并不断寻求该系列计划中新的关键技术的突破。表 4 - 4 列出了美国百年星际计划中涉及的主要研究计划和相互关系。

凤凰计划定于 2015～2016 年进行在轨演示验证，目标是至少成功实现一个天线部件的重复利用。在确定候选退役卫星及其精确的轨道参数后，在轨演示计划预计持续 6~48 个月。该项目已由 DARPA 以科研基金的方式向各单位招标，目前已完成达 3 600 万美元第一期资助金额的合同验收。图 4 - 7 是凤凰计划的在轨演示验证设想图。

表 4-4　美国百年星际计划中的主要研究计划

研究计划	验 证 目 的	实 施 方 案	相 互 关 系
僵尸计划	捕获并回收运行在 GEO 上未使用过的通信卫星相关部件	发射维修服务卫星和微小卫星到 GEO 上,与待捕获卫星进行交会对接;卫星编队轨道转移,挑选天线和其他可用的部件;卫星作为控制器将天线移植到"僵尸"系列卫星并回收其部分组件	为凤凰计划的早期工作开展做铺垫,同时为凤凰计划启动和运行之前解决"一系列控制问题"
Brog 计划	利用机械臂技术在空间将废弃卫星部件进行拆卸并维护其他卫星,建立空间垃圾场,提供廉价的修理部件和更新待升级卫星	Brog 卫星基于地面控制技术实现空间的运动控制,利用凤凰计划系统进行维修、升级和拆卸已在轨的卫星。其中主卫星将发射并永久停留在太空。凤凰卫星需要其他卫星如微纳卫星配合运行	为凤凰计划的中期工作开展做准备,通过构件标准化将空间碎片转变成太空资源
伽利略计划	从功能尚好的候补废弃卫星中评估哪些卫星可以被"移植",用微型卫星将天线切换到功能性空间容器中	GEO 卫星完成废弃卫星的回收操作,演示具有灵活性的操控机械臂,包括剪切移除天线,验证所设想的维修卫星和微型卫星组合实现"交会对接"	为凤凰计划的后期任务开展做铺垫
凤凰计划	重新开发利用在轨已退役航天器部分组件,演示空间协同操作技术,降低构建新空间系统成本	完成 2015 年的演示任务,抓取一个退役合作卫星的天线,通过远程控制在轨抓握工具,将天线从母星上分离,然后将其重新配置为一个自由飞行空间系统并独立运行,演示"再生"概念	演示验证空间废弃资源"再生"利用的可行性

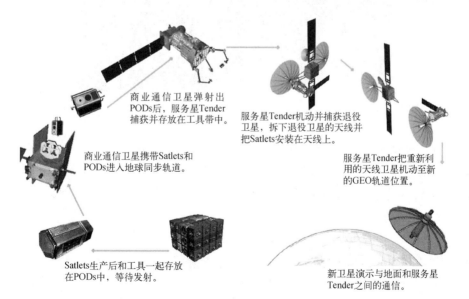

商业通信卫星弹射出 PODs 后,服务星 Tender 捕获并存放在工具带中。

服务星 Tender 机动并捕获退役卫星,拆下退役卫星的天线并把 Satlets 安装在天线上。

商业通信卫星携带 Satlets 和 PODs 进入地球同步轨道。

服务星 Tender 把重新利用的天线卫星机动至新的 GEO 轨道位置。

Satlets 生产后和工具一起存放在 PODs 中,等待发射。

新卫星演示与地面和服务星 Tender 之间的通信。

图 4-7　凤凰计划的在轨演示验证设想图

凤凰计划包括三种飞行器：有效载荷轨道运载系统（Payload Orbital Delivery System，PODs）、服务飞行器和细胞卫星 Satlets（图 4-8）。

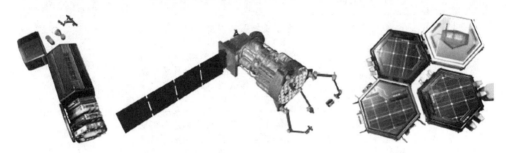

图 4-8　凤凰计划的 **PODs** 物资站、服务飞行器和 **Satlets** 卫星示意图

（1）有效载荷轨道运载系统（PODs）：相当于物资站，可随高轨商业卫星一同发射入轨的细胞卫星搭载接口，可实现与商业卫星的在轨分离，并可放入服务星工具箱中。

（2）服务飞行器（Servicer/Tender）：配备一个在轨服务与维护机械臂，配有机械臂/手和相对测量系统，具备在轨捕获和维护能力（图 4-9）。

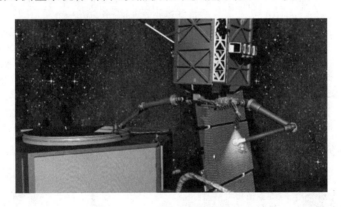

图 4-9　凤凰计划服务飞行器

（3）细胞卫星（Satlets）：小型模块化纳型卫星部件是只具备核心部件的廉价微型"半成品卫星"，每一个都呈现通用形状，适用于同样形状的有效载荷发射器和工具带，不过它们的功能各不相同，当它们附着在退役的合作卫星天线上后可以组成新的空间系统。

机械臂长 2 m，重 78 kg，7 自由度运动；机械臂末端速度 15 cm/s，旋转精度 0.002°，平动精度高达 1 mm。

4. 工程试验卫星-7（ETS-VII）计划

ETS-VII 是由两颗卫星组成的双星系统，进行在轨分离与交会对接，以及应用机械臂转移有效载荷与捕获/停靠等技术试验。ETS－VII 主星(2 480 kg)名为"牛郎(星)"，子星(410 kg)名为"织女(星)"。两星连在一起由日本 H－II 火箭于 1997 年 11 月 28 日发射，进入高度 550 km、倾角 35°的目标轨道，ETS－VII 的在轨示意图如图 4－10 所示。在交会对接试验期间，子星(目标星)从主星(追踪星)释放出，成功进行了 V－Bar 逼近与 R－Bar 逼近技术试验。

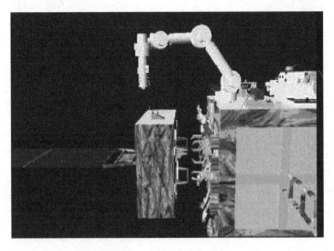

图 4－10　在轨交会对接与捕获期间的 ETS－VII 卫星

ETS－VII 自主交会与对接试验中，目标星是合作目标，执行姿态控制与通信数据链接，并装备 GPS 接收机及交会敏感器反射器或标志器。在空间机械臂(space robot, RBT)基本试验期间，目标星与追踪星由对接机构连接在一起。长为 2 m 的 6 自由度机械臂安装在追踪星上，由日本地面控制站遥控操作。除了交会对接与空间自动机基本试验外，ETS－VII 还应用视觉伺服跟踪技术进行卫星自动捕获与停靠试验。ETS－VII 星载空间机械臂为 2 m 长、6 自由度的机械臂。空间机械臂实验包括高级机械手实验，展开/拆卸装配实验和日本通信研究所计划的天线装配实验。

4.2　空间碎片柔性绳网抓捕技术

4.2.1　基本原理

空间柔性绳网抓捕系统是一种新兴的空间碎片清除技术，由空间平台携载，通过在轨发射，展开一张由柔性绳索编制的大网，可以在较远距离上用较大的拦截面积去覆盖目标，形成具有一定容错能力的抓捕系统，提高空间目标抓捕的安全性和可靠性(图 4－11)。抓捕完成后，通过系绳拖曳碎片离轨，完成空间碎片清除任务。

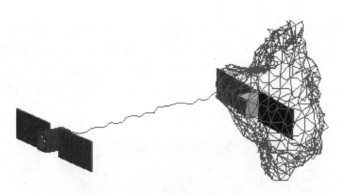

图 4 - 11　空间柔性绳网抓捕示意图

与传统刚性机械臂抓捕清除方式相比,柔性绳网抓捕清除方式具有以下优点[2]:

(1) 柔性飞网与任务平台之间是通过软系绳连接,所以两者的动力学耦合形式相对更加简洁;

(2) 任务平台可以通过目标测量系统完成对空间碎片的跟踪,以此弥补机械臂抓捕动作迟缓的不足;

(3) 相对于刚性抓捕而言,柔性绳网抓捕的方式能增加在轨抓捕的有效作业范围,绳网抓捕避免了近距离的逼近和停靠,这样就大大地降低了抓捕系统与碎片发生碰撞的风险;

(4) 柔性绳网捕获是以面对点的捕获方式,所以能通过增加绳网面积来补偿弹射抓捕带来的误差,可以有效降低对系统姿态控制的高要求。

4.2.2　系统组成

目前,国内外研究的绳网抓捕系统依据展开方式的不同,主要分为以下三类:直接抛射式、旋转展开式和支撑展开式[3]。下面,针对这三类绳网抓捕系统分别介绍其系统组成。

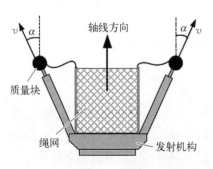

图 4 - 12　直接抛射式绳网系统剖面图

4.2.2.1　直接抛射式

直接抛射式绳网系统主要由发射机构、绳网网体、质量块(收口机构)和系绳收放机构等组成,如图 4 - 12 所示。

发射机构负责将绳网抛出并展开,主要有两种方式:① 化学方式,其原理是将化学能转化为动能,整个过程类似于子弹发射,点燃的火药迅速膨胀,从而推动牵引质量块飞离平台;② 物理方式,主要采用压缩弹簧,用螺栓来固定牵引质量块下的压缩弹簧,发射前将螺栓断开,利用弹簧恢复原长产生的动能推动质量块飞离平台,相比化学方式,物理方式机构简单,但存在多个质量块发射的同步性问题。

绳网网体由柔性绳索编制而成,根据牵引质量块数量的不同,可以分为三角形、四边形、六边形、八边形绳网等多种构型,根据空间构型的不同又可分为平面网和空间塔形网两大类(图 4-13)。

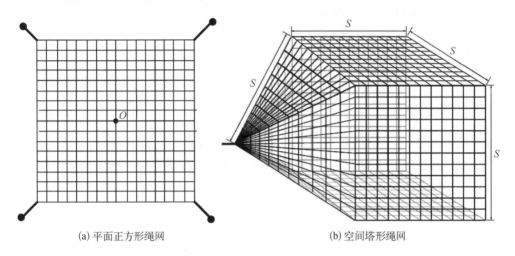

(a) 平面正方形绳网　　　　　　　　　　(b) 空间塔形绳网

图 4-13　平面正方形飞网和空间塔形绳网构型示意图

质量块(收口机构)主要有两项功能,第一项功能是作为惯性质量由发射机构发射出去,牵引绳网网体从收纳装置中拉出并展开;第二项功能是在绳网对碎片实现包覆后利用电机或涡卷弹簧驱动收口机构实现绳网的收口,防止碎片从绳网中脱出。

系绳收放装置与绳网连接,在绳网完成收口锁定后通过收放系绳实现张力控制,通过控制系绳张力实现系绳防断裂、防缠绕、绳系组合体防碰撞、绳系组合体姿态稳定控制,是实现绳系组合体安全稳定离轨的重要装置。主要由电机、绕线轮、张力测量模块、绳长测量模块等组成。

4.2.2.2　旋转展开式

旋转展开式绳网抓捕系统采用"中心刚体+系绳+柔性网+阻碍构件+质量块"的基本构型[3],可利用离心力展开绳网,采用合适的控制策略保持展开后网的形状(图 4-14)。

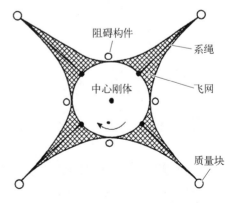

阻碍构件

系绳

中心刚体

飞网

质量块

图 4-14　旋转展开式绳网抓捕系统示意图

中心刚体为主承力结构,采用圆柱筒式构型,在存储和发射过程中主要承受各种载荷的作用。上部放置质量块及阻碍构件,中部盘绕绳网网体,下部放置反作用飞轮及电子设备等。反作用飞轮用于给中心圆柱筒提供角动量,控制其中心旋转速度,从而控制绳网的展开,并在其完全展开后阻止绳网的重新盘绕。

柔性网为四边形平面网,四条对角线为四条强度较高的系绳,便于绳网的顺利展开。绳网展开前柔性网体折叠在四条对角系绳上,然后盘绕在中层的刚体结构上。

阻碍构件又称为绳网展开机构,用于辅助绳网展开。旋转式绳网展开分为两个步骤,第一步对角四条系绳伸长,网体折叠在系绳上,阻碍构件开启,相对中心刚体的旋转有一定角度,保证系绳的完全伸长;第二步,向下释放阻碍构件,辅助绳网网体展开。

质量块位于绳网网体的角点处。其功能一方面是在离心力作用下带动系绳和网体的展开,另一方面质量块内部还装有收口装置,当碎片与绳网发生碰撞后,对绳网进行收口,完成对碎片的抓捕。

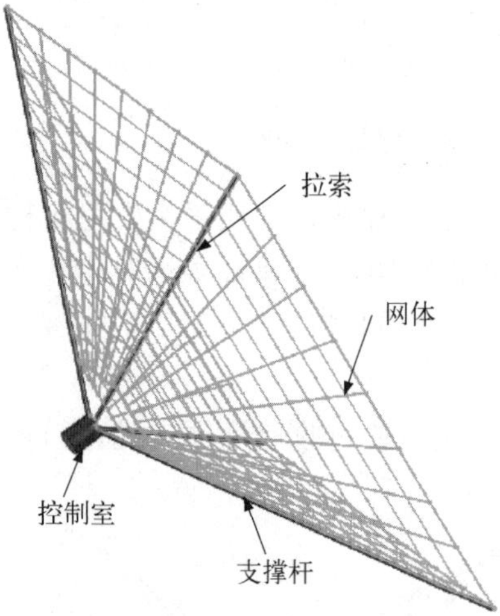

图 4-15 支撑展开式绳网抓捕系统示意图

4.2.2.3 支撑展开式

支撑展开式绳网系统主要由支撑杆、网体、收口拉索及控制室几部分组成,如图 4-15 所示。

支撑杆主要用于带动绳网网体的张开,形成漏斗型网捕结构。一般采用充气展开杆设计,以降低系统的质量和封贮尺寸。

网体附着于支撑杆上,分为经线和纬线,形成展开后的网络。

拉索与支撑杆平行,抓捕碎片后,通过电机驱动拉索,使绳网系统收口,放置碎片从绳网中脱出。

控制室主要有两项功能,一项是存储折叠装载后的支撑杆及网体,另一项功能是控制充气结构的充气展开及绳网系统收口。其内部主要部件包括:高压气瓶,展开控制器和收口控制器。

4.2.2.4 比较分析

上面提到的三类绳网抓捕系统各有其优缺点。

直接抛射式绳网系统结构简单,展开过程用时很短,绳网尺寸不受限制,缺点是展开后难以控制网形。

旋转展开式绳网系统通过离心力提高了柔性材料的径向刚度,绳网形状容易保持,但采用该方式控制飞网展开的过程中耗能高,整个展开过程耗时较长。

支撑展开式绳网系统抓捕机构强度高,绳网形状容易保持,绳网展开过程中容易施加控制,但机械装置结构复杂,绳网尺寸受到一定限制。

直接抛射式绳网系统由于其结构简单、展开速度快(秒级)、绳网尺寸不受限等特点,比较适合于空间碎片抓捕任务,国内外绝大多数研究工作都集中于这类装置,并在 2018 年开展了在轨试验。目前看来,直接抛射式绳网系统最有可能于近期应用于真正的空间碎片抓捕任务。因此,后续的工作流程和关键技术分析以直接抛射式绳网系统为主。

4.2.3　工作流程

空间柔性绳网系统作为有效载荷,装载于平台上,实施空间碎片抓捕清除任务。其工作流程主要包括以下六个阶段。

(1)接近:载体航天器在地面引导下通过轨道机动接近待抓捕碎片,使两者距离满足星上测量系统工作距离要求,如图 4-16 所示。

图 4-16　载体航天器接近目标

(2)瞄准:当载体航天器在距目标在预定距离内时,在星上测量系统自主导引下继续接近目标至抓捕距离(50 m 左右),航天器调整姿态,使绳网系统发射器的发射方位满足绳网抓捕的精度要求,如图 4-17 所示。

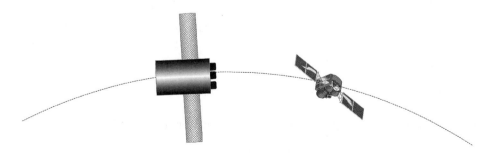

图 4-17　载体航天器瞄准目标

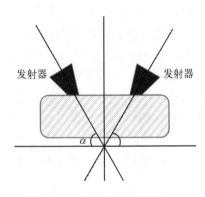

图 4-18　发射器的安装倾角 α

（3）发射展开：安装在载体航天器上的发射装置工作，驱动发射器头部的多个牵引质量块以一定的初速度弹出。为利于绳网张开，牵引质量块的初速度方向与发射器端面呈一定倾角（如 60°），如图 4-18 所示。牵引质量块带动绳网边拉出边展开，网口面积也逐渐增大，并飞向目标，见图 4-19。

（4）捕获锁紧：绳网包覆目标碎片后，启动质量块内部的收口机构，网口拉绳在收口机构的作用下开始收拢，即收口运动，如图 4-20 所示。

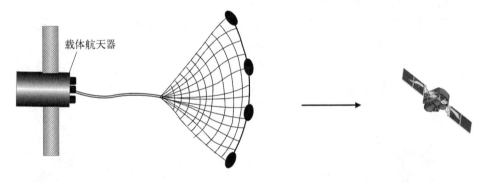

图 4-19　绳网发射展开飞向目标

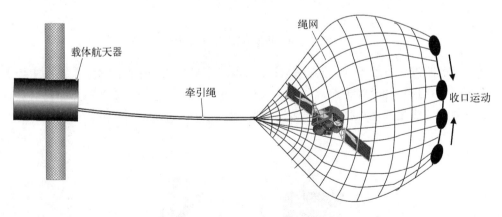

图 4-20　绳网收口运动示意图

（5）离轨清除：载体航天器通过牵引系绳拖曳碎片离轨，实现碎片清除，如图 4-21 所示。载体航天器上的系绳收放装置开始工作，与平台控制系统协同工作，实现绳系组合体稳定离轨。针对高轨碎片，拖曳碎片至同步轨道上方 300 km 的墓地轨道;针对低轨碎片,拖曳碎片降轨,使其快速再入大气烧毁。

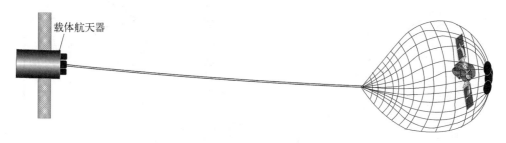

图 4-21　载体航天器拖曳碎片离轨清除

（6）返回待命:载体航天器拖曳碎片到达目标轨道后,切断系绳释放碎片,航天器返回停泊轨道待命,等待执行下一次碎片清除任务。

4.2.4　关键技术

与地面各类网捕装置相比,空间绳网口径大、质量轻、比强度高、防缠绕要求高,能够耐受空间高低温交变和辐射环境,对发射速度精度要求高,抓捕碎片后必须快速主动收口,抓捕目标后拖曳离轨操作过程中需避免碎片脱出并保证系统安全、稳定运行,由此,空间绳网系统需要突破一系列关键技术。

4.2.4.1　绳网防缠绕折叠封贮技术

绳网是一种大型稀疏结构,展开后具有较大的尺寸,占据较大的空间。为了压缩绳网的面积,需要采用一定的方法对绳网进行收纳封装。

大型稀疏绳网对折叠封贮方式要求极为苛刻,在拉出时非常容易出现缠绕、钩挂等现象,从而导致展开网型不佳甚至导致失败,如何有效折叠封贮,是绳网抓捕能否成功的关键因素。

绳网折叠包装的难点是保证折叠包装后绳网之间要无穿插、打结和缠绕地展开,以及保证绳网折叠和展开的一致性。

张青斌等提出了一种"同心圆"式绳网折叠封贮方法[4],可以有效解决绳网折叠后的穿插、打结和缠绕问题,保证绳网可靠展开。具体方案如下:

（1）收拢。从绳网形心向上牵拉,将面状绳网收拢成带状绳网束（图4-22）。

（2）折叠。绳网网包由多圈绸布围绕而成。从绳网内圈绳开始,以"W"字形折法由内向外逐步将绳网收纳至网包内（图4-23）。将内圈绳收纳于第一层网包隔布内,并防止系绳在网包隔布内发生缠绕。图4-24所示为绳网折叠过程示意图。

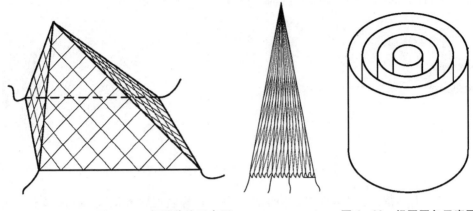

图4-22　绳网收拢示意图　　　　　　图4-23　绳网网包示意图

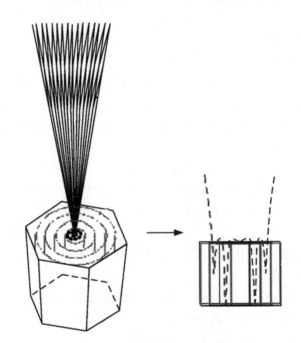

图4-24　绳网折叠过程示意图

（3）封贮。绳网全部收纳于网包内以后，同样采用"W"字形折法将外圈绳收纳于网包外壁的外圈绳贮绳套管内。对网包隔布内的绳网进行整理，保证均匀，减少绳网的交错和层叠，完成绳网封贮过程（图4-25和图4-26）。

通过上述"同心圆"式折叠封贮方式，可将绳网完全收纳于网包内，形成多层同心圆柱，绳网之间有绸布隔离，避免了穿透、缠绕和打结的发生，工作时避免绳网拉出过程中的质心偏移，能够实现绳网的对称拉出，过程有序可控。

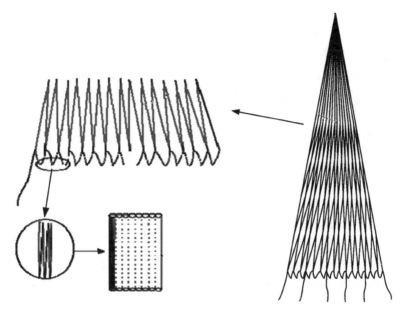

图 4 – 25　外圈绳收纳过程示意图

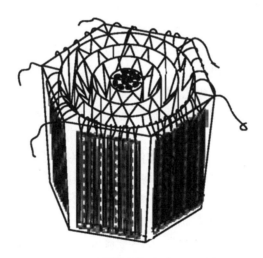

图 4 – 26　折叠封贮完成的网包示意图

4.2.4.2　绳网组合体离轨控制技术

绳系组合体拖曳离轨过程,控制系统具有强不确定性、强扰动、大时延、多约束、控制输入受限、多个动态过程强耦合等特点。

(1) 空间碎片具有质量特性未知、自旋及章动等特点,这对组合体控制带来很大的不确定性和干扰。此外,绳网与碎片碰撞过程,质量块可能激发碎片的自旋,进一步恶化拖曳控制的状态。而绳网缠绕碎片过程,由于是柔性抓捕,网与目标牵连位置、包裹方式及外形等均具有很强的不确定性。

(2)绳系组合体的重要执行机构为系绳收放装置,该装置通过收放系绳产生相应的张力,对系绳面内外摆角进行抑制。由于系绳只能拉、不能压,即只能产生大于零的张力,且由于张力产生机制及组合体安全原因,系绳张力呈现受限状态,控制表现为输入受限。

(3)系绳具有迟滞特性,由此产生的张力控制必然带有较大时延,对控制系统的动态响应特性及系统稳定性均有较大影响,为控制设计带来很大困难。

(4)卫星平台捕获非合作目标后,有一段过程目标在网内呈相对自由状态,系绳也为松弛状态。从系绳松弛到绷紧过程中,由于本体和目标具有相对速度,在该冲击下,系绳张力突变,组合体出现剧烈的摆动。为了防止平台与目标碰撞,必须尽快实现张力的平稳跟踪控制。

(5)卫星平台与目标绳系组合体拖曳离轨是卫星本体,目标和系绳协同控制的过程。卫星本体的姿态及轨道、目标的轨道,以及系绳面内外摆振通过系绳张力、系绳长度变化等强耦合在一起。

针对这样具有强不确定性、强扰动、大时延、多约束、控制输入受限、多个动态过程强耦合特性的控制系统,必须采取多目标优化的协同控制技术。

4.2.4.3　大柔性绳网动力学建模技术

空间绳网在地面不具备同等试验条件,动力学仿真是开展绳网抓捕清除任务设计及方案优化的必要手段。

与通常的刚性空间结构相比,绳网系统具有极度柔软,极易出现变形、松弛与缠绕的特点,属于典型的非线性动力学系统,建模难度很大。柔性复杂绳索体仿真是动力学仿真的一个难题,目前国内外多集中于空间单根绳索的仿真研究(如系留卫星、临近空间等领域);对于复杂网体仿真主要是对水下渔网运动的仿真研究,以日本学者为代表的渔网水下运动模拟均是在很大程度简化的基础上进行的数值模拟。对于大规模的空间飞网,要体现绳网网体与目标间的力学耦合与碰撞关系,过于简化的模型难以获得较精确的仿真结果。

对于绳网动力学建模主要是对柔性绳索单元进行建模,然后根据柔性绳索单元动力学模型推导绳网的动力学方程。本节主要介绍两类典型的绳索动力学建模方法:集中质量法和绝对节点坐标法(absolute nodal coordinate formulation, ANCF)。

1. 基于集中质量模型的绳索动力学建模方法

集中质量法是一种传统常用的离散化计算方法,可用于绳索的建模和近似计算,集中质量模型如图 4-27 所示。在集中质量法中,绳索被离散为一些小的绳索单元,而每个绳索单元都由一个弹簧阻尼单元和处于两端的两个集中质点来表示,每个集中质点的质量均为其模拟的绳索单元质量的一半,并且它们承受了作用在绳索单元上的外力,因此整条绳索的动力学模型可通过建立绳索模型包含的集中质点的动力学方程得到。绳段单元划分越短,数量越多,对绳索的空间位形、应力应变分布情况近似得越好,精度越高。

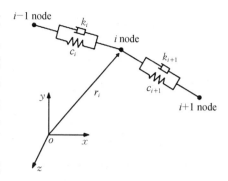

图 4-27　集中质量绳索模型示意图

假设整条绳索被划分为 N 段,绳索单元 i 两端分别为集中质点 $i-1$ 和 i,长度为 l_i,集中质点 i 和 $i-1$ 的质量均为绳索单元质量的一半,假设为 m_i。绳索单元 $i+1$ 两端分别为集中质点 i 和 $i+1$,长度为 l_{i+1}。在惯性坐标系中,集中质点 i 的坐标为 r_i,其动力学方程可写为

$$F_i^w + F_i^f + F_i^d + F_{i+1}^f + F_{i+1}^d = -m_i \ddot{r}_i \tag{4-14}$$

其中,F_i^w 为平均到质点 i 上的绳段所受外力;F_i^f 和 F_{i+1}^f 为集中质点 i 上的等效阻尼力;F_i^d 和 F_{i+1}^d 为集中质点上 i 的等效弹性力,具体表达式为

$$F_i^f = \begin{cases} 0, & \| r_i - r_{i-1} \| \leqslant l_i \\ c_i \dfrac{\| \dot{r}_i - \dot{r}_{i-1} \|}{\| r_i - r_{i-1} \|}(r_i - r_{i-1}), & \| r_i - r_{i-1} \| > l_i \end{cases} \tag{4-15}$$

$$F_{i+1}^f = \begin{cases} 0, & \| r_{i+1} - r_i \| \leqslant l_{i+1} \\ c_i \dfrac{\| \dot{r}_{i+1} - \dot{r}_i \|}{\| r_{i+1} - r_i \|}(r_{i+1} - r_i), & \| r_{i+1} - r_i \| > l_{i+1} \end{cases} \tag{4-16}$$

$$F_i^d = \begin{cases} 0, & \| r_i - r_{i-1} \| \leqslant l_i \\ k_i \dfrac{\| r_i - r_{i-1} \| - l_i}{\| r_i - r_{i-1} \|}(r_i - r_{i-1}), & \| r_i - r_{i-1} \| > l_i \end{cases} \tag{4-17}$$

$$F_{i+1}^d = \begin{cases} 0, & \| r_{i+1} - r_i \| \leqslant l_{i+1} \\ k_{i+1} \dfrac{\| r_{i+1} - r_i \| - l_{i+1}}{\| r_{i+1} - r_i \|}(r_{i+1} - r_i), & \| r_{i+1} - r_i \| > l_{i+1} \end{cases} \tag{4-18}$$

其中,c_s 为阻尼系数;k_s 为等效弹簧系数,$s = i, i+1$,等效弹簧系数为

$$k_s = EA/l_s \tag{4-19}$$

其中,E 为绳索的杨氏模量,A 为绳索的横截面积。

绳索的阻尼系绳可写为

$$c_s = \zeta \sqrt{mk_s} = \zeta \sqrt{\rho EA^2} \qquad (4-20)$$

其中,ζ 为阻尼比;ρ 为绳子的密度。绳索的阻尼系数还可写成:

$$c_s = \zeta \sqrt{\rho_l EA} \qquad (4-21)$$

其中,ρ_l 为绳索的线密度。

在集中质量法中,绳索为集中质点组成的质点系,利用弹簧阻尼单元联接各质点,因此绳索结构的动力学特征可以通过建立绳索质点系动力学模型来描述,并且所有集中质点所组成的绳索质点系的动力学模型可写成二阶常微分方程组,如公式(4-14)。

利用集中质量法分析绳索动力学问题,建模思路简单清晰,绳索的动力学方程易于推导,且为常微分方程,计算简便,便于实际应用。利用集中质量法建立的绳索动力学模型精度取决于绳段单元的长度,绳段单元越短,则绳索模型的近似程度越高,但是此时积分计算的步长越短,计算量更大,所需的计算时间更长,对计算机的硬件要求更高。

2. 基于 ANCF 的绳索动力学建模方法

ANCF 方法采用空间绝对坐标及其梯度作为广义坐标,而非位移和转角,避开小转角的限制,同时基于连续介质力学基本理论,采用 Green 应变直接用来描述大位移、大转动和大应变问题,因此能够很好地描述柔性体的大变形运动。

本节首先介绍基于 ANCF 的三维实体梁单元模型,该模型中同时考虑了绳索的轴向、弯曲、扭转和剪切变形,计算精度高,但计算效率较低。然后推导由三维实体梁单元模型简化得到的中心轴线柔索单元模型,该模型能够描述绳索的轴向和弯曲变形,但不能反映绳索的扭转和剪切变形,对于一般的绳索,中心轴线柔索单元模型已能够较好地反映绳索动力学特性,且有更高的计算效率,因此可采用该模型进行绳网系统的动力学建模。

1) 三维实体梁单元

将三维二节点的 ANCF 梁单元称为原始 ANCF 单元。该梁单元有 24 个自由度,每个节点有 12 个。任意一点 $x = [x\ y\ z]^T$ 的全局位置坐标为矢量 $\boldsymbol{r}$, 节点坐标矢量包含 3 个位置自由度和 9 个位置矢量梯度。

$$\nabla \boldsymbol{r} = [r_x\ r_y\ r_z] \qquad (4-22)$$

位置矢量 $\boldsymbol{r}$ 对坐标 x、y、z 微分可得

$$r_x = \frac{\partial \boldsymbol{r}}{\partial x}, \ r_y = \frac{\partial \boldsymbol{r}}{\partial y}, \ r_z = \frac{\partial \boldsymbol{r}}{\partial z} \qquad (4-23)$$

节点 j 的坐标为

$$e_j = \begin{bmatrix} r^{\mathrm{T}} & r_x^{\mathrm{T}} & r_y^{\mathrm{T}} & r_z^{\mathrm{T}} \end{bmatrix}^{\mathrm{T}} \tag{4-24}$$

单元的坐标为

$$e = \begin{bmatrix} e_1^{\mathrm{T}} & e_2^{\mathrm{T}} \end{bmatrix}^{\mathrm{T}} \tag{4-25}$$

节点 1 和 2 的局部坐标为

$$r_{\text{node1}} = \begin{bmatrix} x = 0 \\ y = 0 \\ z = 0 \end{bmatrix}, r_{\text{node2}} = \begin{bmatrix} x = L \\ y = 0 \\ z = 0 \end{bmatrix} \tag{4-26}$$

根据连续介质力学法，r 是关于 x、y 和 z 的函数：

$$r = \begin{bmatrix} r_1 \\ r_2 \\ r_3 \end{bmatrix} = \begin{bmatrix} a_0 + a_1 x + a_2 y + a_3 z + a_4 xy + a_5 xz + a_6 x^2 + a_7 x^3 \\ b_0 + b_1 x + b_2 y + b_3 z + b_4 xy + b_5 xz + b_6 x^2 + b_7 x^3 \\ c_0 + c_1 x + c_2 y + c_3 z + c_4 xy + c_5 xz + c_6 x^2 + c_7 x^3 \end{bmatrix} \tag{4-27}$$

位置矢量由节点坐标表示可得

$$r = \begin{bmatrix} S_1 I & S_2 I & S_3 I & S_4 I & S_5 I & S_6 I & S_7 I & S_8 I \end{bmatrix} e \tag{4-28}$$

其中，I 是 3×3 的单位矩阵，定义形函数为

$$\begin{aligned}
S_1 &= 1 - 3\xi^2 + 2\xi^3, & S_2 &= L(\xi - 3\xi^2 + 2\xi^3) \\
S_3 &= L(\eta - \xi\eta), & S_4 &= L(\zeta - \xi\zeta) \\
S_5 &= 3\xi^2 - 2\xi^3, & S_6 &= L(-\xi^2 + \xi^3) \\
S_7 &= L\xi\eta, & S_8 &= L\xi\zeta
\end{aligned} \tag{4-29}$$

其中，无量纲的 ξ, η, ζ 定义为 $\xi = x/L$, $\eta = y/L$, $\zeta = z/L$, L 为未变形状态下梁单元的长度。

三维梁单元的质量矩阵可以通过绝对节点坐标法得到，动能的表达式如下：

$$T = \frac{1}{2} \int_V \rho \dot{r}^{\mathrm{T}} \dot{r} \mathrm{d}V \tag{4-30}$$

其中，r 是任意一点的全局位置矢量，ρ 为质量密度，V 为梁单元的体积。这些系数可以被节点处的全局坐标和斜率替代。在这种情况下，任意一点的全局位置矢量可以由单元节点坐标 e 和形函数 S 表示：

$$r = Se \tag{4-31}$$

从而

$$\dot{\boldsymbol{r}} = \boldsymbol{S}\dot{\boldsymbol{e}} \tag{4-32}$$

将式(4-32)代入式(4-30)可得

$$T = \frac{1}{2}\dot{\boldsymbol{e}}^{\mathrm{T}}\left[\int_{V}\rho\boldsymbol{S}^{\mathrm{T}}\boldsymbol{S}\mathrm{d}V\right]\dot{\boldsymbol{e}} \tag{4-33}$$

上式是关于速度的一个简单的二次型。因此三维梁单元的质量矩阵可定义为

$$M = \int_V \rho \boldsymbol{S}^{\mathrm{T}}\boldsymbol{S}\mathrm{d}V$$

$$= \begin{bmatrix}
\frac{13}{35}mI & \frac{11}{210}LmI & \frac{7}{20}\rho LQ_zI & \frac{7}{20}\rho LQ_yI & \frac{9}{70}mI & -\frac{13}{420}LmI & \frac{3}{20}\rho LQ_zI & \frac{3}{20}\rho LQ_yI \\
\frac{11}{210}LmI & \frac{1}{105}L^2mI & \frac{1}{20}\rho L^2Q_zI & \frac{1}{20}\rho L^2Q_yI & \frac{13}{420}LmI & -\frac{1}{140}L^2mI & \frac{1}{30}\rho L^2Q_zI & \frac{1}{30}\rho L^2Q_yI \\
\frac{7}{20}\rho LQ_zI & \frac{1}{20}\rho L^2Q_zI & \frac{1}{3}\rho LI_{zz}I & \frac{1}{3}\rho LI_{yz}I & \frac{3}{20}\rho LQ_zI & -\frac{1}{30}\rho L^2Q_zI & \frac{1}{6}\rho LI_{zz}I & \frac{1}{6}\rho LI_{yz}I \\
\frac{7}{20}\rho LQ_yI & \frac{1}{20}\rho L^2Q_yI & \frac{1}{3}\rho LI_{yz}I & \frac{1}{3}\rho LI_{yy}I & \frac{3}{20}\rho LQ_yI & \frac{1}{30}\rho L^2Q_yI & \frac{1}{6}\rho LI_{yz}I & \frac{1}{6}\rho LI_{yz}I \\
\frac{9}{70}mI & \frac{13}{420}LmI & \frac{3}{20}\rho LQ_zI & \frac{3}{20}\rho LQ_yI & \frac{13}{35}mI & -\frac{11}{210}LmI & \frac{7}{20}\rho LQ_zI & \frac{7}{20}\rho LQ_yI \\
-\frac{13}{420}LmI & -\frac{1}{140}L^2mI & -\frac{1}{30}\rho L^2Q_zI & \frac{1}{30}\rho L^2Q_yI & -\frac{11}{210}LmI & \frac{1}{105}L^2mI & -\frac{1}{20}\rho L^2Q_zI & -\frac{1}{20}\rho L^2Q_yI \\
\frac{3}{20}\rho LQ_zI & \frac{1}{30}\rho L^2Q_zI & \frac{1}{6}\rho LI_{zz}I & \frac{1}{6}\rho LI_{yz}I & \frac{7}{20}\rho LQ_zI & -\frac{1}{20}\rho L^2Q_zI & \frac{1}{3}\rho LI_{zz}I & \frac{1}{3}\rho LI_{yz}I \\
\frac{3}{20}\rho LQ_yI & \frac{1}{30}\rho L^2Q_yI & \frac{1}{6}\rho LI_{yz}I & \frac{1}{6}\rho LI_{yy}I & \frac{7}{20}\rho LQ_yI & -\frac{1}{20}\rho L^2Q_yI & \frac{1}{3}\rho LI_{yz}I & \frac{1}{3}\rho LI_{yy}I
\end{bmatrix}$$

$$\tag{4-34}$$

其中,ρ 是单元质量密度;V 是单元体积;$\boldsymbol{I}$ 是单位矩阵;m 是单元质量。

$$Q_y = \int_A z\mathrm{d}A, \ Q_z = \int_A y\mathrm{d}A, \ I_{yy} = \int_A z^2\mathrm{d}A, \ I_{zz} = \int_A y^2\mathrm{d}A, \ I_{yz} = \int_A yz\mathrm{d}A \tag{4-35}$$

该积分定义了一个常值质量矩阵,该矩阵仅取决于梁的惯量特性和维数。

在有限元分析中,梁的内能一般由六个部分组成:一个轴向力,两个弯矩,两个剪切力和一个扭矩。因此小变形情况下的内能可写为

$$U = \frac{1}{2}\int_0^l \left\{ EA\left(\frac{\partial u_x}{\partial x}\right)^2 + EI_{yy}\left(\frac{\partial^2 u_y}{\partial y^2}\right)^2 + EI_{zz}\left(\frac{\partial^2 u_z}{\partial z^2}\right)^2 + Gk\beta_y^2 + Gk\beta_z^2 + GI_{xx}\left(\frac{\partial \beta_x}{\partial x}\right)^2 \right\}\mathrm{d}x$$

$$\tag{4-36}$$

其中，u_x、u_y 和 u_z 分别是梁的挠度在 x、y 和 z 方向的分量；β_x、β_y 和 β_z 是剪切角；k 是 Timoshenko 剪切系数；E 和 G 分别是弹性模量和刚性模量；I_{xx}、I_{yy} 和 I_{zz} 是断面惯性矩；A 是梁的横截面积。

2）中心轴线柔索单元

a. 运动描述

遵循经典的 Euler-Bernoulli 梁理论假设建立柔索单元（图 4 - 28），该理论中梁横截面为刚性平面，且始终垂直于梁的轴线方向。在 Euler-Bernoulli 梁理论中，轴向变形、弯曲变形和扭转变形均要考虑，剪切变形可以忽略。由于绕柔索轴线的扭转变形对整体的动力学影响很小，因此在 Euler-Bernoulli 梁理论假设的基础上，忽略柔索的扭转变形，仅考虑轴向变形和弯曲变形，从而得到更为简单的柔索单元。此时仅利用柔索轴线即可完全描述柔索的运动。

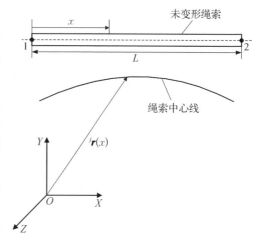

图 4 - 28　柔索单元模型

此时基于连续介质力学方法，柔索中心轴线上任意点的位置可表示为

$$
\boldsymbol{j}_r = \begin{bmatrix} j_{r_1} \\ j_{r_2} \\ j_{r_3} \end{bmatrix} = \begin{bmatrix} a_0 + a_1 x + a_2 x^2 + a_3 x^3 \\ b_0 + b_1 x + b_2 x^2 + b_3 x^3 \\ c_0 + c_1 x + c_2 x^2 + c_3 x^3 \end{bmatrix} \tag{4-37}
$$

其中，上标 j 表示第 j 个柔索单元。

由式（4 - 37）可知，位置矢量 $\boldsymbol{j}_r$ 是关于参数 $\boldsymbol{x}$ 的函数，$\boldsymbol{x}$ 为柔索在未变形状态下的物质坐标。

原始的 ANCF 柔索单元需要考虑轴向变形、弯曲变形、剪切变形和扭转变形，每个单元有 24 个自由度，每一端点各 12 个。本次使用的 ANCF 柔索单元仅考虑轴向变形和弯曲变形，柔索单元的广义坐标取为单元两端的位置和物质导数，单元自由度数为原始 ANCF 的一半，在不影响计算精度的情况下提高了计算效率。设单元的长度为 L，柔索单元的广义坐标为

$$
{}^j\boldsymbol{q} = \begin{bmatrix} {}^j\boldsymbol{q}_1 & {}^j\boldsymbol{q}_2 \end{bmatrix} = \begin{bmatrix} {}^j\boldsymbol{r}^{\mathrm{T}}(0) & {}^j\boldsymbol{r}_x^{\mathrm{T}}(0) & {}^j\boldsymbol{r}^{\mathrm{T}}(L) & {}^j\boldsymbol{r}_x^{\mathrm{T}}(L) \end{bmatrix}^{\mathrm{T}} \tag{4-38}
$$

其中，${}^j\boldsymbol{r}(0)$ 和 ${}^j\boldsymbol{r}_x(0)$ 分别表示端点 1 处的位置向量和梯度向量，而 ${}^j\boldsymbol{r}(L)$ 和 ${}^j\boldsymbol{r}_x(L)$ 分别表示端点 2 处的位置向量和梯度向量。

柔索单元中轴线上一点(x 处)的位置矢量用广义坐标可表示为

$$^j\boldsymbol{r}(x,t) = \boldsymbol{S}(x)\,^j\boldsymbol{q}(t) \qquad (4-39)$$

其中，$\boldsymbol{S}(x)$ 为三维 ANCF 柔索单元的形函数，具体形式如下：

$$\boldsymbol{S}(x) =$$

$$
\begin{bmatrix}
1 - 3\xi^2 + 2\xi^3 & 0 & 0 & L(\xi - 2\xi^2 + \xi^3) & 0 & 0 \\
0 & 1 - 3\xi^2 + 2\xi^3 & 0 & 0 & L(\xi - 2\xi^2 + \xi^3) & 0 \\
0 & 0 & 1 - 3\xi^2 + 2\xi^3 & 0 & 0 & L(\xi - 2\xi^2 + \xi^3) \\
3\xi^2 - 2\xi^3 & 0 & 0 & L(-\xi^2 + \xi^3) & 0 & 0 \\
0 & 3\xi^2 - 2\xi^3 & 0 & 0 & L(-\xi^2 + \xi^3) & 0 \\
0 & 0 & 3\xi^2 - 2\xi^3 & 0 & 0 & L(-\xi^2 + \xi^3)
\end{bmatrix}
$$

$$(4-40)$$

其中，$\xi = \dfrac{x}{L}$。

b. 单元动能

由于柔索单元的形函数为常数，柔索上任意一点的速度矢量可写为

$$^j\dot{\boldsymbol{r}} = \boldsymbol{S}\,^j\dot{\boldsymbol{q}} \qquad (4-41)$$

利用式(4-41)，柔索单元的动能可写为

$$
^jT = \frac{1}{2}\int_0^L \rho \int_A {}^j\dot{\boldsymbol{q}}^{\mathrm{T}} \boldsymbol{S}^{\mathrm{T}} \boldsymbol{S}\,^j\dot{\boldsymbol{q}}\, \mathrm{d}A\mathrm{d}x = \frac{1}{2}{}^j\dot{\boldsymbol{q}}_{\mathrm{T}} \cdot \left(\int_0^L \rho(A\boldsymbol{S}^{\mathrm{T}}\boldsymbol{S})\,\mathrm{d}x\right) \cdot {}^j\dot{\boldsymbol{q}}
$$

$$(4-42)$$

$$= \frac{1}{2}{}^j\dot{\boldsymbol{q}}^{\mathrm{T}}\,{}^j\boldsymbol{M}\,{}^j\dot{\boldsymbol{q}}$$

其中，ρ 和 A 分别为柔索单元的密度和横截面积；$^j\boldsymbol{M} = \int_0^L \rho(A\boldsymbol{S}^{\mathrm{T}}\boldsymbol{S})\,\mathrm{d}x$ 为 ANCF 柔索单元的常值质量矩阵，具体表达式如下：

$$
^j\boldsymbol{M} = \int_0^L \rho(A\boldsymbol{S}^{\mathrm{T}}\boldsymbol{S})\,\mathrm{d}x = m
\begin{bmatrix}
\dfrac{13}{35}\boldsymbol{I} & \dfrac{11}{210}L\boldsymbol{I} & \dfrac{9}{70}\boldsymbol{I} & -\dfrac{13}{420}L\boldsymbol{I} \\[2mm]
 & \dfrac{1}{105}L^2\boldsymbol{I} & \dfrac{13}{420}L\boldsymbol{I} & -\dfrac{1}{140}L^2\boldsymbol{I} \\[2mm]
 & & \dfrac{13}{35}\boldsymbol{I} & -\dfrac{11}{210}L\boldsymbol{I} \\[2mm]
sym & & & \dfrac{1}{105}L^2\boldsymbol{I}
\end{bmatrix}
$$

$$(4-43)$$

c. 单元内能

利用 Bernoulli-Euler 梁方程（beam formulation），柔索单元的弹性能为

$$^{j}U = \frac{1}{2}\int_{0}^{L}(EA^{j}\varepsilon_{0}^{2} + EJ_{\kappa}{}^{j}\kappa^{2})\mathrm{d}x \tag{4-44}$$

其中 E 为弹性模量，J_{κ} 为柔索截面的惯性矩，轴向应变 $^{j}\varepsilon_{0}$ 和曲率 $^{j}\kappa$ 可由式（4-45）和式（4-46）得到：

$$^{j}\varepsilon_{0} = \sqrt{^{j}r_{x}^{\mathrm{T}\,j}r_{x}} - 1 \tag{4-45}$$

$$^{j}\kappa = \frac{|^{j}r_{x} \times ^{j}r_{xx}|}{|^{j}r_{x}|^{3}} \tag{4-46}$$

d. 动力学方程

系统总的动能和应变能可写为

$$T = \sum_{j=1}^{k} {}^{j}T = \frac{1}{2}\dot{q}^{\mathrm{T}}M\dot{q}$$
$$U = \sum_{j=1}^{k} {}^{j}U = \frac{1}{2}\sum_{j=1}^{k}\int_{0}^{L}(EA^{j}\varepsilon_{0}^{2} + EJ_{\kappa}{}^{j}\kappa^{2})\mathrm{d}x \tag{4-47}$$

其中，

$$M = \begin{bmatrix} {}^{1}M & & & \\ & {}^{2}M & & \\ & & \ddots & \\ & & & {}^{k}M \end{bmatrix} \tag{4-48}$$

质量矩阵为常值矩阵。由于采用广义坐标描述单元的力学状态，刚体和柔性体的动力学可以用一个统一的系统方程描述——受约束离散多体系统的微分代数方程，即 DAE 方程：

$$\begin{cases} \dfrac{\mathrm{d}}{\mathrm{d}t}\left(\dfrac{\partial \boldsymbol{T}}{\partial \dot{\boldsymbol{q}}}\right)^{\mathrm{T}} - \left(\dfrac{\partial \boldsymbol{T}}{\partial \boldsymbol{q}}\right)^{\mathrm{T}} + \left(\dfrac{\partial \boldsymbol{U}}{\partial \boldsymbol{q}}\right)^{\mathrm{T}} + \left(\dfrac{\partial \boldsymbol{C}}{\partial \boldsymbol{q}}\right)^{\mathrm{T}}\boldsymbol{\lambda} = \boldsymbol{Q}_{\varepsilon} \\ C(q,t) = 0 \end{cases} \tag{4-49}$$

其中，q 为广义坐标；T 为总动能；U 为总应变能；C 为约束方程；λ 为约束方程对应的拉氏乘子；Q_{ε} 为广义力矢量；q 和 λ 都是未知量。

由动能和应变能的表达式可得

$$\frac{\mathrm{d}}{\mathrm{d}t}\left(\frac{\partial T}{\partial \dot{q}}\right)^{\mathrm{T}} - \left(\frac{\partial T}{\partial q}\right)^{\mathrm{T}} = \frac{\mathrm{d}}{\mathrm{d}t}(M\dot{q}) - 0 = M\ddot{q} \tag{4-50}$$

$$\left(\frac{\partial U}{\partial \boldsymbol{q}}\right)^{\mathrm{T}} = \sum_{j=1}^{k} \int_{0}^{L} \left(EA\varepsilon_0 \left(\frac{\partial j_{\varepsilon_0}}{\partial \boldsymbol{q}}\right)^{\mathrm{T}} + EJ_\kappa \kappa \left(\frac{\partial j_\kappa}{\partial \boldsymbol{q}}\right)^{\mathrm{T}} \right) \mathrm{d}x = -\boldsymbol{Q}_\kappa \qquad (4-51)$$

绳索系统的动力学方程就可写为

$$\begin{cases} \boldsymbol{M}\ddot{\boldsymbol{q}} + \boldsymbol{C}_q^{\mathrm{T}}\boldsymbol{\lambda} = \boldsymbol{Q}_k + \boldsymbol{Q}_\varepsilon \\ \boldsymbol{C} = 0 \end{cases} \qquad (4-52)$$

4.2.5　研究现状

空间绳网系统是一种典型的柔性空间系统。柔性空间系统以其质量轻、大变形的特性,可以通过较小的发射质量和封装体积获得较好的任务性能,目前已成为空间系统设计的一个热点方向。在柔性空间系统应用的发展历程中,绳系卫星系统是其中较早发展的一个重要成果,空间绳网系统是在绳系卫星系统基础上发展起来的

早在1990年美国得克萨斯大学 George W. B 博士就提出了一种空间碎片清理系统[5],如图4-29所示。系统包括网捕飞行器 NV 和轨道转移飞行器 TV 两部分,其中网捕飞行器又分为推进模块(PM)和网捕模块(NM),每个网捕模块包含若干个大小不同的捕获装置。一个圆筒形状的捕获系统主要包括4个部分:发射装置、回收装置、储网箱及柔性飞网。飞网由一种高强度的凯夫拉复合材料构成,通过一种简单的压缩弹簧系统对飞网进行旋转发射,可利用离心力展开。飞网边界上使用四个质量块可带动飞网的展开。

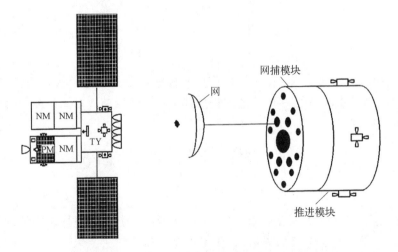

图4-29　空间碎片清理系统

ESA 于2001年提出用飞网抓捕地球静止轨道废弃卫星的地球同步轨道清理机器人(Robotic Geostationary Orbit Restorer, ROGER)项目[6],用于清除同步轨道

上的废弃卫星和运载器上面级。在如图4-30所示的ROGER项目任务场景中,拖船接近目标后释放绳网,经历展开、包裹和收口来完成对目标的捕获,然后利用系绳将目标转运到高于GEO的坟墓轨道。该项目在2003年完成方案设计阶段的评审后,由于各种原因没有继续开展下去,但其理念引起了航天界的广泛关注。

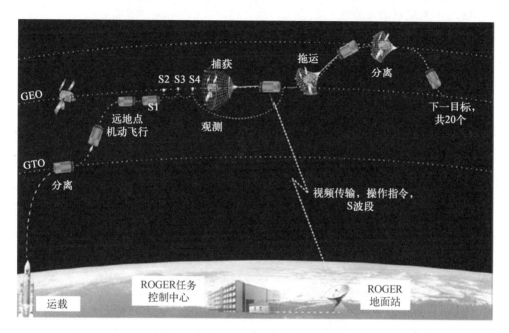

图4-30　Roger 绳网捕获过程概念图

2001年,日本东京大学 Nakasuka 等提出了 Furoshiki 卫星系统的概念[7],拟利用空间绳网构建大型空间结构。如图4-31所示,Furoshiki 卫星系统的主体由大型绳网或薄膜构成,通过控制顶点处的子卫星或旋转整个系统来保持张紧状态。

为了验证 Furoshiki 卫星系统,日本东京大学和神户大学在2006年利用探空火箭S-310-36进行了首次 Furoshiki 试验[8]。如图4-32所

图4-31　日本 Furoshiki 卫星系统概念

示,试验平台上安装有一套绳网、二个爬行机器人和三颗子卫星。发射入轨后,三颗子卫星在弹簧作用下以1.2 m/s的初速度沿径向向外弹出,逐渐牵引展开一张边长约17 m的三角形绳网。当绳网完全展开时,子卫星可能发生回弹并导致碰

撞,因此在子卫星上安装有冷气喷射装置,以抑制子卫星的回弹并通过控制使绳网保持张力。然后,两个爬行机器人在展开后的绳网上爬行,安装在平台上的相机可以记录绳网的展开过程和机器人的爬行过程。然而,由于子卫星与平台之间通信故障、系统面外运动、绳网展开速度过快等原因,试验中绳网出现了部分缠绕。图4-33所示为该试验示意图。

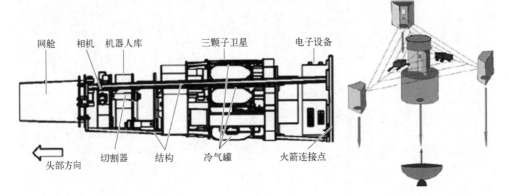

图4-32　日本 Furoshiki 试验系统结构　　　图4-33　日本 Furoshiki
试验示意图

2003年 NASA 支持的 MXER(Momentum eXchange/Electrodynamic Reboost)项目[9]设想利用绳系系统提供不消耗推进剂的推进能力。为了让绳索终端能够可靠抓捕载荷,TUI(Tether Unlimited Inc.)开发了名为 GRASP(Grapple, Retrieve, And Secure Payload)的绳网捕获机构,如图4-34所示,该机构采用刚性杆支撑的方式展开网状结构。

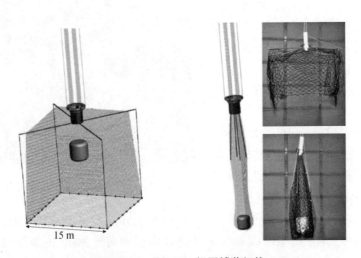

图4-34　GRASP 绳网捕获机构

2012 年 3 月斯特拉斯克莱德大学联合格拉斯哥大学、皇家理工学院使用探空火箭 REXUS 12 在瑞典发射基地 ESRANGE 进行名为 Suaineadh 的试验,旨在验证利用旋转部件展开空间绳网的技术。如图 4-35 所示,试验采用正方形绳网,尺寸为 2 m×2 m,绳网中心与毂轮相连,四角与质量块相连。火箭升空后,绳网系统从火箭锥部的发射筒进行弹射,高度为 86 km,由反作用飞轮来展开绳网,安装在毂轮的四个相机用来记录绳网系统的周围景象。但可能由于绳网系统或探空火箭的姿态翻滚的原因,无线连接在绳网展开前中断。尽管如此,通过对仅有的 22 张试验照片的研读,仍可以判断出绳网系统处于旋转状态且质量块成功释放,由此也可以确认弹射后各部件工作正常[10]。

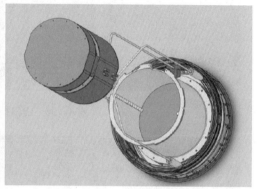

图 4-35　Suaineadh 绳网展开试验

2012 年,ESA 提出了 e. Deorbit 项目,旨在通过主动清除技术实现空间碎片离轨,其中一种主动清除手段就是绳网(图 4-36)。设计的绳网尺寸为 16×16 m,网格尺寸为 20 cm,发射方案有弹簧发射和冷气发射两种,采用类似 Roger 项目中 4 个质量块牵引展开,质量块斜装在网包容器的四个发射筒上。一点改进的是,不仅质量块要发射,网包也一起

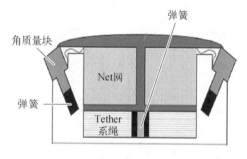

图 4-36　e. Deorbit 绳网捕获机构示意图

发射,这样可以避免网的前后振动,保证网能达到最大面积。

2013 年,英国萨里航天中心联合空客防务等多家欧洲研究机构,启动了“空间碎片移除”(RemoveDebris)项目[11]。2018 年 4 月,试验卫星运抵国际空间站,6 月试验卫星在轨释放。2018 年 9 月 16 日,在轨开展了绳网抓捕试验。试验过程如下:第一步,2U 立方星 DS-1 在“立方星释放装置”弹簧作用下以 0.05 m/s 的速度弹出;第二步,折叠在 DS-1 内部的 6 根柔性空心杆在气压作用下伸直,并撑起薄膜形成直径约 1 m 的“气球”、模拟非合作目标;第三步,当“气球”飞离试验卫星

7 m 远时,试验卫星打开绳网试验系统顶盖,均匀分布在网口的 6 个约 1 kg 的质量块由弹簧弹出,牵拉绳网舒展成直径 5 m 网兜,飞向"气球"套住目标,并降低目标转速;第四步,质量块(收口机构)按照预定程序,自动收紧网口,完成抓捕;最后,绳网与"气球"将在 6 个月内再入烧毁(图 4-37 和图 4-38)。

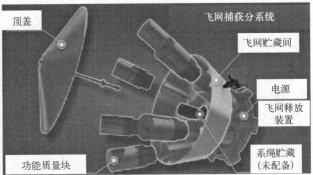

图 4-37 绳网捕获试验系统

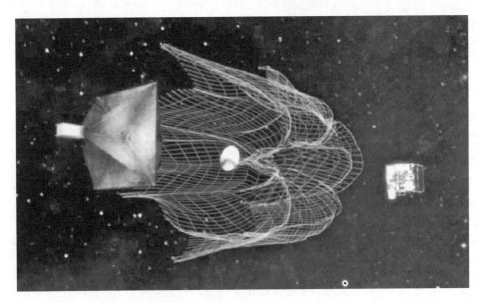

图 4-38 绳网在轨展开过程示意图

4.3 其他新型柔性抓捕技术

4.3.1 空间飞矛抓捕技术

空间飞矛是一种针对空间碎片的柔性抓捕技术,该技术利用跟瞄伺服系统实现对空间碎片的跟踪对准,发射飞矛实现对碎片表面的惯入后展开而产生附着力,并通过牵引装置实现对碎片的拖曳离轨。与机械臂等刚性抓捕方式相比,飞矛抓捕系统具有以下特点:

(1)飞矛装置通过跟瞄伺服系统对捕获目标进行定位,通过发射矛体刺入碎片形成附着力最终实现捕获,因此不需要目标表面具有抓附凸起或者对接接口、喷嘴等结构;

(2)能够捕获具有一定相对速度、自转、章动运动状态的碎片;

(3)单发矛体能够形成一定的附着力,而矛体本身只包含惯入外形、展开机构和尾部缓冲装置,因此单发矛体质量和体积可以做到比较小,即能够以较小的质量提供一定的附着能力,因此抓捕平台一次可以携带多发矛体,具备多次重复抓捕能力,或者能够同时对多个碎片进行抓捕。

4.3.1.1　组成与原理

空间飞矛系统的工作原理为:利用跟瞄伺服系统实现对空间碎片的跟踪对准,发射飞矛实现对碎片表面的惯入后展开而产生附着力,通过牵引装置拖动连接在矛体尾部的系绳实现对碎片的离轨清除。

基于以上工作原理,飞矛抓捕系统可由跟瞄平台子系统、发射子系统、矛体子系统、系绳收放子系统等几个子系统组成。

其中跟瞄平台子系统主要由空间光学设备(跟瞄相机和激光测距仪等跟瞄设备)、伺服转台、跟瞄对准控制器等几部分组成,其工作原理为使用空间光学系统实现对空间碎片的自主捕获、跟踪、测量、成像,获取距离、角度等参数,对碎片清晰成像和测距并动态反馈信息,通过发射提前量算法计算矛体发射提前量,最后伺服转台转动计入发射提前量的对准角度,准备发射装置发射矛体。

发射子系统主要由发射机构、矛体更换机构组成,其功能是能够为矛体提供所需的发射速度,将搭载的多发矛体有序发射。

矛体子系统主要由矛体外形结构、倒钩展开装置、尾部挡板及机构组成。飞矛装置由发射装置以一定速度射向碎片并贯入碎片表面,在其尾部设计尾部挡板与缓冲装置,防止穿透碎片或使碎片破碎。飞矛前端设计可展开倒刺装置,贯入碎片前倒刺收在飞矛矛体内,贯入碎片后倒刺机构展开,实现与碎片的钩挂与连接(图4-39)。

系绳收放子系统由系绳、绕线机构和拖曳控制器组成,用于实现对系绳的收放。系绳一端连在绕线机构上,一端固连在矛体尾部,随矛体一起发射,矛体贯入碎片并展开形成附着力后,系绳与碎片形成空间绳系组合体,拖曳控制器控制绕线机构收放系绳,实现绳系组合体离轨控制。

4.3.1.2　飞矛贯入过程仿真分析

飞矛矛体对碎片的射入、减震、连接与固定工作过程是一个伴随低速结构侵彻

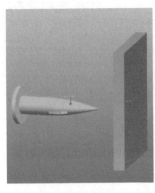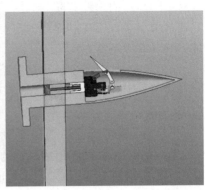

图 4 - 39 飞矛矛体的贯入、固定连接过程

和多体机构动力学耦合的复杂非线性运动过程,对碎片的贯入展开过程首先需要对目标实现一定深度的贯入,因此要求矛体具有一定的质量和发射速度,同时如果矛体发射动能过大会把碎片打穿,此时将对碎片附着性能的可控性造成影响。此外,不同的头锥形状也会对贯入过程及贯入效果产生影响,不同头锥形状可能会在贯入过程中对清除目标造成大的损伤甚至产生二次碎片。因此,需要对贯入展开过程进行深入分析研究,通过对矛体装置的贯入、固定过程进行仿真和试验研究,分析入射速度、矛体重量、头锥形状等参数对捕获目标的贯入效果、贯入深度、破口形状和二次碎片产生情况的影响。

下面,选择 4 种头锥形状进行仿真研究,仿真方案如下:

(1) 首先设定需求的穿透深度范围和穿射速度范围;

(2) 在相同的质量(250 g)、矛体直径(20 mm)条件下,分别对这四种头部形状进行仿真分析,比对分析结果最小侵彻速度;

(3) 根据以上分析结果,选取最合适的头锥形状,进行不同尺寸头锥结构侵彻分析。例如:圆锥头部形状对侵彻效果的影响包含了头部最大直径和头锥角的大小(45°、60°、72°),质量取 100 g、250 g、500 g、1 000 g。

(4) 通过仿真研究,可以初步确定最适合用于实现飞矛捕获的头部形状,之后需要通过地面试验来验证仿真结果的正确性。

图 4 - 40 所示为飞矛贯入头锥形状示意图。

仿真分析所用的目标靶板为 2A12(3 mm 厚)的铝板,其本构模型使用强森-库克模型,失效模式基于有效塑性应变失效模式;矛体设置为刚体,使用 LS - DYNA 进行求解。

(1) 不同头锥形状对目标表面的侵彻。首先使用不同头锥形状的矛体进行低速贯入仿真。矛体质量均为 250 g,直径(六棱柱为外接圆直径)20 mm,目标为 3 mm 厚 2A12 铝板,仿真结果见图 4 - 41 和表 4 - 5。

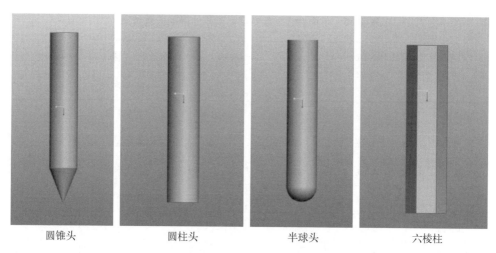

圆锥头　　　　　　　圆柱头　　　　　　　半球头　　　　　　　六棱柱

图 4 - 40　飞矛贯入头锥形状示意图

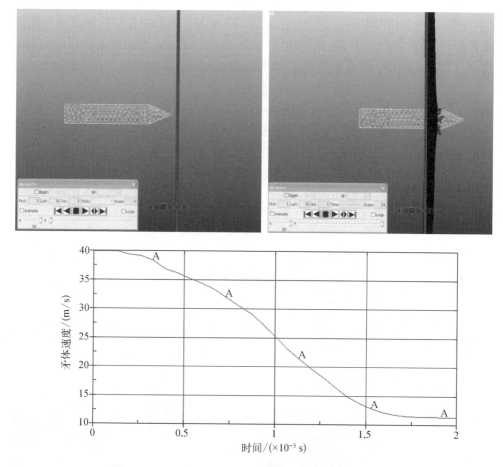

图 4 - 41　45° 角头锥（250 g）侵彻结果，矛体初速 40 m/s

表 4-5　不同头锥形状对目标表面的侵彻仿真结果

头锥形状	铝板厚度	速　　度	残余速度	结　　果	备　注
圆柱体	3 mm	50 m/s	0 m/s	未穿透	—
圆柱体	3 mm	55 m/s	30 m/s	完全穿透	—
半球头	3 mm	40 m/s	0 m/s	未穿透	—
半球头	3 mm	45 m/s	20 m/s	完全穿透	—
六棱柱	3 mm	50 m/s	0 m/s	未穿透	—
六棱柱	3 mm	55 m/s	24 m/s	完全穿透	—
锥头(45°)	3 mm	40 m/s	12 m/s	完全穿透	—

　　由此可见,在相同质量、直径条件下,对 3 mm 厚铝板低速侵彻的弹道极限速度最低的是锥头(45°)的矛体,能在 40 m/s 条件下实现对铝板的完全贯穿,并保留 12 m/s 的残余速度。半球头头锥矛体次之,之后是圆柱体头锥和六棱柱头锥。

　　而根据圆柱体和六棱柱仿真结果可知,这两种工况下当矛体完全贯穿目标铝板时,会产生与矛体直径大小相当的碎片。

　　因此,选择锥体为头锥的矛体,能够获得最小的贯入速度(弹道极限),并且不易产生破口碎片。

　　(2)不同头锥角对目标表面的侵彻。使用不同头锥角度的矛体进行低速贯入仿真。矛体质量均为 250 g,直径 20 mm,目标为 3 mm 厚 2A12 铝板,仿真结果见图 4-42、图 4-43 和表 4-6。

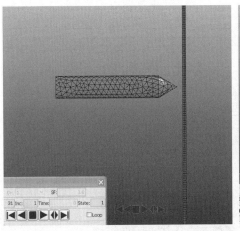

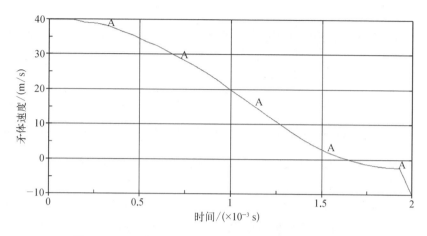

图 4－42　60°角头锥(250 g)侵彻结果,矛体初速 40 m/s

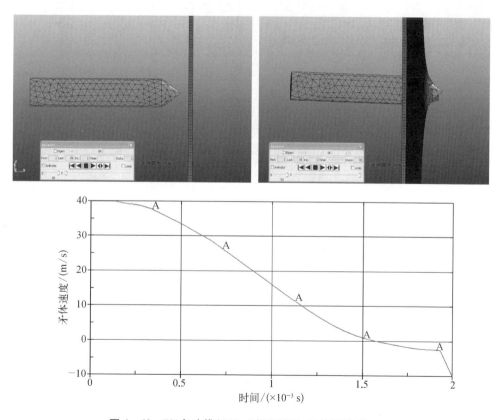

图 4－43　72°角头锥(250 g)侵彻结果,矛体初速 40 m/s

表 4-6　不同头锥角对目标表面的侵彻仿真结果

序号	头锥形状	铝板厚度	速　度	残余速度	结　果	备注
1	锥头(45°)	3 mm	40 m/s	12 m/s	完全穿透	—
2	锥头(60°)	3 mm	40 m/s	0 m/s	刚穿透	—
3	锥头(72°)	3 mm	40 m/s	0 m/s	刚穿透	—

　　由此可见,锥头角度越大,贯入弹道极限越大,越难对目标铝板实现贯入。45
度角是一个比较合适的贯入锥角,45 度头锥锥角作为矛体设计参数。

　　(3)不同质量对目标表面的侵彻。使用不同质量的矛体进行低速贯入仿真。
矛体选用锥角 45°头锥,直径 20 mm,目标为 3 mm 厚 2A12 铝板,仿真结果见图 4-
44 至图 4-46 和表 4-7。

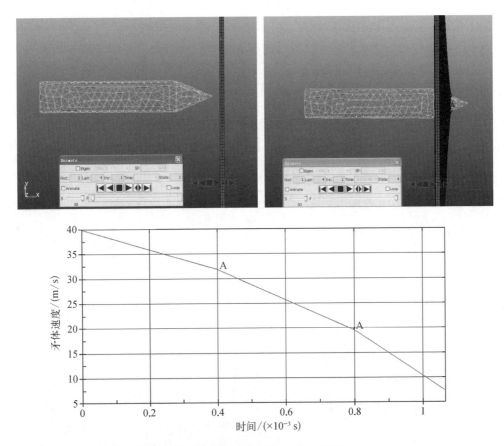

图 4-44　45°角头锥(100 g)侵彻结果,矛体初速 40 m/s

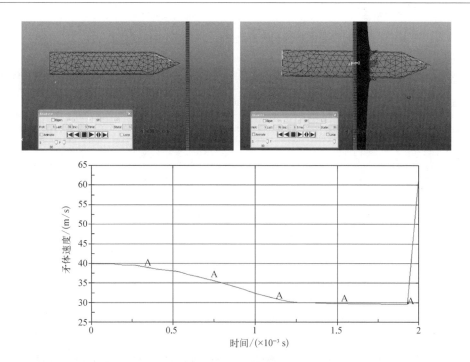

图 4 - 45　45°角头锥(500 g)侵彻结果,矛体初速 40 m/s

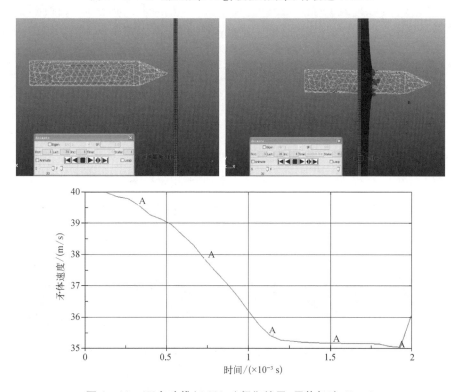

图 4 - 46　45°角头锥(1 000 g)侵彻结果,矛体初速 40 m/s

表 4-7　不同锥头质量对目标表面的侵彻仿真结果

头锥形状	矛体质量	铝板厚度	速　度	残余速度	结　果	备　注
锥头(45°)	100 g	3 mm	40 m/s	7 m/s	刚穿透	—
锥头(45°)	250 g	3 mm	40 m/s	12 m/s	完全穿透	—
锥头(45°)	500 g	3 mm	40 m/s	30 m/s	完全穿透	—
锥头(45°)	1 000 g	3 mm	40 m/s	36 m/s	完全穿透	—

由此可见,相同发射速度条件下,矛体质量越大,贯入后残余速度越高。考虑到矛体质量越大提供相同发射速度火工品需要的能量越大,后坐力也越大,取矛体质量 250 g,发射速度取 40 m/s,即可完全穿透目标铝板。

4.3.1.3　研究现状

1. 欧空局 e. Deorbit 任务

欧空局的 e. DeOrbit"离轨"任务目标是捕捉和收集轨道垃圾,以减少航天工业对太空环境的影响。该项目正在开展多种捕获机制的研究以降低任务风险,包括撒网、触手式夹钳机构和鱼叉式装置等基于柔性和刚性连接的离轨操作方案。

图 4-47　用于验证穿刺效果的渔叉试件

渔叉(harpoon)装置作为该项目主动碎片清除技术实施方案之一,主要清除对象为运载火箭子级、大卫星等大质量目标,目前由空客防务及航天公司英国分公司(Airbus Defence and Space UK)负责,新南威尔士大学工程信息学院联合 ADS 公司对渔叉装置穿刺和附着进行了方案原理研究,用于验证穿刺效果的渔叉试件如图 4-47 所示,弹簧驱动渔叉原理图如图 4-48 所示。当渔叉以一定

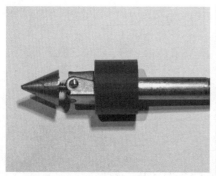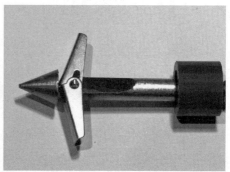

图 4-48　弹簧驱动展开渔叉原理样件图

速度侵入目标物体内时,初始固定套被向后剥离,倒刺约束解除后在弹簧驱动下在目标物体内展开,形成倒刺,产生附着力,进而完成捕获。

　　ADS 公司对该方案进行了一系列相关试验。试验采用中速气体自动枪,如图 4-49 所示,自动枪长 2 m,枪口直径 38 mm,气枪压力 0.7 MPa,射程 0~3 m,相对的鱼叉发射速度为 10~50 m/s,试验用到最大压力 0.35 MPa。试验用板面积均为 250 mm²,使用多种不同厚度铝板进行试验,如图 4-50 所示。

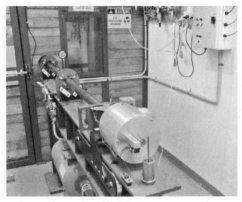

图 4-49　中速气体自动枪　　　　　　图 4-50　鱼叉对铝板的侵彻试验示意图

　　试验用鱼叉直径 10 mm,长度 200 mm,尖端可更换形状以适应目标,尖端形状包括尖头、立方体钝头、圆柱体钝头和八面体钝头四种形状。

　　试验目的是识别射入目标最浅深度的鱼叉头部形状,这对降低推进消耗和减小射入目标材料的张应力有着重要的作用。侵彻试验铝板厚度 3 mm,材料为 Al 5005-H34。试验结果见图 4-51 和表 4-8。

　　根据 ADS 公司相关研究,用于刺入常用卫星表层蜂窝夹层结构的鱼叉需要提供平均约 500 N 的附着力才能完成主动离轨。图 4-52 为弹簧驱动展开鱼叉附着力试验曲线,验证了该方案能够提供高于 500 N 的附着力。

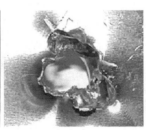
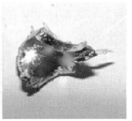

图 4-51　铝板(3 mm)侵彻试验及二次碎片示意图

表 4-8 铝板(3 mm)侵彻试验结果

渔叉头部形状	尺寸/(mm,(°))				穿射速度/(m/s)	动能/J	$\dfrac{E_{i,ave}}{E_{come,ave}}$
	最大直径	长度	锥角	周长			
圆锥	16	18	24	49	42.9~44.2	206.8~220.3	1.0
立方体	N/A	16(边长)	N/A	64	40.9~42.2	204.1~217.1	0.99
八面体	N/A	16(对边长)	N/A	54	38.6~40.3	190.41~207.8	0.93
圆柱	16	11.5	N/A	50	33.3~35.5	128.4~145.8	0.64

注:N/A 表示不涉及。

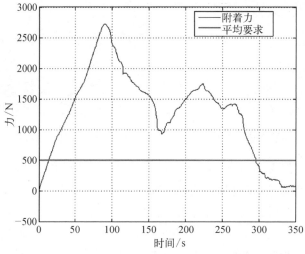

图 4-52 弹簧驱动渔叉附着力曲线

2. 英国萨里大学 RemoveDebris 项目[11]

2013 年,英国萨里航天中心联合空客防务等多家欧洲研究机构,在欧盟第七框架计划(FP7)资助下,启动"空间碎片移除"任务;2014 年至 2016 年间陆续完成核心分系统样机的地面试验;2017 年完成全系统集成;2018 年 4 月试验卫星运抵"国际空间站";6 月试验卫星在轨释放。

试验卫星在地面指令下,依次开展了柔性绳网抓捕立方星、空间目标跟踪、鱼叉穿刺靶板及拖曳帆离轨等四项技术的在轨验证。

其中第三项鱼叉捕获试验,将利用鱼叉装置刺穿模拟空间碎片的靶板(图 4-53)。研究团队对叉头进行了精心设计,确保±45°角均可穿透靶板;并通过挡板与倒刺机械联动,实现倒刺"穿透即打开",钩住靶板。试验过程如下:第一步,卷曲缠绕在鱼叉装置内(图 4-54)的支杆与模拟空间碎片的铝制蜂窝靶板下部相连,两者在电机驱动下整体前伸 1.5 m,支杆与靶板面垂直;第二步,鱼叉装置打开挡板,将高压气体导入内部腔室,达到一定压力阈值后撕裂活塞锁止销,活塞推动鱼叉以 20 m/s 速度弹出;第三步,鱼叉穿透尺寸 10 cm×10 cm×0.8 cm 的靶板后,在鱼叉尾部系绳张力和鱼叉后部挡板的共同约束下静止,头部的 4 个倒刺打开钩住靶板;最后,鱼叉尾部系绳收缩,带动靶板、支杆与鱼叉向试验卫星方向收拢。

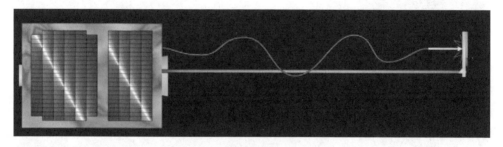

图 4-53　鱼叉空间碎片捕获技术验证示意图

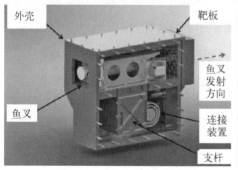

图 4-54　鱼叉系统内部示意图与鱼叉头实物

4.3.2　空间飞舌抓捕技术

飞舌是一种新概念空间碎片抓捕清除装置,其灵感来自自然界变色龙或青蛙捕获猎物的方式,这种抓捕方式主要有两个特点:① 依靠弹射将飞舌射向目标,抓捕过程迅速;② 依靠舌的黏性与目标建立有效连接。与传统抓捕方式相比,飞舌抓捕方式具有操作距离远、操作方式简单、对任务飞行器控制要求低、不受目标外形尺寸影响、抓捕过程不产生新的碎片等优点。

4.3.2.1　仿生原理

自然界中,一些生物通过弹射舌部捕捉食物——精确定位距离自己若干倍身长的猎物,并通过闪电般的飞舌将其快速、牢固地抓住,吸回口中。蛙(如青蛙、蟾蛤,图4-55)、蜥蜴(如变色龙,图4-56)等就是这样的生物。青蛙的舌部结构与人类相反,为倒生反卷式——根部在口腔外侧、活动端在内侧,因而可以快速弹出;变色龙的舌内有一个Y字形结构的骨头,肌肉以骨头为支撑可以伸长拉紧、高速释放,过程类似弹弓。

图4-55　青蛙飞舌捕食　　　　　　　　图4-56　蜥蜴飞舌捕食

　　动物飞舌捕获过程具有如下优点,可为空间碎片抓捕提供新的思路。

　　(1)猎物范围面广灵活:捕食者舌部长度可达身体的0.5~2倍,在此距离内、视线范围内的猎物均可成为捕获对象,可以覆盖比贴身捕食者广阔得多的目标,可控范围、可选择余地大。

　　(2)运动目标定位精确:虽然目标相对身体长度较远,但青蛙、蜥蜴等通过视听器官可以对其精确定位,而且对于飞行、爬行等移动状态下的目标也可以准确打击。

　　(3)本体姿态保持稳定:捕食者身体绝大部分都处于静止稳定状态,伴以与自然浑然一体的表皮颜色,具有较好的隐蔽性;唯一活动的器官舌部仅占身体重量很小的一部分,可控性强。

　　(4)捕食过程灵敏迅速:捕食者弹舌的动作非常迅速,通常从吐出舌头到收回口中,全过程仅需约0.5 s,如闪电一般,这同时也保证了捕获过程的精确性和隐蔽性。

　　(5)随形抓物牢固抗震:青蛙、蜥蜴的舌部可以柔性变形,在接触到猎物后能够通过蜷曲、包拢舌尖等动作紧贴目标外形将其锁紧,并分泌特殊的化学物质黏住猎物,舌部肌肉形成强效阻尼,猎物挣脱能量被阻尼耗散掉,防止在拖拽入口的过程中猎物逃跑。

4.3.2.2　系统组成与任务过程

空间飞舌抓捕系统组成如图 4 - 57 所示,由弹射机构、飞舌捕获机构、系留绳控制机构、解锁释放结构和瞄校系统组成。

图 4 - 57　空间飞舌抓捕装置系统组成图

空间飞舌捕获经瞄校系统对准碎片后,弹射机构推动飞舌捕获机构带动系留绳从弹射窗口弹出,飞舌捕获机构在碰撞目标后触发飞舌自适应展开机构,自动展开附有强黏胶的仿舌结构,仿舌结构利用黏性物质吸附捕获目标,完成对目标的抓捕过程(图 4 - 58)。

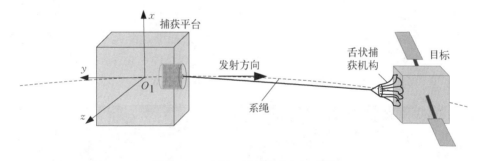

图 4 - 58　空间飞舌抓捕目标示意图

空间飞舌系统捕获的任务阶段可分为悬停瞄准、发射抓捕和拖曳离轨三个阶段。寿命期内主要完成的工作模式包括:发射部署、目标交会、绕飞探测、瞄校调整、飞舌弹射、捕获头吸附、拖拽离轨、目标分离等过程。

任务执行过程如下。

步骤一:将带有飞舌捕获机构的飞行器送入轨道;

步骤二:飞行器接收地面发送的目标指令信息和自身测量设备,依次进行远程导引和近程导引,使飞行器距离目标 200~500 m;

步骤三:飞行器通过姿轨机动,实施主动绕目标飞行探测,初步规划飞舌黏附落点区域;

步骤四:飞行器抵近距离目标飞舌黏附落点区域 50~100 m 的位置,并确定最终的捕获点位置;

步骤五:飞行器调姿使飞舌弹射窗口对准落点方向,启动飞舌抓捕机构,捕获目标并将目标拖曳至预定位置。

4.3.2.3　飞舌黏附机理

对动物及昆虫黏附能力的研究发现,黏附系统按照与物体表面接触的情况可划分为两类:一类是毛发状的,如壁虎、苍蝇等脚部最小黏附结构为多个绒毛;一类是表面光滑的,如蚱蜢、蝉等脚部为多个具有光滑表面的结构。黏附机理可以分为两类:一类为干黏附,即依靠分子之间的范德华力,如壁虎、蜘蛛等;一类是湿黏附,即依靠毛细力的作用,如蚂蚁、苍蝇、树蛙等。

21世纪初期,美国加利福尼亚大学伯克利分校的科学家 Autumn 等[12, 13]研究发现,壁虎具有头朝下停滞在垂直的表面,甚至倒挂在天花板上的黏附能力,来源于壁虎脚部大量的刚毛与物体表面产生的分子之间的吸附力,即范德华力。范德华力是中性分子彼此距离非常近时,产生的一种微弱电磁引力,大量范德华力的累积就可以支撑壁虎的体重。范德华力的机理意味着超强黏附与壁虎脚部最小末端的尺寸及形状相关,而与表面化学性质基本无关。事实上,壁虎脚趾生有数以百万计的细小刚毛,每个刚毛长 $30 \sim 130 \ \mu m$,直径大约为头发丝的 1/10。刚毛的顶部又分叉出几百个更小的铲状分支的绒毛,直径为 $0.2 \sim 0.5 \ \mu m$,如图 4-59 所示。Autumn 等通过实验进一步发现,单根刚毛的黏附力能够达到几十微牛,而壁虎的体重典型的为几十到一百多克,如果足够多的刚毛与物体密切接触,则足够支撑壁虎的体重。范德华力在间隙大于原子距离时,就变得非常弱,所以要求黏附系统与

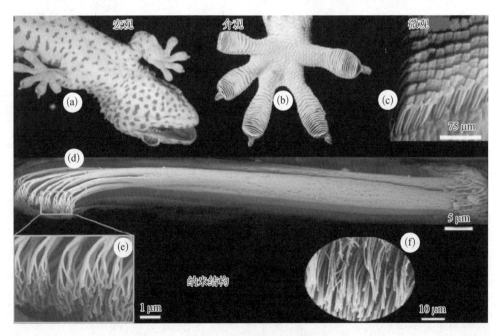

图 4-59　壁虎多级干黏附系统

物体表面密切接触,如果黏附系统足够软并能产生很大的变形,就能够保证相对较大的接触面积。壁虎具有很多铲状绒毛,完全能够产生足够大的接触面积,而获得足够的黏附力。

表面粗糙度在黏附系统中起决定性作用,它的存在使得两个接触面之间的实际接触面积大大降低,这也是为什么我们日常生活中感受不到强黏附的原因。壁虎通过多等级结构保证了脚掌和壁面之间的紧密接触,从而获得了强黏附的作用。但是对于昆虫(苍蝇、蝗虫等)和树蛙来说,其脚底末端结构和干燥表面之间的间隙太大,产生的黏附作用并不能保证其稳定运动。然而,这些生物能分泌液体来润湿接触界面,并依靠毛细力的作用完成运动。通过自然选择的结果,依靠湿黏附作用的生物体分泌的液体既能润湿疏水表面又能润湿亲水表面,因此能在各种表面黏附。

鉴于这些自然界中超常的黏着行为,人们就想要研究制造出基于这些原理的仿生应用。其中,最引人注目之一的是仿壁虎刚毛。由于壁虎刚毛黏着主要依靠范德华力,在真空环境下,其黏附作用依然不会有明显的减弱。所以对太空环境下的应用,仿壁虎刚毛的黏附有着简易、实用且清洁的优势,是应用的最佳选择。而仿壁虎刚毛应用中的核心则是制备仿生壁虎刚毛阵列表面。

4.3.2.4　飞舌黏附的理论模型[14]

1. 摩擦模型

根据阿蒙顿-库仑定律,两个物体相互接触时作用在其中一个物体上法向力和剪切力成正比:

$$F_S = \mu F_N \tag{4-53}$$

其中,μ 是摩擦系数;F_N 是法向力;F_S 是剪切力。

事实上两个物体在接触过程中,物体表面非常贴近的微凸体通过原子之间的吸引力将形成黏着点就会有黏附产生,然而经典的摩擦理论并没有考虑到黏附的作用。1934 年 Derjaguin 将黏附引入到摩擦理论当中,得到了拓展的摩擦模型(embedded cone model):

$$F_S = \mu(F_N + F) \tag{4-54}$$

其中,F 是由于黏附产生的力。

2. JKP 黏着模型

范德华力是存在于分子间的一种不具有方向性和饱和性,作用范围在亚纳米和纳米之间的力。这种力作用于分子之间或分子内部尚未形成化学键的原子之间。对于极性分子,范德华力来源于偶极矩相互作用产生的吸引力。对于非极性分子,范德华力来源于单个原子瞬时偶极矩相互作用产生的吸引力。精确计算范德华力是比较困难的,通常情况下利用表面自由能理论去近似计算,而表面自由能直接影响黏着能。基于此科学家发展了各种基于表面黏着能的力学模型。1973年,英国物理学家 Johnson,Kendall 和 Roberts 在 Hertz 模型基础上,引入了表面黏着能,提出了经典的 JKR 模型。

Hertz 模型为 1881 年德国物理学家 Hertz 提出的经典球-平面接触模型。该模型在不考虑表面力作用下,描述了两个表面光滑的固体接触时,球-平面接触的接触面积和外加载荷 F 存在如下关系:

$$F = \frac{4}{3} \frac{Ka^3}{R} \tag{4-55}$$

其中,K 为复合弹性模量;R 为等效接触半径;a 为接触区半径。

Hertz 理论考虑的是接触力,并没有考虑两个接触面之间的黏着。1971 年英国物理学家 Johnson,Kendall 和 Roberts 对物体接触时的弹性变形给出了严格的理论分析,考虑了接触区域的表面能变化,提出了经典的 JKR 黏着模型,如图 4-60(a)所示。该模型预测了两个固体脱离需要施加的外力,即临界分离力为

$$F = \frac{3}{2} \pi R \gamma \tag{4-56}$$

其中,R 为接触区半径;γ 为单位面积表面黏着功。

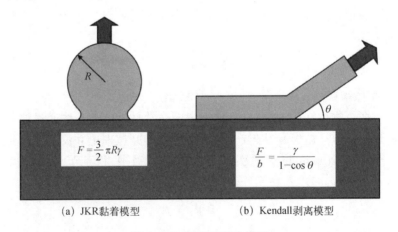

(a) JKR黏着模型   (b) Kendall剥离模型

图 4-60 黏附的基本模型

除了接触边界的最后几个纳米的描述不太适用,JKR 理论在分子级光滑表面得到了很好的验证。1975 年,俄罗斯科学家 Derjaguin、Muller 和 Toprov 等考虑了接触区域以外的长程表面力的作用,提出了 DMT 模型,定义临界分离力为

$$F = 2\pi R \gamma \tag{4-57}$$

1992 年,Maguis 基于断裂力学的 Dugdale 矩形势垒描述接触区域外表面力,得到了 DMT 理论和 JRK 理论之间的过渡区域的黏着接触理论模型,称为 MD 模型。Maguis 提出了无量纲 Tabor 参数 μ,划分了不同黏着模型的适用范围:

$$\mu = \left(\frac{R\gamma^2}{Ez^3}\right)^{\frac{1}{3}} \tag{4-58}$$

其中,E 是等效弹性模量;z 是 Lennard-Jones 势能的平衡间距。无量纲参数 μ 反映了弹性变形量和表面能变化的对比。当弹性变形可以忽略,此时临界分离力的计算适用于 DMT 理论。当弹性变形很大,此时临界分离力的计算适用于 JKR 理论。当 $\mu > 5$ 时,弹性变形很大,此时临界分离力的计算适用于 JKR 理论。当 $0.1 < \mu < 5$,临界分离力的计算适用于 MD 理论。

根据 JKR 模型,黏着力与接触半径成反比,这便解释了自然界中质量和体积越大的生物,其刚毛的尺寸越细分的现象,称为"接触分形"理论。但是 JKR 理论并没有考虑机械变形对刚毛黏附的影响,研究人员提出了"纤维丛接触"模型,分析了刚毛在垂直载荷下的弯曲变形对黏附的影响。纤维丛接触模型主要有两种:第一种是将纤维阵列简化为倾斜悬臂梁阵列或者弹簧阵列,对其受力情况进行数值相加从而获得垂直黏附力;第二种是从能量的角度考虑纤维阵列的弹性形变,分析其对黏着能的影响。

3. Kendall 剥离模型

Kendall 剥离模型描述的是胶带在恒力作用下以一定的角度从刚性基底剥离的过程,如图 4-60(b)所示。Kendall 模型考虑在剥落过程中的能量变化,认为新表面的出现所产生的表面能项等于由于应力带来的势能项和材料在应力方向伸展带来的弹性能项的和,有

$$\left(\frac{F}{b}\right)^2 \frac{1}{2dE} + \left(\frac{F}{b}\right)(1 - \cos\theta) - \gamma = 0 \tag{4-59}$$

其中,二次项 F/b 为剥离强度;F 是剥离力;b 是材料宽度;d 是材料的厚度;E 是材料的弹性模量,γ 是剥离能。当剥落角 θ 较大时(接近90°),式中的弹性项可以忽略,此时为无拉伸分量有

$$\frac{F}{b} = \frac{\gamma}{1 - \cos\theta} \tag{4-60}$$

当剥离角 θ 较小时(接近0°),式中的势能项可以忽略,此时为纯拉伸分量有

$$\frac{F}{b} = \sqrt{2Ed\gamma} \tag{4-61}$$

　　Kendall 剥离模型主要是用来描述柔软的,厚度较薄的黏弹性胶带在剥离时的力学特性,该模型很好地预测了剥离强度和剥离角度在双对数坐标系下呈线性关系。在此基础上,Peskia 等考虑了剥离区域几何形状的变化,建立了黏附区域(peel-zone)模型,Sauer 建立了黏附材料受弯矩作用的剥离模型,陈彬等建立了黏弹性薄板的剥离模型,彭志龙等使用有限元模型分析了不同的剥离角度,弹性模量,厚度和表面粗糙度下的剥离行为。这些模型被用于分析壁虎脚趾在剥离时的力学特性,也被用于分析和设计仿生干黏附材料,在一定程度上解释了脱附机理。

4.3.2.5　研究现状

　　目前,地面环境下的仿壁虎机器人研究较为深入,基于仿生吸附技术的空间应用项目相对较少,典型的项目主要有美国 NASA 的"壁虎爪"和加拿大的阿比盖尔机器人。

1. 美国"壁虎爪"项目

　　NASA 喷气推进实验室(JPL)提出了一种被称作"壁虎爪"(gecko grippers)的设计,原型基于斯坦福大学的"跳跃蜥蜴"(Stickybot)。2013 年,NASA 的 Aaron Parness 等[15]研制了在低速接触情况下的多点接触黏附机构(图 4-61)。采用多点接触黏附可提高仿生黏附材料与被黏附表面的接触性能,也避免了单点黏附时易发生间隙拓展造成黏附失效的情况。经过实验验证,该机构在超过 30 种航天器表面成功黏附,完成了 30 000 次黏附/脱附循环和超过 1 年时间的持续黏附,并在热真空室中实现了在全真空、温度−60℃情况下的黏附。在多次迭代优化研制后,在气浮台上对一个碎片代表件(33 kg)进行黏附性能滚动测试,完成了相对平移率从 0 到 2 m/s,相对旋转率从 0 到 75°/s 的稳定黏附。该机构采用的吸附式抓取不需要特定的对接接口,可适用于具备可黏附表面的捕获目标(图 4-62),展示了仿生干黏附机制在航天工程中的广阔应用前景。

支撑泡沫

黏附材料片

图 4-61　Aaron Parness 研制的采用棘轮的黏附机构

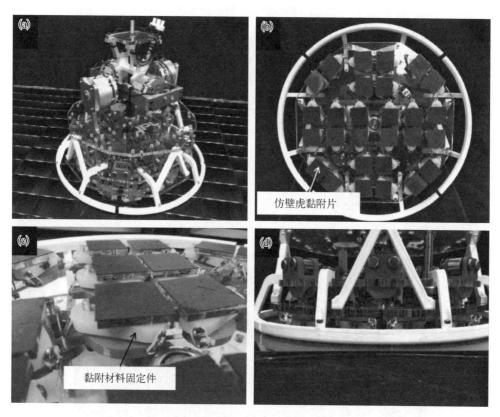

（a）黏附机构对太阳能板的黏附；（b）黏附机构底部结构图，包含 28 块 1 英寸的成组分布黏附板；（c）包含柔性基底的黏附单元结构图；（d）黏附机构侧视结构图，包含外托架、静力弹簧及连接腱绳

图 4-62　仿生黏附结构的设计及黏附结构图

2014 年，借助 NASA 的 C-9B 飞机（抛物线飞行），进行了微重力条件下的"壁虎爪"性能测试，测试结果表明，"壁虎爪"不仅可以"抓取"重量为 9 kg 的漂浮立方体，还可以"抓住"站在航天材料板上、穿着特制服装的研究人员（总重 250 磅/113 kg）（图 4-63）。

这款人造"壁虎爪"系统有望在未来执行从轨道上清理和回收超过 21 000 块大于 10 cm 的太空碎片的任务（图 4-64）。

2. 加拿大阿比盖尔机器人

受到壁虎的启发，加拿大西蒙弗雷德大学打造出重 240 g，造型类似坦克的壁虎机器人，采用的踏板下布满了微纤维，但测试效果不理想。随后，该团队研发了一种六条腿的壁虎机器人，即阿比盖尔（Abigaille）（图 4-65），期望能够沿着宇宙飞船外壳爬行，发挥清洁及维护功能。它的每条腿都有四个自由度，这样的设计能够使其轻松从水平环境转换至垂直环境。阿比盖尔的脚底覆盖了足够的微纤维，

图 4-63 "壁虎爪"的微重力测试试验

图 4-64 "壁虎爪"应用于空间碎片清理

图 4-65 阿比盖尔机器人

微纤维设计的灵感来源于壁虎和蜥蜴的刚毛。壁虎的刚毛是显微镜可见的,其末端只有 100～200 nm,相比之下,人类的头发直径大约为 100 000 nm。微电子行业的技术水平限制了微纤维的尺寸,阿比盖尔足底纤维直径大约比壁虎刚毛大 100 倍,但已经有足够的力量支撑机器人。

在吸附方案的设计过程中,研制人员还考虑过胶带、磁铁、尼龙搭扣等方案。但是胶带会吸附灰尘,难以长时间保持黏性,而且胶带在真空环境中会产生大量烟气,无法保持强吸附力。磁铁虽然吸附力较好,但是无法吸附在复合材料表面,而且磁铁有磁场,这些磁场可能影响航天器的正常运行。尼龙搭扣需要一个充满倒钩的捏合面,并且容易折断。最终上述方案均未被采纳。

阿比盖尔机器人爬行墙面的干燥附着功能测试已经在欧洲航天局位于荷兰诺德威克(Noordwijk)欧洲太空及科技中心(ESTEC)的物质测试实验室完成。这项测试复制了太空真空环境和温度,所采用的深度感知压痕的设备能够精确评估机器人的干燥附着能力,测试结果显示,该机器人的依附能力非常强。

4.3.3　空间柔性触手抓捕技术

柔性触手是一种新型连续体仿生机械臂,它以材料学、机构学、控制科学为基础,以利用软体材料的机械智能使机械臂获得更简单、更高效的运动为目标。其基本原理是模仿象鼻、章鱼触手等动物器官的生理结构和运动机理,在人工肌肉的驱动下,通过连续柔性大变形来实现运动和抓取操作。柔性触手任意部位均可以产生柔性变形,因此可以轻松实现对空间碎片的缠绕抓捕。

柔性触手具有以下特点:

(1)任意部位均可以产生柔性变形,具有很强的避障能力,能够更好地适应非结构环境,更牢靠地抓取各种不规则形状的碎片;

(2)采用灵活的超弹性材料作为全柔性触手的基体材料,变形可高达 300% 而不会发生破裂,可以实现大容差柔性捕获。质量轻,断裂强度高,响应快速;

(3)柔性抓捕触手无论从系统复杂度、研发成本还是发射成本来讲,都将比传统刚性机械臂大大减小;

(4)通过控制驱动源,柔性触手既可以对碎片实施缠绕抓捕,也可以松开目标,因此可以重复使用。

4.3.3.1　仿生原理

自然界中软体动物广泛分布于海洋、淡水及陆地。经过亿万年的自然进化,软体组织具有变形大、质量轻、功率密度比高的特点,可以使其通过改变自身形状在复杂自然环境条件下高效运动。近年来,人们从自然界的软体动物中获得灵感,提出了仿生软体机器人的概念[16]。从模仿对象来看,主要集中在蠕虫和头足类动物如章鱼,以及象鼻等动物运动器官。

1. 蠕虫、毛虫

蠕虫由表皮、肌肉、神经系统等组成,是典型的静水骨骼结构。蠕虫的运动由环向肌肉、纵向肌肉共同组成,如图 4 - 66 所示。纵向肌肉收缩,蠕虫身体沿径向膨胀;环向肌肉收缩,蠕虫身体沿轴向伸长。通过各段肌肉收缩和扩张产生行进波向前移动。

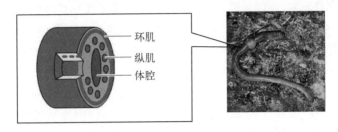

　　环肌
　　纵肌
　　体腔

图 4 - 66　蚯蚓身体结构

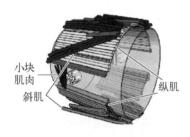

小块
肌肉
斜肌
纵肌

图 4 - 67　毛虫肌肉示意图

毛虫与蠕虫外形相似,但有不同的解剖结构和运动机制。其躯干看似分节分段,内部实质连成一体。毛虫肌肉组织相当复杂,多达 2 000 个运动单元分布在整个身体中。毛虫的肌肉组织包括纵向肌肉、斜向肌肉及躯干其他部位的小块肌肉,如图 4 - 67 所示。与蠕虫不同之处在于,不含环向肌肉。毛虫爬行是利用环境对身体底部的压力控制身体张力的释放实现的。通过调整肌肉张力增加身体刚度以产生运动越过障碍。肌肉周围的环境可以看作机能上的骨骼,称为环境骨骼。

2. 头足类动物

头足类动物,如章鱼,没有刚性骨骼支撑,只依靠静水骨骼肌肉,就能完成极其复杂的柔性运动。章鱼的每只触手都可以改变长度,任意弯曲,还能在一定范围内改变刚度。

章鱼手臂是典型的肌肉性静水骨骼结构,由不同方向的肌肉纤维构成,如图 4 - 68 所示。章鱼臂是由相互对抗的横肌和纵肌组成,因为结构的等容性,当横肌收缩时手臂纵向伸长;当纵肌收缩时,手臂横向伸长。

不同方向的肌肉层环绕中枢神经。核心的横肌呈放射状分布并且与斜肌和纵肌相交错,斜肌纤维呈螺旋状沿顺时针和逆时针两个方向缠绕。在运动中,章鱼通过收缩横肌使手臂伸长,收缩纵肌使手臂缩短,横肌和纵肌的同时收缩增加了手臂的抗弯刚度。斜肌的收缩使触手产生扭曲。

图 4 - 69 是象鼻的解剖图,其肌肉可分为三类:垂直于鼻腔的横向肌肉,呈螺旋环状绕鼻腔的斜向肌肉,以及平行于鼻腔的纵向肌肉。其中纵肌主要分布在表

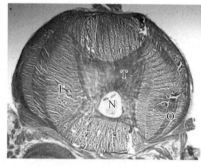

横肌(T)

纵肌(L)

斜肌(O)

神经束(N)

图 4-68　章鱼臂肌肉组成

皮附近,负责完成如弯曲、抓取等动作。斜向肌的收缩则会产生象鼻的扭转。横肌的收缩可以迫使象鼻在纵向上伸长。由此看出,不同肌肉负责着象鼻不同的简单动作,而肌肉间的合作则保证了日常生活中象鼻的各种动作的完成。

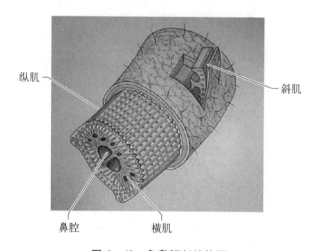

纵肌

斜肌

鼻腔　　　横肌

图 4-69　象鼻解剖结构图

4.3.3.2　驱动方式

柔性驱动器是柔性触手最为关键的部分,甚至多数场合驱动器亦是执行器。经过大量调研,应用于柔性触手的驱动器按原理大致可以归为两类:物理驱动器和化学驱动器;根据驱动介质的不同又可分为气动驱动、绳索驱动、智能材料及化学驱动。

1. 气动人工肌肉

气动驱动是柔性触手最常见的驱动方式。由于泵、阀等流体配套设备发展较为成熟,且相较于其他驱动方式,气动驱动方式的驱动力大,响应速度快,所以在软体机器人领域得到广泛应用。气动驱动方式易于拓展成各种运动形式,如伸缩、弯曲、滚动、蛇形、摆尾。

2. 绳索驱动

绳索驱动器同样也是近期研究的热点,绳索底部有伺服电机,顶端与柔性触手相固定,在伺服电机旋转缠绕过程中,绳索的长度可以得到较为精准的控制,配合弹簧的恢复装置,可以使绳索驱动的柔性触手具有较好可控性和精准性。

常规驱动的触手是将驱动电机放置在关节处,因此要求刚性杆具有较高的承载能力,这样触手的自重就很可观,导致其承载能力下降。绳索驱动触手采用绳索传递运动和力,因此可以将驱动电机放在基座上,能有效减轻触手的自重,从而克服了传统刚性连杆机器人的以上缺点,由于自重减轻,因此它还具有速度快、加速度高等优点。绳索驱动是对传统机器人驱动方式的一种发展,近年来逐渐得到重视。由于绳索只能承受拉力不能承受压力,它必须具有冗余力才可以实现力闭合,因此绳索驱动机器人的驱动控制不同于常规机器人。

3. 智能材料

智能材料是指在电、光、热、催化剂等外界激励下表现出特有的功能响应的材料。这些功能响应可以是变形、化学反应、荧光等。近年来,智能材料在机械臂领域扮演了重要角色,例如形状记忆合金、电活性材料、响应水凝胶等。目前,智能材料在机械臂方面已经得到了很好的应用,由智能材料驱动的柔细触手具有灵活、体积小、质量轻、环境适应性好、噪声低等优势。

1) 形状记忆合金

形状记忆合金(SMA)是一种在加热升温后能完全消除在较低温度下发生的形变,恢复变形前原始形状的合金材料。形状记忆合金的热力耦合行为源于材料本身的相变,例如热弹性马氏体相变。在形状记忆合金中存在 2 种相: 高温奥氏体相和低温马氏体相。马氏体一旦形成,就会随着温度下降而继续生长,如果温度上升它又会减少,以完全相反的过程消失。两项自由能之差作为相变驱动力,两项自由能相等的温度 T 称为平衡温度。只有当温度低于平衡温度 T 时才会产生马氏体相变,反之,温度高于平衡温度时才会发生逆相变。在形状记忆合金中,马氏体相变不仅由温度引起,也可以由应力引起,这种由应力引起的马氏体相变称为应力诱发马氏体相变,且相变温度同应力正相关,因此形状记忆合金可以用于智能材料驱动器中。

2) 电活性聚合物

电活性聚合物(EAP)是一类能够在外加电场作用下,通过材料内部结构改变,产生伸缩、弯曲、束紧或膨胀等各种形式力学响应的新型智能高分子材料。根据电活性聚合物的制动机理,可以分为电子型 EAP 和离子型 EAP 两大类。离子型EAP,在较低的外加电场作用下即可发生弯曲变形,输出的驱动力仅为电子型的1/10 甚至更小。电子型 EAP 通常需要千伏级的驱动电压,会限制其在某些场合的应用,但是消耗功率很小。电子型 EAP 输出驱动力在 0.1~10 MPa 的区间。EAP 在机器人和生物医学工程领域的应用前景广泛,但是机械输出力还有待提高。目前,还处在材料研究阶段,离具体应用还有一段距离。

介电高弹体(dielectric elastomer, DE)是一种典型的电致变形的智能软材料,是电子型 EAP 的一种。聚丙烯酸类材料是一种典型的介电高弹体材料,在介电高弹体薄膜的两侧覆盖柔性电极,并施加驱动电压时,介电高弹体薄膜在电场力的作用下产生变形,导致厚度减小,面积扩张。介电高弹体具有弹性模量低、质轻、能量密度大、响应速度快的优点。介电高弹体可用于软体机器人驱动、柔性传感器、智能穿戴设备及能量采集等。

4. 化学驱动

化学驱动是指利用化学反应将化学能转化成机械能,从而驱动机器人运动。目前代表性的化学反应有能产生巨大瞬时驱动力的燃烧反应和水凝胶的 B‑Z 化学振荡反应。

水凝胶是由亲水性的功能高分子,通过物理或化学作用交联形成三维网络结构,吸水溶胀而形成。响应水凝胶指能够对外部环境的变化产生响应性变化的水凝胶,如一些水凝胶能因外界温度、pH 值、光电信号、特殊化学分子等的微小变化,而产生相应的物理结构或化学结构的变化。由于智能水凝胶能够随外界环境变化,而产生形变,其可以作为智能驱动材料应用于柔性触手驱动等领域。

5. 各种驱动方式比较分析

气动人工肌肉最早由美国物理学家 Joseph L. McKibben 在 20 世纪 60 年代提出,已有大量的研究者开展了气动肌肉及相关机器人的理论和应用研究。目前该驱动技术已经较为成熟,空间环境适应性已经得到检验。气动肌肉反应速度较快,功率密度高,机械输出力大,是最可能应用于空间机械臂的智能驱动方式。

绳索驱动机器人采用绳索传递运动和力,驱动电机放在基座上,能有效减轻机器人自重。在伺服电机旋转缠绕过程中,绳索长度可以得到较为精准的控制,可以使软体机器人具有较好可控性和精准性。由于绳索只能承受拉力不能承受压力,必须具有冗余力才可以实现力闭合。采用绳索驱动的机械臂工作空间小,仅能操作尺寸较小的目标载荷。

智能材料在机械臂方面已经得到了重视,相关研究逐渐增加。由智能材料驱动的软体机械臂具有灵活、体积小、质量轻、环境适应性好、噪声低等优势。智能材料在机器人和生物医学工程领域的应用前景广泛,但是机械输出力还有待提高。考虑到严苛的空间环境,智能材料驱动研究还处在材料研究阶段,离具体应用还有一段距离。

化学驱动利用化学反应,将化学能转换为机械能,驱动机器人运动。这也是化学机器人名称的由来。与智能材料一样,处于实验室研究阶段。短期还看不到应用于航天的可能性。

综上所述,各种驱动方式的优缺点如表 4‑9 所示。

表 4 - 9 驱动方式比较

驱动方式	典型材料	优　　点	缺　　点
气动人工肌肉	PAM	超大应变(10%~70%),超大机械驱动力(0~1 000 N),高功率密度,结构简单	需要气源,密闭
绳索驱动	尼龙,钢丝	运动速度快,加速度大,高功率密度,较好的可控性和精确性	绳索只能承受拉力,不能承受压力,必须具有冗余力(弹簧弹力等)才能实现力闭合;每根线绳需要配备一台驱动电机,限制自由度数;工作空间小,线绳之间容易产生干涉
智能材料	SMA 镍钛/铜镍合金	中等应变(1%~8%),高应力(200~600 MPa),高弹性模量	低寿命,高能耗,响应速度慢,不同环境下鲁棒温度控制是一个难点
智能材料	EAP 硅橡胶/聚丙烯酸	大应变(120%~380%),中等应力(0.1~10 MPa),低弹性模量,高功率密度,高机电耦合效率,低消耗	高电场(150 MV/m),低弹性模量(1 MPa),机械输出力小(5~10 N),材料处在研究阶段
化学驱动	甲烷/水凝胶	驱动方式新颖,更贴近仿生概念	驱动力很小,响应很慢,处在实验室研究阶段

4.3.3.3　动力学建模

动力学研究的主要目的是用于求解驱动力及建立柔性触手仿真和控制模型。建立精确的模型是研究控制方式的前提,对于柔性触手的设计也是至关重要的。

柔性触手运动学与动力学建模是一个难点问题,其困难主要在于: ① 柔性触手属于一门综合的学科,涉及机电、化学、液压、气压等知识,所以建立物理模型需要机、电、液、化学等多门学科综合分析研究;② 因为制造柔性触手的材料为柔性材料,所以形变大小跟移动距离等都是非线性的,从而分析比较困难;③ 由于软体机器人可以高曲率弯曲或大变形扭曲,具有无限自由度,从而难以建立模型。

1. 柔性触手运动学模型

刚性机器人运动学和动力学建模一般应用 Denavit-Hartenberg 法(D - H 法)。在两个连杆之间确定齐次变换矩阵,通过坐标变换,求出末端连杆相对于基坐标系的坐标。但是对于软体机器人来说,其运动是连续的,所以机器人的最终运动情况可以用一个连续函数来描述。研究人员经常使用简化的假设来模拟软机器人的运动学路径,比如把软体机器人完整的一段看成是由有限个曲率恒定的多段组成。因此,科研人员在刚性机器人运动学建模 D - H 变换法基础上提出了分段常曲率(piecewise constant cunvature, PCC)理论模型[17, 18]。柔性触手的常曲率特性是其运动学建模简化的关键性质,因此分段常曲率柔性触手可以被看作是有限多个圆弧连杆组合而成。这些圆弧形连杆通过有限的弧度参数集合描述,并且可以被转化成解析的变换矩阵,为柔性触手实时控制提供了理论基础[19]。

如图 4-70(a)所示,根据分段常曲率的思想,柔性触手由若干外形结构相似,但曲率不同、弧面角度不同的圆弧组成,取其中任意相邻的两段建立运动学模型。每段圆弧的即时位形通过三个参数描述,分别是:弧线曲率 κ、弧面角度 Φ 和弧长 l。

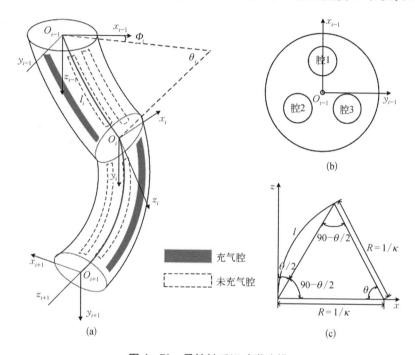

图 4-70　柔性触手运动学建模

如图 4-70(b)所示,以圆柱形模块中心为原点建立关节坐标系,设定驱动内腔为腔 1、腔 2 和腔 3,始终以原点和腔 1 圆心的连线为 x_{i-1} 轴正方向,$O_{i-1}O_i$ 为圆心点连线是一条圆弧线,Z_{i-1} 为 $O_{i-1}O_i$ 的切线,切点为 O_{i-1},根据右手坐标系准则确定 y_{i-1}。弧面角度 Φ_i 的定义是:圆弧 $O_{i-1}O_i$ 所在平面与 x_{i-1} 轴正方向的夹角。R_i 是圆弧对应的曲率半径,θ_i 为圆弧对应的圆心角,l_i 为第 i 段圆弧的弧长。

图 4-70(c)为圆弧曲线所在弧面平面图,根据图中几何关系可得到:当圆心角为 θ_i 时,对应的圆弧与 Z_{i-1} 轴的夹角为 $\theta_i/2$;圆弧 $O_{i-1}O_i$ 对应的弦 $\parallel O_{i-1}O_i \parallel$ 代表柔性触手两个端面移动的空间位移的长度,可得到以下关系:

$$
\begin{aligned}
R_i &= 1/\kappa_i \\
\theta_i &= l_i\kappa_i \\
\parallel O_{i-1}O_i \parallel &= 2R_i\sin(\theta_i/2)
\end{aligned}
\tag{4-62}
$$

根据上述几何关系分析,从坐标系 O_{i-1} 到坐标系 O_i 的变换可以等效成以下五个变换:

(1) 绕着 Z_{i-1} 轴旋转 Φ_i 角;

(2) 绕着新坐标系的 y_{i-1} 轴旋转 $\theta_i/2$ 角;

(3) 沿着新坐标系 Z_{i-1} 平移 $\|O_{i-1}O_i\|$ 量;

(4) 绕着新坐标系 y_{i-1} 轴旋转 $\theta_i/2$ 角;

(5) 绕着新坐标系 Z_{i-1} 轴旋转 $-\Phi_i$ 角。

因此,用传统的 D - H 坐标变换法描述时,将某一段常曲率柔性触手看成具有 5 个虚拟关节,应用关节平移和旋转变换关系,可得第 i 段所有变换的 D - H 参数如表 4 - 10 所示。

表 4 - 10 柔性触手 D - H 参数表

关 节	θ	d	a	α
1	$\theta_1 = \phi$	0	0	$-\pi/2$
2	$\theta_2 = \kappa_i l_i/2$	0	0	$\pi/2$
3	0	$d_3 = (2/\kappa_i)\sin\kappa_i l_i/2$	0	$-\pi/2$
4	$\theta_4 = \kappa_i l_i/2$	0	0	$\pi/2$
5	$\theta_5 = -\phi$	0	0	0

因此,坐标系 O_{i-1} 到坐标系 O_i 的变换矩阵可由上述基本变换矩阵连续右乘得

$$
{}^{i-1}T_i = R_z(\phi_i)R_y(\theta_i/2)T_z(\|O_{i-1}O_i\|)R_y(\theta_i/2)R_z(-\phi_i)
$$

$$
= \begin{bmatrix} \cos^2\phi_i(\cos\kappa_i l_i - 1) + 1 & \sin\phi_i\cos\phi_i(\cos\kappa_i l_i - 1) & \cos\phi_i\sin\kappa_i l_i & \dfrac{\cos\phi_i(1 - \cos\kappa_i l_i)}{\kappa_i} \\[2mm] \sin\phi_i\cos\phi_i(\cos\kappa_i l_i - 1) & \sin^2\phi_i(\cos\kappa_i l_i - 1) + 1 & \sin\phi_i\sin\kappa_i l_i & \dfrac{\sin\phi_i(1 - \cos\kappa_i l_i)}{\kappa_i} \\[2mm] -\cos\phi_i\sin\kappa_i l_i & -\sin\phi_i\sin\kappa_i l_i & \cos\kappa_i l_i & \dfrac{\sin\kappa_i l_i}{\kappa_i} \\[2mm] 0 & 0 & 0 & 1 \end{bmatrix}
$$

$$(4-63)$$

计算出坐标系 O_{i-1} 到坐标系 O_i 的变换矩阵 ${}^{i-1}T_i$,即得到了第 i 段圆弧的上下端面的相对变换关系,同时第 i 段的上端面是第 $i+1$ 段的下端面。以此类推,便能得到由 N 段圆弧构成的柔性触手末端位置和姿态相对基坐标系的变换矩阵:

$$T = {}^0T_1 {}^1T_2 \cdots {}^{N-1}T_N = \begin{bmatrix} r_{11} & r_{12} & r_{13} & p_x \\ r_{21} & r_{22} & r_{23} & p_y \\ r_{31} & r_{32} & r_{33} & p_z \\ 0 & 0 & 0 & 1 \end{bmatrix} \qquad (4-64)$$

因此,对于由 N 段圆弧组成的柔性触手,其末端位置可表示为

$$\begin{cases} x = p_x \\ y = p_y \\ z = p_z \end{cases} \qquad (4-65)$$

柔性触手末端姿态用 $X-Y-Z$ 固定坐标系表示,可表示为回转角、俯仰角和偏转角:

$$\begin{cases} \beta = a\tan\left[2(-r_{31}, \sqrt{r_{11}^2 + r_{21}^2})\right] \\ \alpha = a\tan\left[2(r_{21}/c\beta, r_{11}/c\beta)\right] \\ \gamma = a\tan\left[2(r_{32}/c\beta, r_{33}/c\beta)\right] \end{cases} \qquad (4-66)$$

至此,柔性触手的运动学建模完成。

分段常曲率法认为,柔性触手是由一系列曲率不同、弯曲平面不同的圆弧组成。所以可以用长度、曲率和偏转角等参数来描述一条空间曲线的位姿[20],将曲线圆心轴上的点映射到工作空间,建立齐次运动学方程矩阵。然而,PCC 模型并没有涵盖柔性触手的所有方面,研究人员还提出了非恒定曲率模型[21]。

总的来说,由于柔性触手具有无限的自由度,其拉伸、弯曲和扭转都具有强非线性特点,所以柔性触手的建模仍然是一个难题。针对不同类型的柔性触手,往往有不同的建模设计,很难通过一个统一的方法实现其控制,并且得到的也并非精确的模型,所以无模型的行为运动控制将是未来的一个研究方向。

2. 柔性触手动力学建模方法[22]

推导柔性触手的动力学模型,可以使我们在虚拟条件下对柔性触手的控制方法和运动规划算法进行测试。这对柔性触手的结构优化和分析,控制算法的设计有十分重要的意义。动力学模型有助于柔性触手原型的机构设计,计算执行运动和操作所需的力和力矩,能够为传送机构、驱动机构的设计提供有用的信息。

建立机器人动力学模型有很多方法,比如拉格朗日方程法、旋量法、高斯原理法、凯恩法、牛顿-欧拉法等。但是由于柔性触手的柔顺性,很多方法并不适合柔性触手动力学建模,我们一般采用凯恩法和拉格朗日方程法建立柔性触手的动力学模型。使用凯恩法可以通过建立运动方程组来描述运动过程中的瞬时状态,但所建立的方程组比较繁琐,需进行简化处理,以得到简单的方程。而使用拉格朗日方

程法,则需要求出柔性触手各部分的动能和势能,推导动能与势能的关系式,建立运动学模型。应用超冗余机器人建模思想建立的柔性触手的运动学方程,其关节变量比较多,计算复杂,不易求解,对于涉及动能与势能较多的、较复杂的柔性触手不推荐使用这种方法建立动力学模型。

柔性触手动力学建模时,通过计算分析得出模块的势能、动能、外部输入能量,利用拉格朗日方程推导每个模块在广义坐标下的连续方程。柔性触手能量储存形式主要是弹性势能和重力势能。比如通过气体驱动的柔性触手,流体能量从气泵等能量源中输出改变了柔性触手的形状,并以弹性势能和重力势能的形式存储在柔性触手中。

虽然能量储存的形式不同,但其原理类似,可以利用能量守恒定律,通过分析柔性触手所受的各种力,比如惯性力与重力、弹性内力、驱动力等,求出各自的势能,然后应用能量守恒定律建立方程,最后便可以得出动力学方程。

4.3.3.4 研究现状

目前,柔性触手抓捕技术主要为地面研究,典型的研究项目包括欧洲仿章鱼机械臂 OCTOPUS 和美国的仿象鼻机械臂 OctArm;空间柔性触手抓捕项目目前仅有瑞士洛桑联邦理工学院提出的 Clean Space One 和美国的 WALDO 项目。

1. OCTOPUS 机械臂

欧洲 OCTOPUS 项目联合 5 个国家的 7 所研究机构,拟研制出具有优异弯曲性能的仿生章鱼软体机器人,该项目由意大利圣安娜高级研究学院 Laschi 负责组织协调[23, 24]。该机械臂由硅胶和树脂组成,内部包含多组人工肌肉纤维和驱动线,通过改变肌肉纤维或者驱动线的状态,来控制章鱼机械臂完成伸缩、弯曲、抓取等动作(图 4-71)。在机械臂外表面分布着位置传感器,能实时获取机械臂的形状信息。多个章鱼机械臂可以组成类似于八爪鱼的机器人,通过多个机械臂之间的配合,完成类似于章鱼水下爬行的动作。意大利理工学院 Laschi 等研究了章鱼肌肉组织[23],分析了其伸长收缩状态下的直径的变化。

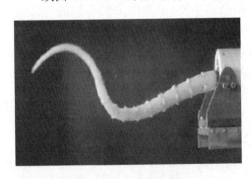

图 4-71　章鱼机械臂

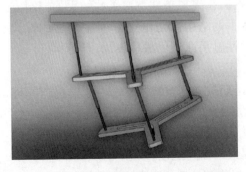

图 4-72　两部分结构的章鱼臂几何结构

OCTOPUS 机械臂的肌肉单元由 3 个纵向肌肉和 3 个径向肌肉组成,单元内纵向肌肉相互成 120° 放在连接板上,图 4-72 展示了这两个部分的几何结构

（这里只有纵向肌肉），几何结构是轴对称的，图 4-73 表示了径向和纵向肌肉的动作。

图 4-73　径向肌肉动作（上）纵向肌肉动作（下）

2. OctArm 机械臂

OctArm 软体机械臂是由宾夕法尼亚大学、克莱姆森大学等多家单位研制的一款气动软体机械臂。整个机械臂分为多节，如图 4-74 所示，每一节都由气动肌肉组成。通过各个驱动单元的相互配合，使得软体机械臂能卷曲为不同的形状，完成抓取、缠绕等动作。OctArm 机械臂Ⅳ代由四节组成，OctArm 机械臂Ⅴ代由三节组成，Ⅵ代在Ⅴ代的基础上在基部加了电机和编码器，目前已经发展至第Ⅵ代[25-27]。

OctArm 软体机械臂是以"气动肌肉"为基本元件，如图 4-75 所示。"气动肌肉"工作原理就与恒容积原理的水压调节器相似，

图 4-74　OctArm 软体机械臂

一个方向上的空间改变引起其他方向上空间的改变，这种肌肉结构能弯曲、延伸、扭转。结缔组织加强了肌肉水压调节器的功能。

图 4-75　气动肌肉

OctArm V 代装在 Foster-Miller TALON 平台上,控制阀和两个空气罐提供 9 个气压通道,控制计算机置于 TALON 平台后部,采用无线控制,如图 4-76 所示。其抓取物体过程如图 4-77 所示。

图 4-76　装在 Foster-Miller TALON 平台上的 OctArm V 代

3. WALDO 项目

美国航天公司提出了空间碎片抓捕系统名为——WALDO,包括卫星平台和细长的夹子。可充气的夹子可以像手指一样弯曲抓捕物体,3 根夹子就构成了一个太空中的"手"。任务假设是这样的:目标为一漂移轨道废弃的、缓慢旋转的卫星,地面跟踪系统将目标信息和图像上传到 WALDO 上,WALDO 基于 NASA 在轨道快车演示过的先进视觉导航传感器来自动完成交会,并利用近距离导航设备测量目标运动信息,并完成与目标同轴旋转,当接近到 1~10 m 的时候展开充气夹子包覆目标,然后收紧夹子的"肌腱"来确保抓捕牢靠(图 4-78)。

图 4 - 77　OctArm V 安装在 Foster-Miller TALON 系统上,完成锥体堆叠任务

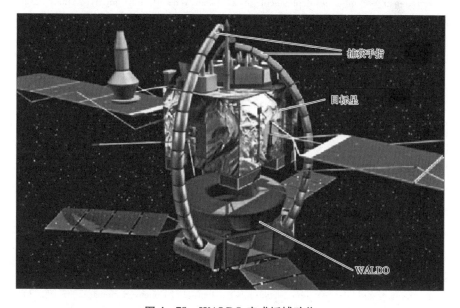

图 4 - 78　WALDO 完成抓捕动作

参考文献

[1] Anderson R J, Spong M W. Hybrid impedance control of robotic manipulators. IEEE Journal of Robotics and Automation, 1988, 4(5): 549 – 556.

[2] Long A, Hastings D. Catching the wave: a unique opportunity for the development of an on-orbit satellite servicing infrastructure. San Diego: Space 2004 Conference and Exhibit, 2004.

[3] 潘正伟,聂宏,陈金宝.空间旋转飞网机构设计与碰撞仿真分析.烟台:第一届中国空天安全会议,2015.

[4] 张青斌,高庆玉,谭春林,等.用于在轨抓捕的六边形绳网收纳封装方法: CN 105667841 B. 2016.

[5] Carlson E, Casali S, Chambers D, et al. Final design of a space debris removal system. Texas: NASA STI/Recon Technical Report, 1990.

[6] Bischof B, Kerstein L. Roger robotic geostationary orbit restorer. Science and Technology Series, 2004, 109: 183 – 193.

[7] Nakasuka S, Aoki T, Ikeda I, et al. "Furoshiki Satellite"-a large membrane structure as a novel space system. Acta Astronautica, 2001, 48(5 – 12): 461 – 468.

[8] Nakasuka S, Funane T, Nakamura Y, et al. Sounding rocket flight experiment for demonstrating "Furoshiki Satellite" for large phased array antenna. Acta Astronautica, 2006, 59: 200 – 205.

[9] Bonometti J A, Sorensen K F, Dankanich J W, et al. 2006 status of the momentum exchange electrodynamic re-boost (MXER) tether development. Sacramento: 42nd AIAA/ASME/SAE/ASEE Joint Propulsion Conference&Exhibit, 2006.

[10] Sinn T, Mcrobb M, Wujek A, et al. Lessons learned from REXUS12's suaineadh experiment — spinning deployment of a space web in milli gravity. Thun: 21st ESA Symposium European Rocket & Balloon Programmes and Related Research, 2013.

[11] 孙棕檀.欧洲"空间碎片移除"在轨试验任务简析.中国航天,2019,2: 54 – 60.

[12] Autumn K, Liang Y C, Hsieh S T, et al. Adhesive force of a single gecko foot-hair. Nature, 2000, 405: 681 – 685.

[13] Autumn K, Sitti M, Liang Y C, et al. Evidence for van der Waals adhesion in gecko setae. Proceedings of the National Academy of Sciences of the United States of America, 2002, 99: 12252 – 12256.

[14] 汪中原.模拟微重力下壁虎的运动及仿生.南京: 南京航空航天大学,2017.

[15] Parness A, Heverly M, Hilgemann E, et al. ON-OFF adhesive grippers for Earth-orbit. San Diego: AIAA SPACE 2013 Conference and Exposition, 2013.

[16] Trivedi D, Rahn C D, Kier W M, et al. Soft robotics: biological inspiration, state of the art and future research. Applied Bionics and Biomechanics, 2008, 5(3): 99.

[17] Webster R J, Jones B A. Design and kinematic modeling of constant curvature continuum robots: a review. International Journal of Robotics Research, 2010, 29(13): 1661 – 1683.

[18] Hannan M W, Walker I D. Kinematics and the implementation of an elephant's trunk manipulator and other continuum style robots. Journal of Robotic Systems, 2003, 20(2): 45 – 63.

［19］董红兵. 一种充气式软体全向弯曲模块关键技术研究. 哈尔滨：哈尔滨工业大学,2016.

［20］王田苗,郝雨飞,杨兴帮,等. 软体机器人：结构、驱动、传感与控制. 机械工程学报,2017,53(13)：1 - 13.

［21］Renda F, Giorelli M, Calisti M, et al. Dynamic model of a multibending soft robot arm driven by cables. IEEE Transactions on Robotics, 2014, 30(5)：1109 - 1122.

［22］蒋国平,孟凡昌,申景金,等. 软体机器人运动学与动力学建模综述. 南京邮电大学学报,2018,38(1)：20 - 26.

［23］Cianchetti M, Calisti M, Margheri L, et al. Bioinspired locomotion and grasping in water：the soft eight-arm OCTOPUS robot. Bioinspiration & Biomimetics, 2015, 10(3)：1 - 19.

［24］Laschi C, Mazzolai B, Mattoli V, et al. Design of a biomimetic robotic octopus arm. Bioinspiration & Biomimetics, 2009, 4(1)：1 - 8.

［25］Mazzolai B, Laschi C, Cianchetti M, et al. Biorobotic investigation on the muscle structure of an octopus tentacle. Lyon：Engineering in Medicine and Biology Society, 2007.

［26］Yekutieli Y, Mitelman R, Hochner B, et al. Analyzing octopus movements using three-dimensional reconstruction. Journal of Neurophysiology, 2007, 98(3)：1775 - 1790.

［27］Kang R, Branson D T, Guglielmino E, et al. Dynamic modeling and control of an octopus inspired multiple continuum arm robot. Computers & Mathematics with Applications, 2012, 64(5)：1004 - 1016.

第 5 章
空间碎片非接触式移除技术

5.1 空间碎片激光移除技术

5.1.1 基本原理

从广义上来说,根据清除机理和激光束的特性,可将激光清除空间碎片的主要方法分为四大类,具体如表 5-1 所示。

表 5-1 激光清除空间碎片的主要方法

技术方法	基本机理	对激光的主要要求	适用性
光压清除	靠激光光压改变碎片速度大小与方向	几倍太阳光强的连续激光、很长时间照射	持续照射时间无法满足,现有激光光压甚至不如阳光,不适用
烧蚀分解	以激光能量加热碎片,使其熔融、分解	高能量连续激光,持续照射	激光功率或照射时间要求很高,且易产生新碎片,不适用
汽化	以极高激光能量加热碎片至汽化	极高能量连续激光,持续照射	激光功率在现阶段无法满足,不适用
烧蚀反喷驱动	以高能激光脉冲串打击碎片,使其产生反喷羽流	峰功率高、脉宽短、低重频脉冲激光	可行

以上四类技术中,激光光压清除方法无法有效清除空间碎片;激光烧蚀分解或汽化方法不仅对激光功率要求很高,而且还可能使得碎片解体,导致碎片数量不减反增;相比较而言,激光烧蚀反喷驱动技术对激光功率要求较低,作用机理清晰,工程可行性较好。事实上,从国内外公开发表的文献来看,几乎所有的激光清除空间碎片概念也都是基于激光烧蚀反喷驱动技术的。

激光烧蚀反喷驱动的基本原理是:高能激光辐照物质表面,向物质表面注入能量,使其表面温度急剧上升,表面熔融、汽化、产生等离子体,形成蒸气与等离子

体反喷羽流（与入射激光方向相反），使得
靶材物质获得冲量，因而获得速度增量，如
图 5-1 所示。

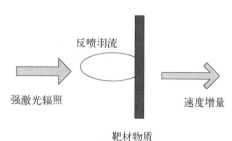

研究表明，即使入射激光偏离辐照表
面的法线方向，反喷羽流方向仍然是沿着
辐照表面法线方向的。若激光辐照表面为
不规则表面，在不规则表面的微面元 ds 上
都会形成一定的反喷羽流，物体获得的总
冲量是这些微冲量的矢量和。

图 5-1　激光清除碎片的基本原理

在单脉冲高能激光辐照下，空间碎片获得的冲量可由式(5-1)求解：

$$m\Delta V = E \cdot C_m \qquad\qquad (5-1)$$

其中，E 为激光单脉冲能量；m 为碎片质量；ΔV 为速度增量；C_m 为冲量耦合系数，
表征激光能量转化为碎片冲量的效率大小，量纲为 $N \cdot s \cdot J^{-1}$。

在脉冲激光烧蚀物体的过程中，冲量耦合系数与入射激光功率密度的典型关
系如图 5-2 所示。

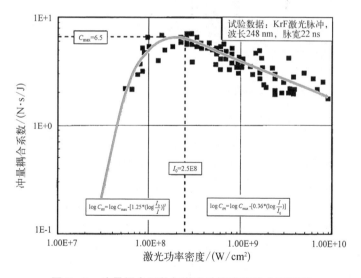

图 5-2　冲量耦合系数与激光功率密度的典型关系

如上图所示，物体受高能脉冲激光辐照后将电离产生等离子体，当激光能量密
度超过一定值时，产生的等离子体将屏蔽部分入射激光，使其表面对激光吸收能力
降低，导致冲量耦合系数下降。对不同的材料，都存在各自相应的最佳冲量耦合
系数。

在取得最佳冲量耦合系数时，激光能量密度 Φ 与激光脉宽 τ 之间的典型关

系为

$$\Phi = 2.3 \times 10^4 \times \tau^{0.446} \text{J/cm}^2 \qquad (5-2)$$

假设激光辐照物体表面的能量密度为 F，辐照截面积为 A，则由式(5-1)可得

$$C_m = \frac{m\Delta V}{E} = \frac{m\Delta V}{FA} = \frac{\Delta V}{F\left(\dfrac{A}{m}\right)} \qquad (5-3)$$

由式(5-3)可见，物体的面积质量比(以下简称面质比)是决定其冲量耦合系数的重要因素。

5.1.2　系统组成

以面向空间碎片移除的天基激光系统为例，其典型组成如图5-3所示。

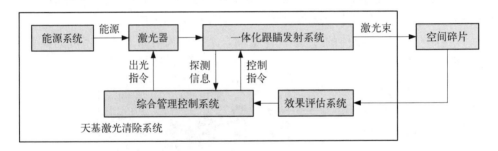

图5-3　面向空间碎片移除的天基激光系统组成

如上图，各个组成部分的主要功能如下：

(1)综合管理控制系统负责采集和处理其他系统提供的信息，进行自主任务规划，协调各系统的运行，对激光清除过程进行全面控制；

(2)一体化跟瞄及发射系统主要由宽视场捕获相机、高分辨率相机、激光测距装置、跟踪转台、光学发射装置及信息处理单元组成，用于空间碎片目标的探测、跟踪、瞄准及高功率激光的光学发射；

(3)激光器用于产生清除空间碎片所需要的高功率脉冲激光束；

(4)能源系统负责全系统的能量供给；

(5)效果评估系统用于对空间碎片的离轨效能进行量化评估，判断是否达到预期的移除效果，为后续决策提供依据。

5.1.3　工作流程

空间碎片激光清除的典型工作流程如图5-4所示。首先由天/地基观测站点对空间碎片进行观测，获取空间碎片的尺度、轨道、材质等信息并进行综合处理，完成

任务规划并得到具体的碎片清除实施计划；负责实施清除的天/地基激光移除系统对目标碎片进行高精度跟踪瞄准，在满足预定发射条件时向目标碎片发射若干脉冲激光，使碎片获得一定冲量，轨道参数发生变化；随后天/地基观测站点对该碎片进行测轨，以评估激光清除离轨效果，决定是否还需要对该碎片进行新一轮激光清除。如此循环往复，直至对预期计划内的所有空间碎片完成清除。

5.1.4 关键技术

空间碎片激光移除的关键技术主要有如下方面。

1. 激光驱动机理及参数优化设计

主要包括：强激光与碎片作用的冲量耦合系数分析与试验验证；激光驱动下碎片的动力学行为预示；激光参数（能量、脉冲持续时间、频率、光斑尺寸等）寻优。

2. 激光移除误差控制

在激光清除空间碎片过程中，由于碎片的组成、形状、初始状态和激光器输出能量等实际参数与设计值之间存在差异，必然导致碎片获得的实际速度增量与预定值有偏差。在轨道摄动的作用下，误差效应将逐渐积累、放大，在空间碎片运行一定时间后，实际运行轨道将明显偏离预定轨道，使得激光移除效能无法满足预期。因此，

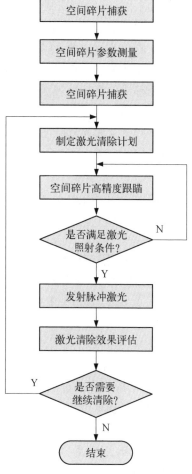

图 5-4 空间碎片激光清除的典型工作流程

必须采取有效的误差预报及控制措施，才能避免误差累积，保证激光移除效果。

典型的误差控制器结构如图 5-5 所示[1]。

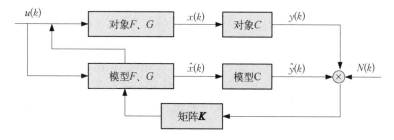

图 5-5 空间碎片激光移除的误差控制器

如上图,$u(k)$ 为控制器输入,F、G、C 是基于冲量耦合效应、轨道摄动等算法建立的预估模块,$\hat{x}(k)$、$\hat{y}(k)$ 为状态 $x(k)$、$y(k)$ 的重构或估计,K 为控制器增益矩阵。在碎片实际位置 $N(k)$ 的反馈下,可评估并逐步迭代各个模块的精度,有效控制误差在轨道摄动作用下的放大效应,使得碎片处于预定位置范围之内。$N(k)$ 可通过天基或地基持续观测来获得。

3. 高能脉冲激光器

空间碎片激光移除要求激光器应具备较高的单脉冲能量(kJ 量级)、良好的光束质量(1~2 倍衍射极限)、高效率,以及能够适应搭载平台的 SWaP 指标(体积、重量、功耗),在天基条件下,还需要满足散热、空间环境适应性等要求。

面向空间碎片激光移除应用,我国的脉冲激光器需要解决的主要问题在于提高能量转换效率、SWaP 指标优化、保证单脉冲能量的高重频设计等[2]。

5.1.5 研究现状

5.1.5.1 国外研究现状

1. 美国 FALCON 项目

早在 1993 年,美国 Sandia 国家实验室就提出用核能泵浦的地基激光系统清除近地轨道空间碎片。该设想拟使用连续氩氙激光器 FALCON,输出波长为 1.733 μm、功率高达 5 MW 的连续激光,采用口径 10 m 的发射望远镜及自适应光学系统,清除轨道高度为 350~450 km 的厘米级空间碎片,由于技术、经济等原因,该设想未得到美国政府的持续支持,无果而终。

2. 美国 ORION 项目

1995 年,NASA 与美国空军太空司令部(USAF Space Command)共同发起了一项名为 ORION 的项目,项目总体目标是确定以地基激光器清除 LEO 轨道 1~10 cm 尺度碎片的技术可行性、整体费用和研制周期,项目团队主要包括美国空军研究实验室(Air Force Research Laboratory)、麻省理工学院林肯实验室(Lincoln Laboratory)、美国宇航局马歇尔航天飞行中心(George C. Marshall Space Flight Center)等多家单位。

由于空间碎片在 800 km、1 200 km 轨道高度有峰值分布,ORION 项目提出了两步走的近期与远期目标,近期目标是清除轨道高度 800 km 以下的碎片,远期目标是清除轨道高度 1 500 km 以下的碎片。

1996 年,ORION 项目团队开展了详细论证。ORION 系统拟由地基高能主激光器、探测器及用于探测大气并帮助校正大气湍流影响的次级激光器组成,整个系统布置于高山的山顶,以减小激光束的大气衰减。项目团队通过几年论证,给出了详细技术参数及费用预算等信息。

2004 年,ORION 项目团队宣称对其高能主激光器进行重新论证,计划将劳伦斯—

利弗莫尔实验室正在开发的半导体激光泵浦 Yb：S－FAP 激光器 Mercury 进行改造，以获得脉宽 2 ps，重复频率 100 Hz，脉冲能量 100 J，平均功率 10 kW 的超短脉冲激光。

2009 年，洛斯阿拉莫斯国家实验室向 ORION 项目提出，使用美国国家点火装置（National Ignition Facility）的激光器技术，结合 IFE（inertial fusion energy）的高重频技术及激光热容（heat capacity）技术，改进地基高能激光器，使激光单脉冲能量不低于 10 kJ，脉宽压缩到皮秒至纳秒量级，到靶激光能量密度达到 $10^8 \sim 10^9$ W/cm^2。

经过多年持续论证，ORION 项目为其近、远期目标分别提出了主要设计参数[3]，如表 5－2 所示。

表 5－2　美国 ORION 项目的主要设计参数

参 数 名 称	设 计 值	
	近　期	远　期
激光波长/μm	1.06	1.06
平均功率/kW	25	30
重频/Hz	50	1
单脉冲能量/kJ	0.5	30
脉冲宽度/ns	0.1	5
发射镜口径/m	4.2	6
远场光斑直径/cm	27	95
远场功率密度/(MW/cm^2)	7 300	705

说明：此表中的近期目标作用距离为 600 km，远期作用距离为 3 000 km。

总体而言，ORION 项目由于概念新颖、技术难度大，研究工作进展一直较为缓慢。同时，随着 2010 年后以天基激光清除空间碎片的概念设想成为研究热点，关于 ORION 项目的公开报道逐渐沉寂，目前的研究进展情况不详。

3. 美国 SODAR 项目

NASA 的马歇尔航天中心（MSFC）从 2009 年开始研究空间碎片问题，包括空间碎片的发现跟踪，以及小空间碎片激光主动清除（Small Orbital Debris Active Removal, SODAR）。SODAR 项目的主要研究内容包括：

（1）用于碎片清除的天基皮秒级脉冲激光器研究；

（2）天基小碎片目标探测与跟踪瞄准。

为此 MSFC 专门开展了一项旨在展示检测和跟踪小碎片能力的演示验证卫星概

念设计,此概念设计项目名称为小空间碎片检测、捕获和跟踪(Small Orbital Debris Detection, Acquisition, and Tracking, SODDAT),拟采用 800 km 的大倾角 LEO 轨道。

尽管至今尚未见到 SODAR 项目的具体指标和工作原理,但是可以推测 MSFC 还是希望利用小功率的激光器实现烧蚀反喷,加速小碎片再入大气层,从而达到清除空间碎片的目的。

4. 美国 L'ADROIT 系统概念研究

2014 年,曾长期就职于利佛莫尔实验室、洛斯阿莫斯国家实验室,并主导过 ORION 项目的美国技术专家 Claude R. Phipps 提出了一种基于紫外激光清除空间碎片的系统概念,即 L'ADROIT。

L'ADROIT 系统运行于 LEO 极地轨道,主要轨道参数如表 5-3 所示。

表 5-3　L'ADROIT 系统运行轨道主要参数

技　术　指　标	设　计　值
偏心率	0.028
轨道倾角/(°)	90
近地点幅角/(°)	-180
远地点高度/km	960
近地点高度/km	560
极点处高度/km	760

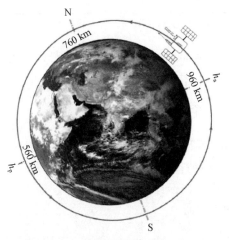

图 5-6　L'ADROIT 系统在轨示意图

L'ADROIT 系统的在轨部署如图 5-6 所示。采用此轨道后,航天器最终可与 760±200 km 轨道高度范围内的所有碎片的轨道交会;在极点处,可反复与很多太阳同步轨道交会。

L'ADROIT 系统采用了两套光学系统,一套为宽视场(60°)望远镜,用于捕获目标;另一套为窄视场(0.34°)的离轴卡塞格伦系统,用于对目标跟踪及发射激光光束。光学系统组成如图 5-7 所示:

L'ADROIT 系统选择了波长为 355 nm 的紫外激光,脉冲能量为 380 J,脉冲宽度为

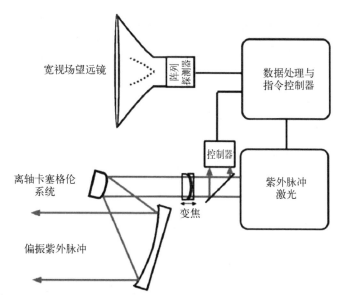

宽视场望远镜

阵列探测器

数据处理与指令控制器

控制器

紫外脉冲激光

离轴卡塞格伦系统

变焦

偏振紫外脉冲

图 5-7　L'ADROIT 的光学系统示意图

100 ps,重复频率为 56 Hz,但关于其激光器的详细方案尚未见诸公开报道。

根据初步估算,L'ADROIT 系统可在约 4 个月的时间里清除 500~900 km 轨道内的大约 10 万个小碎片,其所需激光平均功率仅为 1.8 kW(对小碎片)。对于 1 000 kg 左右的大碎片,则需要约 4 年的时间来清除所有目标,所需平均功率也仅为 16 kW。

5. 德国

德国沃尔夫冈(Wolfgang)航天研究中心近年提出了一个利用现有技术构建天基激光清除系统的方案设想,利用近红外波段的固体高能脉冲激光器,在大口径发射镜的支持下,对空间碎片进行激光清除。主要参数设计如表 5-4 所示:

表 5-4　德国的天基激光清除方案设想

技　术　参　数	设　计　指　标
激光系统	
激光波长/μm	1~2
单脉冲能量/kJ	1
脉冲宽度/ns	100
重频/Hz	100

续　表

技 术 参 数	设 计 指 标
发射镜口径/m	≥2.5
作用距离/km	100
远场光斑直径/cm	10
远场功率密度/(MW/cm^2)	100
空间碎片	
尺寸/cm	10
重量/g	100
冲量耦合系数 C_m/($10^{-5} N \cdot s/J$)	1.4~2
初轨	500 km 圆轨道
预期速度增量/(m/s)	115
末轨近地点高度/km	100

对此系统的离轨效能所做的估算如表 5-5 所示:

表 5-5　德国航天中心天基激光站系统离轨效能估算

输 入 条 件		分 析 结 论	
圆轨道:高度 $H=500$ km,近地点高度 $H_p=100$ km 烧毁		速度增量 115 m/s	
激光器:单脉冲能量 1 kJ,重频 100 Hz,脉宽 100 ns,波长 1~2 μm		平均功率 100 kW	
发射镜:直径 ≤2.5 m,作用距离 100 km		远场光斑直径 10 cm	
碎片:直径 10 cm,质量 100 g		能量密度 10 J/cm^2,功率密度 100 MW/cm^2	
材　料		材　料	
铝材料	碳材料	铝材料	碳材料
冲量耦合系数 $2×10^{-5}$ N·s/J	冲量耦合系数 $1.38×10^{-5}$ N·s/J	(最小)烧蚀 质量比 37%	(最小)烧蚀 质量比 10%
烧蚀率 80 μg/J	烧蚀率 12.5 μg/J		

关于此方案设想的具体技术方案及后续工作情况目前尚未公开报道,基本可认为德国人在此领域仍停留在概念与方案研究阶段,尚未进入实质性的技术攻关或工程研究阶段。

6. 日本

日本神户大学在1994年提出了一种天基激光清除空间碎片的方案。该方案提出,将搭载0.25 μm波长(紫外)的KrF准分子激光器的卫星部署在700 km高度的赤道圆轨道上,利用1.6 m口径的望远镜,可探测到500 km外约1 cm大小的碎片(利用太阳光反射,CCD探测),完成捕获跟踪后,激光器发射高能激光脉冲(单脉冲能量500 J,脉宽50 ns,重频20 Hz)打击目标。神户大学认为,大部分情况下,只需要几千个脉冲(耗时数分钟)就可以清除碎片。

该方案的后续报道一直未见公布,很可能未能进入实质性的技术攻关或工程研究阶段。

7. 俄罗斯

根据2015年披露的公开报道,俄罗斯在2009~2013年"俄罗斯创新型科学和教育人才"联邦项目中提出了基于氟化氢/氟化氘激光器的多用途天基激光系统(MPSBLS)概念,该系统拟部署于350 km、51.6°的运行轨道,用于清除尺寸1~10 cm的空间碎片,如图5-8所示。

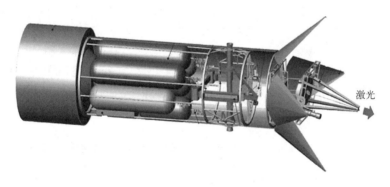

图5-8 俄罗斯 MPSBLS 系统外形图

根据俄方披露的方案,该系统总重19.7吨,包络尺寸 Φ4.1 m×14.5 m,可实现氟化氢脉冲激光输出30 min,或氟化氘脉冲激光输出180 min。通过货运飞船补加燃料,还可使出光时间延长2.5倍。

8. 国际合作

2015年,据美国 Science Daily 网站报道,一个国际科学家小组提出利用天基激光系统解决太空碎片问题的方案。

研究人员建议,利用日本理化学研究所 EUSO 小组研发的、部署于国际空间站日本实验舱内的宇宙空间天文台(EUSO)望远镜,以及最近开发的光纤激光器

"CAN"系统,输出高能激光脉冲,清除100 km外的空间碎片(直径约1 cm)。

研究人员打算使用包含直径20 cm的发射镜及100根光纤的小型装置开展演示验证,最终研制直径3 m的发射镜、10 000根光纤的高能激光器,并将其搭载于800 km轨道高度上的卫星。

关于此设想的后续工作情况目前尚未公开报道。

5.1.5.2　国内研究现状

国内的相关研究起步较晚,基础理论方面的研究工作主要是在2000年之后才见诸公开报道,工程方案等方面的研究工作则主要开始于2010年以后。目前,国内对激光清除空间碎片领域的研究工作仍主要集中在理论计算、方案概念设计上,与国外研究工作相比有明显的差距。

国内在此领域内完成的主要工作包括如下方面。

(1) 2004年,华中科技大学激光技术国家重点实验室研究了强激光清除空间碎片的力学行为,给出了强激光清除空间碎片过程中激光功率密度的变化及产生的速度增量。

(2) 2011~2012年,航天工程大学对厘米级空间碎片的激光清除过程进行了物理建模分析,对空间碎片在激光作用下烧蚀反喷进入大气层烧毁过程进行了数值模拟,分析了近地轨道空间碎片清除策略。

(3) 2014~2015年,中国运载火箭技术研究院研究发展中心、北京空间飞行器总体设计部等单位初步开展了天基激光碎片清除系统的总体方案论证[4, 5],以天基激光清除轨道碎片为应用背景,对天基激光的配置参数、部署轨道、系统组成、工作流程、应用模式等多个方面的方案可行性开展了论证,提出了完整的分析计算方法,对不同轨道高度的空间碎片,计算了清除所需的激光器及发射系统参数(表5-6)。

表5-6　800 km轨道空间碎片清除所需的激光器及发射系统参数

碎片参数	初轨远地点高度/km	800
	初轨近地点高度/km	520
	目标轨道近地点高度/km	200
	降轨方案	单脉冲共面变轨
	所需速度增量/($m \cdot s^{-1}$)	85
	碎片形状	直径10 cm的球状
	碎片物质	铝
	冲量耦合系数/($\mu N \cdot s \cdot J^{-1}$)	200

续　表

激光器及激光 发射系统参数	激光器轨道高度/km	650
	能量密度/$(J \cdot cm^{-2})$	17.37
	功率密度/$(W \cdot cm^{-2})$	$1.737×10^8$
	作用距离/km	150
	光斑直径/cm	15
	单脉冲能量/kJ	3.1
	发射镜直径/m	0.9~1.2
	波长/μm	0.35~0.45
	脉宽/ns	100
	重频/Hz	5
	功率/kW	15.5

（4）2014~2015 年,中国原子能科学研究院、北京卫星环境工程研究所等单位采用轨道动力学方法,结合激光与物质相互作用理论,研究了地基和天基清除空间碎片系统的激光功率需求[6],如表 5-7 所示。

表 5-7　激光清除常见空间碎片的功率需求

		Na/K 冷却剂	铝　材	碳-酚醛材料	多层绝缘材料	钢支架材料
面密度/(kg/cm^2)		5.714	27.027	1.429	0.400	66.667
耦合系数/$(\mu N \cdot s/J)$		60	40	75	55	40
质量/kg		0.089 8	0.424 1	0.022 4	0.006 3	1.047 7
地基	功率/kW	50.2	263	10.1	3.85	650.1
	脉冲能量/kJ	5.02	26.3	1.01	0.39	65.01
	脉冲次数	2 252	2 350	2 252	2 245	2 350
	脉冲时间/s	225.2	235	225.2	224.5	235.0
天基	功率/W	700	2 900	180	60	6 300
	脉冲能量/J	70	290	18	6	630
	脉冲次数	205	205	202	202	205
	脉冲时间/s	20.5	20.5	20.2	20.2	20.5

通过分析,对比了不同材料在不同激光辐照下的降轨清除难度,如图 5 - 9 所示。

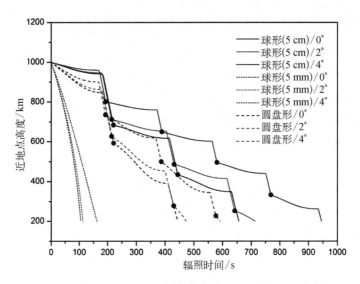

图 5 - 9 不同形状与尺度的碎片在不同轨道上所需的清除时间

研究表明,圆盘状碎片的清除效果仅与激光通量密度有关,与碎片尺寸无关; 而球状碎片的降轨效果则与尺寸相关。对于高度 1 000 km 的空间碎片,地基激光 需要的激光平均功率水平大约为 650 kW,而对于天基激光仅需要大约 6.3 kW,相 差约 2 个数量级。

(5) 2015 年,中国原子能科学研究院等单位建立了不同典型形状的空间碎片 的激光辐照反喷冲量计算模型,分析碎片受激光辐照后的反喷冲量和姿态变化 规律[7]。

(6) 2015 年,航天工程大学对激光辐照下碎片冲量测量、轨道预测以及激光 器参数设计等激光主动清除碎片中的主要问题进行了研究[8],分析了主要技术难 点、解决途径及可实现的技术水平。

总体而言,与国外已经进入关键技术攻关阶段相比,我国的研究工作主要还停 留在理论研究与概念研究阶段。我国虽然起步较晚但进步较快,目前在系统任务 分析、顶层设计、激光与物质作用机理、激光传输、碎片降轨模型、激光参数优化等 多项主要问题上均开展了较为深入的研究。

5.1.5.3 小结

总体而言,国外的空间碎片激光移除技术已经进入关键技术攻关阶段,国内尚停 留在理论研究、概念设想及方案可行性分析阶段。从公开报道的情况来看,目前国内 外都还没有真正进入实质性工程研制及在轨实施阶段的空间碎片激光移除项目。

综合近年来国内外在激光清除空间碎片方面的研究情况,可归纳为以下两个方面。

1. 达成的认识

(1) 高能激光是当前少数能够同时满足技术与经济成本要求的技术手段,是实施空间碎片清除的重要途径,尤其适用于在几年时间之内清除 400~1 200 km 轨道内的 cm 级(1~10 cm 尺度)空间碎片。

(2) 地基激光由于受到地理位置、射界、射程等多方面因素限制,投入成本大,对碎片清除效果有限。

(3) 天基激光可在较近距离上照射空间碎片,对激光功率和跟踪瞄准的要求大大降低,碎片清除能力明显优于地基激光。随着激光器小型化和航天器平台保障能力的不断发展,已具备开展工程研究的条件。

(4) 在激光器种类上,固体激光器(Nd：YAG、Yb：YAG、光纤、固体热容等)较适用于空间碎片清除任务;在波长上,普遍使用近红外、紫外波段;在技术体制上,普遍使用纳秒级甚至皮秒级脉冲激光;在激光功率上,通常采用数千瓦至数万瓦的平均功率。

(5) 在应用策略上,通常采用连续脉冲多次照射来清除共面轨道碎片,不以单次照射即令碎片陨落为设计目标。

2. 存在的不足

(1) 机理研究尚不充分。对工程实施中需要面对的复杂(或不规则)外形、多种材质的碎片,还无法给出较准确的激光辐照反喷效应及动力学行为(如是否会解体或旋转)预示。

(2) 数学模型与离轨效能分析有待深化。目前的建模仿真分析大多停留在单次照射后速度增量及作用机理的分析研究上,对持续照射、接力照射的离轨策略及效能的分析还不够深入。

5.2　空间碎片离子束移除技术

5.2.1　基本原理

与激光推移离轨移除空间碎片的原理类似,离子束推移离轨技术也是利用远距离发射的物质(离子)与空间碎片相互作用产生力的原理进行工作。它基于天基离子系统,即离子束管控卫星,向空间碎片发射高能离子束,通过产生足够的推力使其离轨。在这种方式中,工作卫星不需要与非合作的碎片直接接触,具有使用简单,成本低,操作安全的潜在优势。

5.2.1.1　作用机理

离子束卫星清理空间垃圾的示意图见图 5 - 10。离子束卫星包含两个反向安

装的离子发动机,主推力器向空间碎片喷射电中性的高速离子束,离子束撞击空间
碎片完成动量交换,对 LEO 轨道的空间碎片施加阻力(对 GEO 轨道的空间碎片施
加推力),从而使碎片减速降轨(或者加速升轨至坟墓轨道)。离子束卫星的第二
推力器则需要同时进行喷射,使卫星具有和碎片相同的加速度,从而保证卫星对碎
片进行持续的跟踪和喷射。

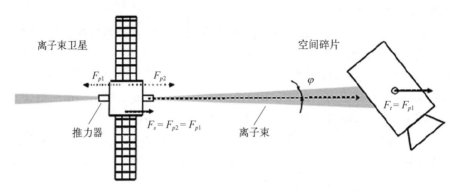

图 5 - 10　离子束移除碎片工作原理

假设主推力器受到的离子束的反作用推力为 $F_d = -F_{pl}$。在实际情况中,离子
束卫星在对碎片进行降轨操作过程中,推力器产生的等离子体可能会溅射到碎片
上,使碎片获得的总质量增加。另外,由于离子束喷出时,会有一定的张角,当距离
比较远时,由于离子流的发散,使一部分等离子体没有撞击到碎片,从而使动量转
换效率降低。再者,当空间碎片形状不规则时,离子束中心线没有穿过碎片的质心
时,会有部分动量转换成碎片的角动量,造成效率下降。考虑到各种因素的影响,
空间碎片受到的力为

$$F_t = \eta_t F_d \tag{5-4}$$

假设在理想条件下,动量全部交换,则 $F_t = F_d$。

F_{pl} 的大小与主推力器系统的效率 η_1、系统的功率 P_1 和等离子体的喷出速度
c_1 有关,关系如下:

$$F_{pl} = \eta_1 \frac{P_1}{c_1} \tag{5-5}$$

另外,F_{pl} 的大小与工质的流量和工质的喷出速度成正比,为

$$F_{pl} = \dot{m}_1 c_1 \tag{5-6}$$

离子束卫星的第二推力器需要提供与 F_{p1} 反方向的力 F_{p2},以保证卫星和碎片
具有相同的加速度,从而保持二者距离 d 恒定。由相对加速度为 0 得

$$\ddot{d} = \frac{F_{p2} - F_{p1}}{m_{IBS}} - \frac{F_{p1}}{m_d} = 0 \qquad (5-7)$$

简化式 $(5-7)$ 得 F_{p1} 和 F_{p2} 的关系为

$$F_{p2} = F_{p1} \left(1 + \frac{m_{IBS}}{m_d} \right) \qquad (5-8)$$

卫星和碎片之间的距离不能太远,当离子束椎体的截面半径刚好达到空间碎片的最大包络圆的半径时,认为二者之间的距离为最大相隔距离,则

$$d = 2s \tan \varphi_{\max} \qquad (5-9)$$

其中, φ 为离子束锥角的一半; s 为碎片最大包络圆的直径。由式 $(5-9)$ 可以看出,离子束锥角越小,等离子流越收敛,二者之间的最大作用距离越大。

经过简单计算, $10°$ 的发散角能使卫星在 $15 m$ 的距离外管控直径为 $2.6 m$ 的空间碎片。实际上,由于等离子体复杂的相互作用(热起伏和非线性力等),离子束的实际发散角会相应偏大。另外,为了保障安全,卫星与碎片之间的距离也会比 $d_{\max}$ 大。这就使得卫星的效率有所下降。

5.2.1.2　动量转换效率

离子束的总质量流量和动量分别为

$$\dot{m} = \pi R_0^2 m_i n_0 u_0 \qquad F_0 = \dot{m} u_0 \qquad (5-10)$$

式中, R_0 为离子推力器喷嘴口半径; m_i 为气体工质的分子质量; n_0 为离子发动机喷嘴口处的离子数密度; u_0 为离子发动器喷嘴口处的离子轴向速度; F_0 为离子束对卫星的反作用力。

由式 $(5-10)$ 可以看出,离子束的动量描述与质量流量 $\dot{m}$ 、出口羽流半径 R_0 及出射轴向速度 u_0 有关,其有效半径沿着离子束轴向方向逐渐增大,表达式为

$$R_B(z) = R_0 h(z) \qquad (5-11)$$

离子束经喷嘴喷射出来以后,呈圆锥形分布,空间碎片距离离子束卫星喷嘴越近,撞击空间碎片的离子数目就越大,动量转换效率就越高。然而由于安全因素的考量,空间碎片不能距离离子束卫星过近,这就意味着部分等离子体无法撞击到空间碎片,造成动量转换效率的降低。另外,由于离子束羽流场中等离子体分布不均匀,空间碎片在 r 向上位置不同,所受的力也是不同的。

离子束动量转换效率定义为

$$\eta_z = \frac{F_z}{F_0} = \frac{F_z}{\pi R_0^2 m_i n_0 u_0^2} \tag{5-12}$$

$$\eta_r = \frac{F_r}{F_0} = \frac{F_r}{\pi R_0^2 m_i n_0 u_0^2} \tag{5-13}$$

式中，η_z 为轴向方向动量转换效率；η_r 为法向方向动量转换效率；F_z 为等离子体施加给空间碎片的轴向力；F_r 为等离子体施加给空间碎片的径向力。

可以看出，离子束的动量转换效率与多种因素有关，例如空间碎片的几何形状、空间碎片质心偏离离子束轴线的程度、空间碎片距离离子推力器喷嘴口的轴向距离和空间碎片旋转等因素。为了便于衡量和仿真计算，假设空间碎片为几何球形，并引入两个变量进行辅助分析：碎片离子束羽流场半径比 χ 和碎片质心径向偏移率 γ_r。

碎片和离子束羽流场半径比 χ 定义为空间碎片的几何半径与空间碎片质心所在处离子束羽流场的有效半径的比值，表达式为

$$\chi = \frac{R_s}{R_B(z)} \tag{5-14}$$

碎片质心径向偏移率 γ_r 定义为空间碎片质心偏移离子束羽流场轴线的距离与空间碎片质心所在处的离子束羽流场的有效半径的比值，表达式为

$$\gamma_r = \frac{r_s}{R_B(z)} \tag{5-15}$$

显然，当 $\gamma_r = 0$ 时，离子束推力轴线过空间碎片的几何形心。

1. 轴向力效率仿真结果与分析

假定空间碎片为几何球形，以碎片和离子束羽流场半径比 χ 为自变量，以碎片质心径向偏移率 γ_r 为参变量，取 Xe 离子作为气体工质，对轴向方向离子束动量转换效率 η_z 变化规律进行分析，仿真结果如图 5-11 所示。

从图中可以看出，空间碎片在离子束羽流场中，当空间碎片质心偏移率一定时，空间碎片的半径越大，其被等离子体撞击的次数就越多，轴向方向动量转换效率就越高；另外可以看出，轴向方向动量转换效率与空间碎片质心偏移率息息相关，当碎片质心偏移过大时，所受的轴向力会迅速下降，这主要是由离子束高度收敛的特性决定的。

2. 径向力效率仿真结果与分析

仍然假定空间碎片为几何球形，以碎片质心径向偏移率 γ_r 为自变量，以碎片和离子束羽流场半径比为参变量，取 Xe 离子作为气体工质，对法向方向动量转换效率变化规律进行分析，仿真结果如图 5-12 所示。

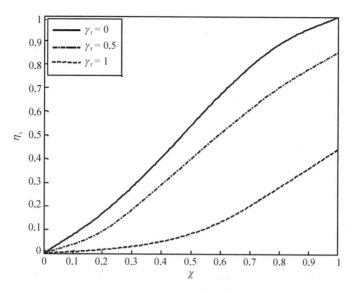

图 5-11　轴向方向动量转换效率变化图

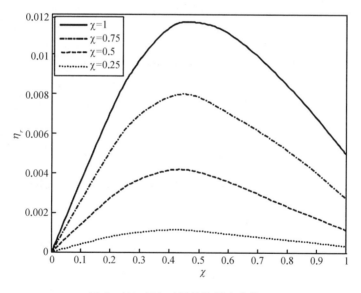

图 5-12　径向动量转换效率变化图

从图中可以看出,当空间碎片的形状大小固定时,径向方向动量转换效率随碎片质心径向偏移率的增大呈现先增大后减小变化规律;当碎片质心径向偏移率固定时,碎片和离子束羽流场半径比越大,径向方向动量转换效率就越大。但总的说来,离子束施加给空间碎片的径向力在数量级上远小于离子束施加给空间碎片的轴向力。

5.2.1.3　清除效能分析

离子推力器虽然推力很小,但是其工质喷出速度快、比冲大,具有明显的优势。

下面推导一下碎片离轨过程中,卫星几项基本参数与推力的关系。

由于绝大部分空间碎片都处于近圆轨道,并且离子推力器的推力量级比较小,当推动大质量的空间碎片时,不会对碎片轨道的离心率造成很大的影响。对碎片离轨过程进行以下假设:

(1)目标轨道为圆轨道;

(2)空间碎片受到的推力为恒力,且方向始终沿着运行轨道的切线方向;

(3)随着碎片的螺旋变轨,碎片的轨道最终变为准圆轨道。

对于一般的轨道,长半轴 a 对时间的导数与空间碎片所受的轨道切向力应遵循 Gauss 方程:

$$\frac{\mathrm{d}a}{\mathrm{d}t} = \frac{2a^2v}{\mu}\frac{F_p}{m_d} \tag{5-16}$$

这里 μ 为地球引力常量。由于碎片转移过程中轨道为近圆轨道,碎片的速度可以近似为 $v = \sqrt{\mu/a}$,所以式(5-16)近似为

$$\frac{\mathrm{d}a}{\mathrm{d}t} = \frac{2a^{3/2}v}{\mu^{1/2}}\frac{F_p}{m_d} \tag{5-17}$$

这里 F_p 为常量,对式(5-17)进行积分,得

$$a = \frac{\mu R}{\left(\dfrac{F_p}{m_d}t\sqrt{R} + \sqrt{\mu}\right)^2} \tag{5-18}$$

式中,R 为碎片初始时刻的轨道半径。

设碎片目标轨道的半径为 r,则由式(5-18)得碎片变轨所需的时间为

$$\Delta t = m_d\frac{\sqrt{\mu}}{F_p} \times \frac{\sqrt{R} - \sqrt{r}}{\sqrt{rR}} \tag{5-19}$$

进一步整理可得

$$m_{IBS}^{opt}(m_d,r,R,F_p) = 2\left(\frac{\mu}{rR}\right)^{1/4}\sqrt{\frac{2\alpha m_d F_p}{\eta}\left(\sqrt{R} - \sqrt{r}\right)} + m_{str} \tag{5-20}$$

每个推进系统的质量为

$$m_{fuel}^{opt}(m_d,r,R,F_p) = 2\left(\frac{\mu}{rR}\right)^{1/4}\sqrt{\frac{2\alpha m_d F_p}{\eta}\left(\sqrt{R} - \sqrt{r}\right)} \tag{5-21}$$

离子推力器的比冲为

$$I_{sp}(m_d, r, R, F_p) = \left(\frac{\mu}{rR}\right)^{1/4} \sqrt{\frac{2\eta m_d}{\alpha F_p}(\sqrt{R} - \sqrt{r})} \qquad (5-22)$$

离子推力器功率的表达式为

$$P^{opt}(m_d, r, R, F_p) = \left(\frac{\mu}{rR}\right)^{1/4} \sqrt{\frac{2m_d F_p}{\eta \alpha}(\sqrt{R} - \sqrt{r})} \qquad (5-23)$$

分别对 LEO 轨道空间碎片降轨过程和 GEO 轨道空间碎片升轨过程中,卫星的各项参数进行仿真。仿真时,假设空间碎片的质量分别为 500 kg、1 000 kg、2 000 kg 和 5 000 kg,其他的仿真参数详见表 5-8。

表 5-8　仿真参数

轨道类型	初始轨道高度/km	目标轨道高度/km	离子推力器效率 η	推力器比功率 α /(kg/kW)	卫星结构质量/kg
LEO	600	300	70%	5	150
GEO	36 000	36 300	70%	5	150

1. 空间碎片离轨时间与 F_p 关系图

由图 5-13 和表 5-9 可以看出,推力越大,清除空间碎片所用的时间越短。

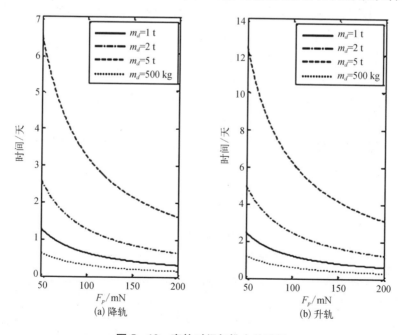

图 5-13　离轨时间与推力关系图

在降低或抬升相同高度的情况下,GEO 轨道碎片离轨时间更短,通常只需要几天的时间即可。

表 5 - 9　100 mN 推力下碎片离轨时间

碎片质量/kg	500	1 000	2 000	5 000
降轨时间/月	0.323 9	0.647 7	1.295	3.239
升轨时间/月	0.624 9	1.25	2.5	6.249

2. 卫星质量与 F_p 关系图

由图 5 - 14 和表 5 - 10 可以看出,离子推力器推力越大,卫星所需的工质的质量也越大。卫星质量远小于空间碎片的质量,推动能力很大。

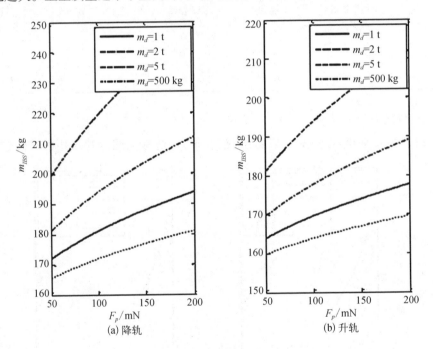

图 5 - 14　卫星质量与推力关系图

表 5 - 10　100 mN 推力下卫星质量

碎片质量/kg	500	1 000	2 000	5 000
降轨卫星质量/kg	171.9	181	193.8	219.3
升轨卫星质量/kg	163.9	169.6	177.7	193.8

3. 推力器比冲与 F_p 关系图

由图 5-15 和表 5-11 可以看出离子发动机推力越大,相应的比冲就越小。100 mN 时,离子推力器的比冲为 1 000~5 000 s。实际离子推力器的比冲最大可达 25 000 s,技术上具有可行性。

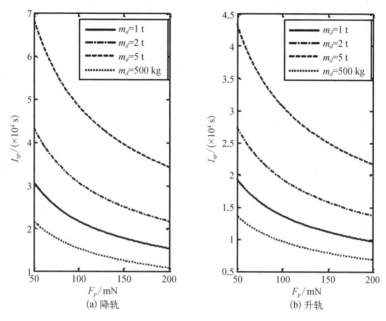

图 5-15　离子推力器比冲与推力关系图

表 5-11　100 mN 推力下离子推力器比冲

碎片质量/kg	500	1 000	2 000	5 000
降轨卫星比冲/s	1 533	2 168	3 066	4 848
升轨卫星比冲/s	970.5	1 372	1 941	3 069

4. 推力器功率与 F_p 关系图

由图 5-16 和表 5-12 可以看出,离子推力器推力越大,推力器的功率就越大。但总体来说,推力器功率不大,非常节约能源。

表 5-12　100 mN 推力下离子推力器功率

碎片质量/kg	500	1 000	2 000	5 000
降轨卫星功率/kW	2.19	3.097	4.38	6.926
升轨卫星功率/kW	1.383	1.961	2.773	4.384

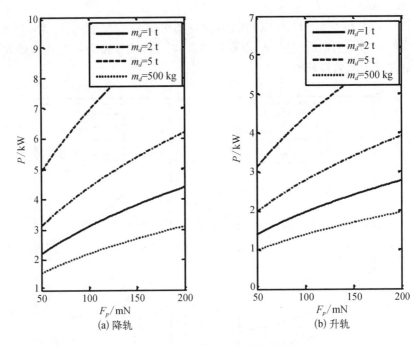

图 5-16   离子推力器功率与推力的关系

在理想条件下,空间碎片在离子束推力的作用下,沿着螺旋轨道逐渐转移至目标轨道。由于推力量级很小,碎片的离心率变化很小,任意时刻,将碎片所在位置视为圆轨道上的一点。

空间碎片的角速度为

$$\omega(t) = \sqrt{\frac{\mu}{a^3(t)}} = \frac{\left(\dfrac{Ft}{m_d}\sqrt{R} + \sqrt{\mu}\right)^3}{\mu R^{3/2}} \tag{5-24}$$

则空间碎片在轨道转移过程中角度随时间的变化规律为

$$\theta(t) = \int_0^t \omega \mathrm{d}t = \frac{m_d}{4\mu R^2 F_p} \frac{\left(\dfrac{F_p t}{m_d}\sqrt{R} + \sqrt{\mu}\right)^4}{\mu R^{3/2}} - \frac{\mu m_d}{4F_p R^2} \tag{5-25}$$

理想条件下,通过计算空间碎片轨道半径和真近点角,仿真出的轨道图和轨道放大图如图 5-17 所示,图中以 GEO 轨道半径为一个单位长度。可以看出,碎片运行轨迹为螺旋状,直到达到坟墓轨道。

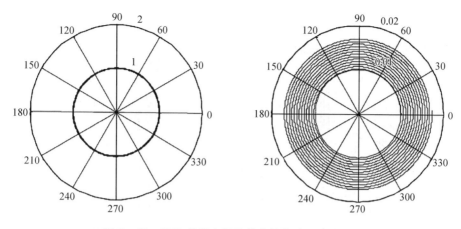

图 5 - 17　GEO 轨道空间碎片离轨轨迹图和放大图

5.2.2　系统组成

离子束管控卫星主要由卫星平台和离子推力器组成。离子推力器与化学推力器不同,它是一种电推进的推进方式,通过消耗卫星电源提供的电能来使工质产生电离和加速。因而工质的有效喷出速度与工质所携带的化学能无关。而大型太阳帆板、核能电源等可以为离子推力器提供源源不断的电能供应,保障离子推力器长时间的工作。

离子推力器的构成包括离子源、光学系统和中和器。离子源是离子推力器的关键部分,其组成主要包括放电室、阳极、空心阴极和栅极(包括屏栅和加速栅)。屏栅可以使等离子体收敛聚集;加速栅则可以引导等离子向外喷射,并防止外部中和器产生的电子返回内部腔室。典型的离子推力器的组成图如图 5 - 18 所示。

推力器的工作流程通常为:

(1) 空心阴极通电后向放电腔发射大量电子;

(2) 中性工质(如 Xe 气)进入放电腔,在高速电子的撞击下,产生 Xe 离子;

(3) 产生更多的电子,在磁场的加速作用下,电子又继续撞击中性氙气,从而产生更多的氙离子;

(4) 在光学系统的作用下,离子聚敛并加速,然后高速喷出;

(5) 外部中和器在电的作用下,释放大量电子,电子中和喷出的氙离子,从而保持离子束羽流的电中性。

离子束羽流的成分主要有:经高速电子撞击形成的束流离子、未被电子撞击的中性推进剂原子、被未电离的推进剂低速撞击形成的交换电荷离子和高速离子撞击腐蚀栅极而形成的粒子。离子推力器现在大多采用 Xe、Ar、Kr 等惰性气体作为工质。氙气无毒,无爆炸性和腐蚀性,在标准存储条件下,氙气密度远高于水,可以大大减轻卫星贮箱的质量。

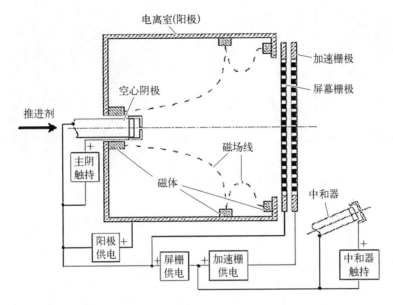

图 5-18　离子推力器组成图

离子推力器相对于化学推力器最大的优势是其比冲非常大,通常能够达到3 000 s 以上,并且只要电能足够,其比冲可达到 5 000～10 000 s。比冲高的好处就是可以以更少的推进剂来完成任务,从而缩小工质贮箱的体积和质量,进而节约空间用来增加有效载荷。离子推力器的缺点也显而易见,其结构形式复杂,且在离子的高速撞击下,推力器栅极容易被腐蚀,会缩短推力器的工作寿命。由于这些缺点的存在和相关技术的不成熟,离子推力器在航天器上一直没有得到大规模的应用。

5.2.3　工作流程

离子束清除空间碎片的工作流程是:首先根据地基或其他探测手段获取空间碎片信息,然后引导离子束管控卫星转移到碎片附近,根据移除策略,选择合适的推力方向向碎片发射等离子体束,并控制卫星与碎片相对关系,缓慢完成碎片轨道的转移(图 5-19)。

5.2.4　关键技术

离子束射流清除空间碎片的方法目前还有许多难点和问题需要解决,例如研发可靠、性能优越的离子推力器,对离子束羽流进行精确建模,离子束卫星的轨道机动,对目标的高精度跟踪,目标运动参数、形状参数的快速识别,喷射最佳作用点的选取,以及最佳喷射参数的制定等等。总体而言,这仍是一个崭新的研究方向。

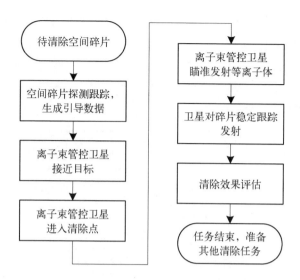

图 5-19　离子束移除碎片工作流程

1. 离子束特性分析

超声速的离子流由离子束卫星发出,撞击空间碎片并改变其运动,作为控制空间碎片的最直接的作用力来源,研究离子束的特性具有非常重要的意义。离子束特性研究的难点主要包括:

(1) 离子束羽流的物理机制;

(2) 离子束一些关键参数,比如扩张角等与离子束演化规律密切相关的参数;

(3) 离子束卫星的受力特性和运动特性。

目前,国外的学者针对离子束的远场羽流特性已经建立了多种数学模型,各种模型拥有不同的复杂度和准确度。较为简单的模型可假定羽流是轴对称的、稳定的,它由完全电离的、相互间无碰撞的准中性等离子体组成,等离子体为超声速的等温电荷,如图 5-20 所示。

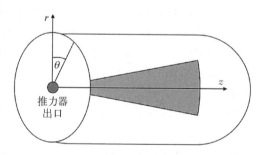

图 5-20　羽流示意图

而事实上,离子束中存在带电粒子,束流在传输过程中,受到相互之间的库伦力影响,将呈现明显的扩散状态,影响达到目标时的离子密度。此外,受地磁场影响,束流传输过程中将发生偏转,也将对作用效果产生影响。因此,要准确预测束流形态,就需要对离子束流的传输进行精确的建模与仿真。

2. 离子束卫星对碎片的跟踪控制技术

当离子束卫星到达空间碎片附近后,卫星开始向空间碎片喷射离子束,对空间碎片施加力的作用,从而保证卫星与空间碎片保持相同的加速度,"同步"离轨。离子束卫星与空间碎片属于临界稳定关系,当出现位置偏差时,开环控制无法保持长时间稳定地跟踪,因此需要设计合理的控制技术,以保证离子束卫星对空间碎片近距离长期稳定的跟踪控制。典型的方法如基于线性二次型最优控制理论[9]的控制律设计技术(图5-21)。

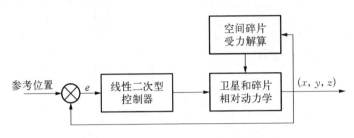

图5-21　典型二次型最优控制

5.2.5　研究现状

相对于接触式的空间碎片离轨技术,离子束推移离轨的方法由于不需要与非合作的碎片直接接触,并且具有比冲大、效率高、工质利用率高、稳定推力等特点,具有方法简单、运行寿命长、成本低、操作安全、使用范围广泛等潜在优势,受到越来越多的重视。

国外对于离子束射流清除空间碎片的研究比较少,西班牙的 Claudio 的团队对此进行了相关的研究。他提出了牧羊人卫星[10]的概念,牧羊人卫星包括两个反向安装的离子推力器,一个用来喷射空间碎片对其施加力的作用,另一个用来平衡牧羊人卫星的受力,使二者的相对加速度为零。Claudio 对离子束卫星清除碎片的动力学描述进行了相关的研究。目前,国内对于采用激光清除空间碎片[11]和采用主动抓捕空间碎片[12]的方法有一定的理论研究,但很少有针对基于离子束射流的非接触式空间碎片清除研究,哈尔滨工业大学的马晓刚对其原理和潜在技术进行了研究[13]。

基于离子束的空间碎片清除方法主要靠离子推力器来推动空间碎片,离子推力器作为最重要的执行机构,部分研究人员对其工作原理和相关特性开展了研究。

1959 年美国国家航空航天局(NASA)的 Harold R. Kaufman 研制成功第一台离子推力器,1964 年由卫星携带一台汞离子推力器和一台铯离子推力器发射升空,这是离子推力器的第一次在轨试验。自此以后,国际上对离子推力器相继开展了更多更深入的研究。

从 20 世纪 80 年代开始,广泛采用氙气作为推进剂,采用环尖磁场结构的电离室,这些改进大大提高了离子发动机的相关性能,延长了它的使用寿命,使得离子推力器开始逐渐进入应用阶段。1988~1993 年,NASA 为了开发性能更加优越、寿命更长的离子推力器,开展了基于太阳能电推进的相关技术在轨验证项目(NSTAR),并研制了直接驱动式太阳电推进和微型模块化电推进系统。该项目研制的离子推力器成功应用于"深空一号[14](DS1)"航天器上,并作为航天器的主推进系统,通过在轨试验,证明离子推力器作为推进器的可行性(图 5 - 22)。2001年,欧洲航天局发射 ARTEMIS 卫星。该卫星上装配有四台离子推力器作为执行机构,用来保持航天器位姿的稳定。但是,由于发射不成功,卫星没有进入目标轨道,最后只好通过离子推力器推动卫星进入目标轨道,由于推力小,该过程持续了近十个月。2003 年,日本发射 MUSES - C 返回式航天器,该航天器搭载了四台微波离子推力器作为主要的动力输出来源。最近,美国空间通信公司研发了新型的离子发动机,该离子发动机直径为 30 cm,采用氙气作为工质,用于地球静止轨道卫星的轨道位姿保持,预计其每年消耗的氙气仅为 5 kg。我国从 20 世纪开始对离子推力器展开研究,目前已取得一定的进展。

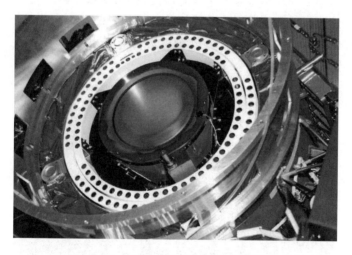

图 5 - 22　"深空一号"上的氙离子推力器

随着离子推力器的大量实验与应用,相关理论推导与数学仿真工作也进行了很多[15]。1967 年,John F. Stages 通过大量试验,测量了交换电荷产生等离子的效率。1965 年,J. M. Sellen 首次通过实验测量等离子体的分布规律,例如密度、电势、电子温度等,并验证了等离子羽流分布规律满足 Boltzmann 分布。1981 年,Ira Katz 采用数学方法搭建了一种三维等温流体模型,用来模拟离子发动机束流场和等离子的变化规律。1993 年,Xiaohang Peng 等采用 PIC - MCC 三维混合模型来研究栅极附近的离子和金属溅射粒子的分布规律。此后,Robie I. Samanta Roy 采用混合 PIC 与流体模型对 1 m 左右范围的区域进行了三维模拟,模型的结果与试验结果相符,但只适用于空间范围比较小的情况。Joseph Wang 等则采用三维 PIC - MCC 和 DSMC 方法来模拟离子发动机的射流,同时模拟等离子体的运动规律。此外,该团队还采用缩比模型来研究问题,并成功解决了受长度限制的问题。

目前国内对离子束的羽流场有一定的理论研究,例如商圣飞[16]对离子推力器的束流密度分布模型进行了相关研究;孙安邦[17]等研究了离子发动机放电室内等离子体运动的特点,并建立了全粒子模型;张锐[18]则对脉冲等离子推力器工作过程进行了数学仿真。对于离子束羽流模型的研究有很多,精度和复杂度也各有不同,更加精确的描述还有待继续深入的研究。

5.3   空间碎片微粒云雾移除技术

5.3.1   基本原理

空间碎片微粒云雾移除基本原理是利用火箭将人造微粒云雾发射到空间碎片经过的轨道上,通过碎片与云雾的交会和碰撞,利用动量守恒定理,降低碎片的飞行速度,从而达到降低碎片运行轨道或清除碎片的目的。为避免微粒云雾成为新的空间碎片,一般考虑微粒云雾运行轨道的近地点在大气层内,即亚轨道微粒云雾。工作方式原理图如图 5-23 所示。

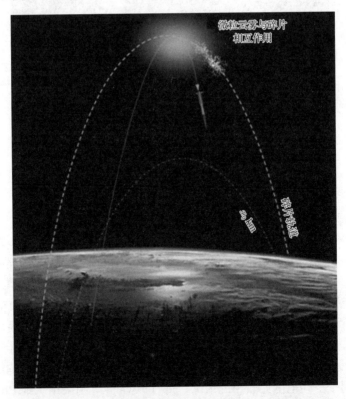

图 5-23   利用微粒云雾清除空间碎片设想图

5.3.1.1　作用机理建模

微粒云雾主要靠与空间碎片相遇碰撞产生阻力,两者的相对运动速度是碰撞效果的决定因素之一,相对运动速度又与两者速度方向密切相关。假设空间碎片运行在 800 km 高的圆轨道上,其运行速度约为 7.45 km/s,微粒云雾运行在近地点 50 km(大气层内),远地点 800~1 000 km 的椭圆轨道上,则微粒云雾的飞行速度为 7.24~7.3 km/s。以远地点 800 km 为例,图 5 - 24 和表 5 - 13 给出相对运动速度与速度方向夹角的关系。

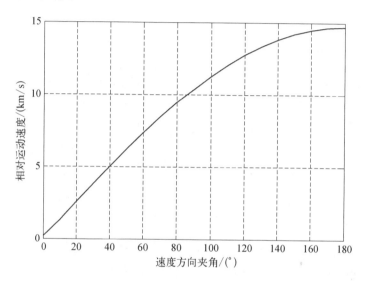

图 5 - 24　微粒云雾与目标碎片碰撞速度变化

表 5 - 13　粒子对目标碰撞速度

速度方向夹角/(°)	碰撞速度/(km/s)
0	0.210
10	1.297
20	2.559
30	3.808
40	5.028
50	6.211
60	7.347
70	8.428

续　表

速度方向夹角/(°)	碰撞速度/(km/s)
80	9.444
90	10.389
100	11.254
110	12.034
120	12.722
130	13.314
140	13.804
150	14.190
160	14.467
170	14.634
180	14.690

由此可知,速度夹角越大,相对速度越大,碰撞效果越明显,在不击穿目标的情况下,减速效果越明显。当速度夹角 180°时(完全逆向运行),两者相对运动速度可达 14.7 km/s。该理想情况下的碰撞如图 5-25 所示。

根据微粒云雾与空间碎片的碰撞机理可知,受微粒直径和碰撞速度的影响,碰撞模型可分为击穿模型和非击穿模型。

击穿模型如图 5-26 所示,颗粒与碎片相向运动发生正碰。碰撞后,颗粒将碎片击穿,且以速度 $V_{2颗粒}$ 保持原方向运动。而碎片则速度降至 $V_{2碎片}$,运动方向同样不发生变化。根据动量守恒定理,在不考虑碰撞产生的重量损失的情况下,存在如下关系:

$$m_2 V_{1碎片} - m_1 V_{1颗粒} = m_2 V_{2碎片} - m_1 V_{2颗粒} \tag{5-26}$$

非击穿模型如图 5-27 所示,颗粒与碎片相向运动发生完全非弹性碰撞。根据动量守恒定理,可知存在如下关系:

$$m_2 V_{1碎片} - m_1 V_{1颗粒} = (m_2 + m_1) V_2 \tag{5-27}$$

由两种碰撞模型可知,完全非弹性碰撞对于碎片的减速效果更为明显,因此对于微粒云雾碎片清除系统而言,应优先选择非击穿模型。即选择微粒云雾粒子直径时,应尽量使粒子不能击穿目标。

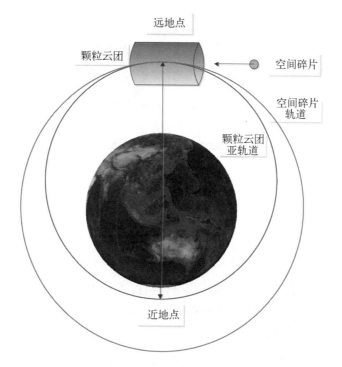

图 5 - 25　碎片清除飞行过程示意图

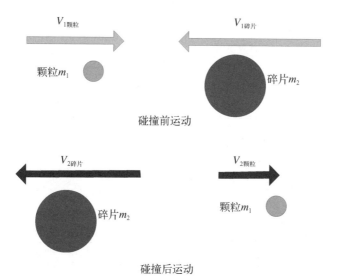

图 5 - 26　击穿模型示意

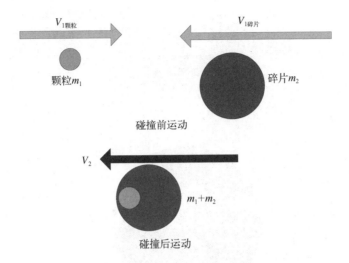

图 5 - 27　非击穿模型示意

通过对以冰粒和典型蜂窝板结构碰撞情况进行仿真,结果如表 5 - 14 所示。从结果可知,若要实现完全非弹性碰撞,就不能完成对蜂窝板的击穿。按照 180° 碰撞场景,微粒的直径不能超过 0.5 mm。

表 5 - 14　仿真结果汇总表

速度/(km/s)　直径/mm	2.0	3.0	4.0	5.0	6.0	7.0	8.0	9.0	10.0	11.0	12.0	13.0	14.0	15.0
0.5	×	×	×	×	×	×	×	×	×	×	×	×	×	×
1.0	×	×	×	×	×	×	×	×	×	√	√	√	√	√
2.0	×	×	×	×	×	×	×	√	√	√	√	√	√	√
3.0	×	×	×	√	√	√	√	√	√	√	√	√	√	√
4.0	×	√	√	√	√	√	√	√	√	√	√	√	√	√
5.0	×	√	√	√	√	√	√	√	√	√	√	√	√	√

注:×指未击穿,√指已击穿。

5.3.1.2　定向清除拦截效果分析

在瞄准某一颗特定的空间碎片实施清除任务时,假设微粒云雾的质量为 M,空间分布体积为 V,则单位体积内颗粒的质量可描述为

$$\rho = \frac{M}{V} \tag{5-28}$$

假设空间碎片相对微粒云雾的迎风面积为 $S_{碎片}$,穿越的长度为 L,那么能够与碎片发生碰撞的粒子的总质量为

$$\Delta m = \rho S_{碎片} L = \frac{M S_{碎片} L}{V} = \frac{S_{碎片}}{S_{云}} M \qquad (5-29)$$

从上述公式中可知,在假设微粒云雾形状为近似圆柱体的情况下,能够与碎片发生动量交换的微粒总质量只与碎片迎风面积与云雾截面积之比以及微粒云雾总质量相关,与云团总长度、单个粒子直径等均无关。因此,在假设全部碰撞均为完全非弹性碰撞的情况下,发生的动量交换、对碎片的减速效果与粒子直径无关。

除此之外,碎片自身的特性也是影响作用效果的重要因素。根据空间碎片的实际情况,一般可归结为薄板状和球状两类。

1. 薄板模型

假设碎片为密度为 $\rho_{碎片}$,迎风面积为 $S_{碎片}$,厚度为 H 的薄板,则由动量守恒可知:

$$\rho_{碎片} S_{碎片} H v_2 - \frac{M S_{碎片} L}{V} v_1 = \left(\rho_{碎片} S_{碎片} H + \frac{M S_{碎片} L}{V} \right) v_3 \qquad (5-30)$$

其中, v_1 为微粒云雾速度; v_2 为碎片碰撞前速度;则碎片碰撞后速度 v_3 可描述为

$$v_3 = \frac{\rho_{碎片} H v_2 - \dfrac{ML}{V} v_1}{\rho_{碎片} H - \dfrac{ML}{V}} \qquad (5-31)$$

从(5-31)中可知,碎片的减速效果,与碎片本身的密度和厚度相关,与迎风面积无关。因为密度和厚度不变的情况,碎片具有恒定的面质比。面积越大,碰撞的粒子越多,动量交换越大,但碎片自身质量也大,导致减速效果相同。

仿真分析微粒云雾对空间碎片的轨道影响,其中,粒子直径选为 0.5 mm,工质密度为 1 000 km/m³,喷射速度为 30 m/s,半张角为 3°,秒流量为 100 kg/s,喷射时长 6 s。空间碎片属于中低密度材料,密度选为 2×10^3 kg/m³,且与微粒云雾沿平面法向正碰,全部为完全非弹性碰撞,500 km 高时的仿真结果如表 5-15 和图 5-28~图 5-30 所示。

从仿真结果可知,对于薄板模型而言,碎片清除效果与碎片厚度、交会碰撞时机、碎片初始轨道高度相关。碎片厚度越大,碎片清除效果相对越不明显。粒子云喷射后,交会越早,碰撞效果越明显。

表 5-15　空间碎片轨道寿命变化情况（500 km 高）

等待时间/s	云团半径/mm	碎片厚度/mm	碰撞前速度/(km/s)	碰撞前轨道寿命/天	碰撞后速度/(km/s)	碰撞后轨道寿命/天	轨道寿命减少值/年	轨道寿命减少百分比/%
128	200	2	7.612 7	43	7.594 6	25	18.0	41.86%
		3	7.612 7	64	7.600 6	44	20.0	31.25%
		4	7.612 7	85	7.603 6	65	20.0	23.53%
		5	7.612 7	106	7.605 5	86	20.0	18.87%
		6	7.612 7	127	7.606 7	107	20.0	15.75%
64	100	2	7.612 7	43	7.540 5	2	41.0	95.35%
		3	7.612 7	64	7.564 5	11	53.0	82.81%
		4	7.612 7	85	7.576 5	24	61.0	71.76%
		5	7.612 7	106	7.583 8	40	66.0	62.26%
		6	7.612 7	127	7.588 6	58	69.0	54.33%
32	50	2	7.612 7	43	7.328 2	0	43	100.00%
		3	7.612 7	64	7.421 8	0	64	100.00%
		4	7.612 7	85	7.469 1	0	85	100.00%
		5	7.612 7	106	7.497 6	0	106	100.00%
		6	7.612 7	127	7.516 7	1	126	99.21%
10	15	2	7.612 7	43	4.954 7	0	43	100.00%
		3	7.612 7	64	5.730 9	0	64	100.00%
		4	7.612 7	85	6.156 2	0	85	100.00%
		5	7.612 7	106	6.424 7	0	106	100.00%
		6	7.612 7	127	6.609 7	0	127	100.00%

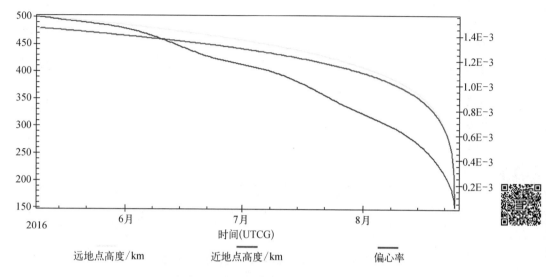

远地点高度/km　　　　近地点高度/km　　　　偏心率

图 5－28　轨道根数衰减情况（云团半径 200 m）

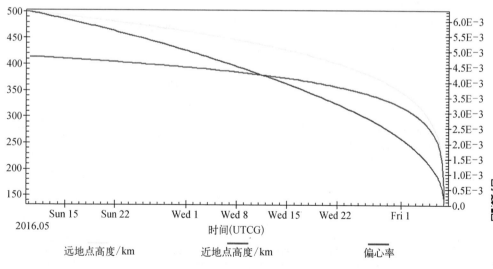

远地点高度/km　　　　近地点高度/km　　　　偏心率

图 5－29　轨道根数衰减情况（云团半径 100 m）

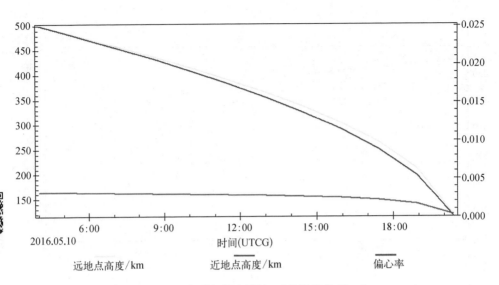

图 5 - 30　轨道根数衰减情况(云团半径 50 m)

2. 球形模型

由于薄板型假设过于理想,而且碰撞姿态不同实际效果也不同。现在分析球形模型碎片的清除效果。微粒云团输入条件不变,分别对直径为 1 cm 和 10 cm、材料密度为 $2×10^3$ kg/m^3 的球形空间碎片进行离轨效果分析,800 km 高时的仿真结果如表 5 - 16 和图 5 - 31 至图 5 - 34 所示。500 km 高时的仿真结果如表 5 - 17 和图 5 - 35~图 5 - 38 所示。

从仿真结果可知,碰撞时机对碎片的影响趋势与薄板型模型相同。但由于球形模型中碎片质量的增加,云团对碎片的清除效果明显变差。

表 5 - 16　空间碎片轨道寿命变化情况(800 km 高)

等待时间/s	云团半径/mm	碎片直径/cm	碰撞前速度/(km/s)	碰撞前轨道寿命/年	碰撞后速度/(km/s)	碰撞后轨道寿命/年	轨道寿命减少值/年	轨道寿命减少百分比/%
128	200	1	7.451 9	28.4	7.446 4	25.3	3.1	10.92%
		10	7.451 9	283.4	7.451 6	282.1	1.3	0.46%
64	100	1	7.451 9	28.4	7.430 8	17.5	10.9	38.38%
		10	7.451 9	283.4	7.450 1	273.4	10	3.53%
32	50	1	7.451 9	28.4	7.368 1	1.9	26.5	93.31%
		10	7.451 9	283.4	7.443 4	236.5	46.9	16.55%

续 表

等待时间/s	云团半径/mm	碎片直径/cm	碰撞前速度/(km/s)	碰撞前轨道寿命/年	碰撞后速度/(km/s)	碰撞后轨道寿命/年	轨道寿命减少值/年	轨道寿命减少百分比/%
10	15	1	7.451 9	28.4	6.572 1	0	28.4	100.00%
		10	7.451 9	283.4	7.358 6	12.3	271.1	95.66%

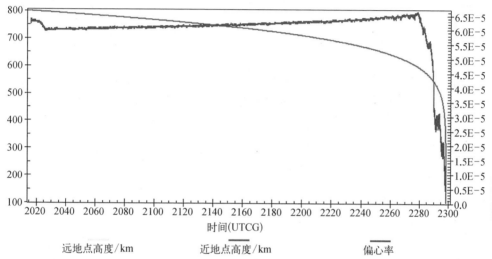

图 5-31 轨道根数衰减情况(云团半径 200 m)

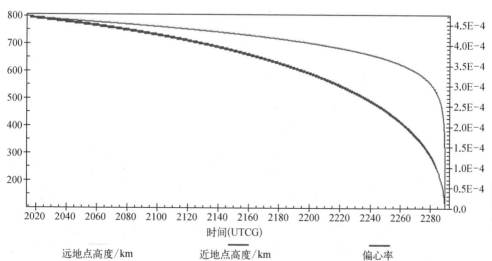

图 5-32 轨道根数衰减情况(云团半径 100 m)

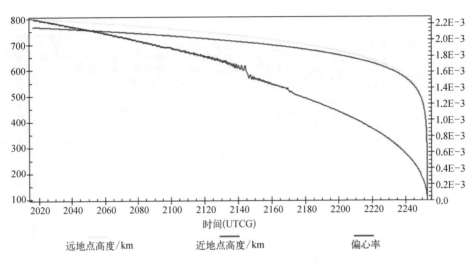

远地点高度/km　　　近地点高度/km　　　偏心率

图 5-33　轨道根数衰减情况(云团半径 50 m)

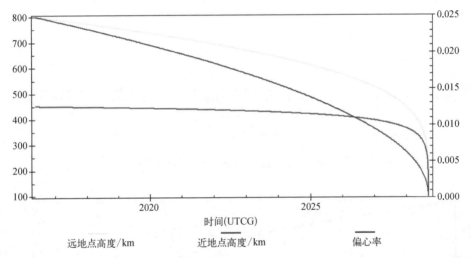

远地点高度/km　　　近地点高度/km　　　偏心率

图 5-34　轨道根数衰减情况(云团半径 15 m)

表 5-17　空间碎片轨道寿命变化情况(500 km 高)

等待时间/s	云团半径/mm	碎片直径/cm	碰撞前速度/(km/s)	碰撞前轨道寿命	碰撞后速度/(km/s)	碰撞后轨道寿命	轨道寿命减少值	轨道寿命减少百分比/%
128	200	1	7.612 7	141D	7.607 1	120D	21D	14.89%
		10	7.612 7	3.8Y	7.612 4	3.8Y	0Y	0.00%
64	100	1	7.612 7	141D	7.591 0	70D	71D	50.35%
		10	7.612 7	3.8Y	7.610 2	3.6Y	0.2Y	5.26%

续　表

等待时间/s	云团半径/mm	碎片直径/cm	碰撞前速度/(km/s)	碰撞前轨道寿命	碰撞后速度/(km/s)	碰撞后轨道寿命	轨道寿命减少值	轨道寿命减少百分比/%
32	50	1	7.612 7	141D	7.526 2	2D	139D	98.58%
		10	7.612 7	3.8Y	7.604 0	2.9Y	0.9Y	23.68%
10	15	1	7.612 7	141D	6.703 8	0D	141D	100.00%
		10	7.612 7	3.8Y	7.516 4	0Y	3.8Y	100.00%

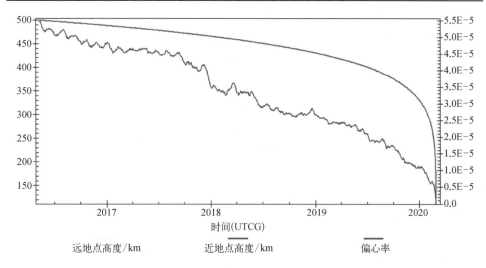

图 5-35　轨道根数衰减情况（云团半径 200 m）

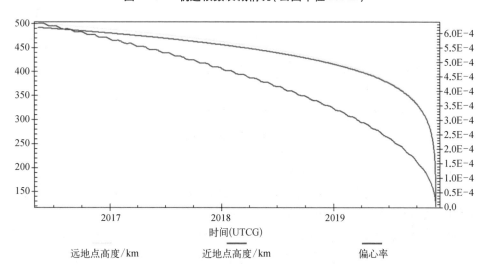

图 5-36　轨道根数衰减情况（云团半径 100 m）

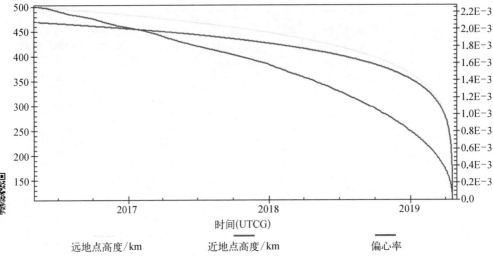

远地点高度/km　　　　　　近地点高度/km　　　　　　偏心率

图 5 - 37　轨道根数衰减情况(云团半径 50 m)

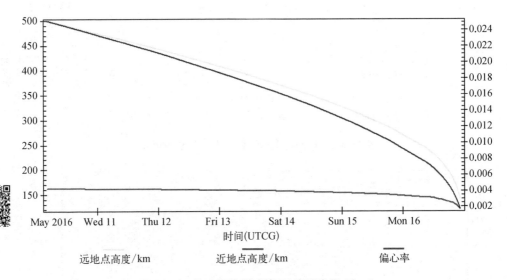

远地点高度/km　　　　　　近地点高度/km　　　　　　偏心率

图 5 - 38　轨道根数衰减情况(云团半径 15 m)

5.3.1.3　拉网式清除碰撞概率分析

上节分析了针对某一特定碎片清除时的作用效果,本节考虑在全空间碎片分布情况下,微粒云团与碎片相遇的概率。

绝大多数碎片分布在高度 2 000 km 以下的低地球轨道(low Earth orbit,LEO)和高度约 36 000 km 的地球同步轨道(geosynchronous orbit,GEO)区域内。对于 10 cm 以下的碎片,分布情况如表 5 - 18 所示。

表 5 - 18　特定尺寸范围内空间碎片的分布数量

碎片尺寸/mm	轨道高度/km	空间体积/km³	空间密度/km⁻³	碎片分布数量
10~100	200~2 000	1.271×10^{12}	1.740×10^{-7}	$2.211\,6 \times 10^{5}$
1~10	200~2 000	1.271×10^{12}	0.996×10^{-5}	$1.265\,3 \times 10^{7}$
0.1~1	200~2 000	1.271×10^{12}	2.433×10^{-1}	$3.092\,5 \times 10^{11}$
0.01~0.1	200~2 000	1.271×10^{12}	1.085×10^{1}	$1.379\,1 \times 10^{13}$

颗粒云团的飞行轨迹如图 5 - 39 所示。假设颗粒云团从 200 km 高处被释放，沿亚轨道飞行大半个周期，最终再入大气层。考虑到 200 km 以下基本没有空间碎片，因此云团扫过的体积为 200 km 高度外的近圆筒状结构。飞行期间，云团的体积不断膨胀，因此越向后，圆筒的直径越大。整个近圆筒的体积可由界面半径与轴长相乘得到。

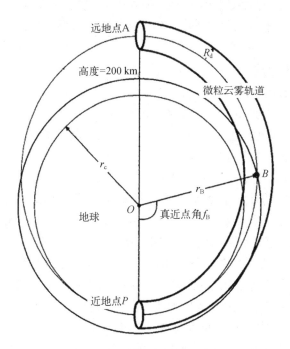

图 5 - 39　颗粒云团的飞行轨迹

假设远地点 A 的离地高度为 800 km，采用 200~800 km 空间范围内空间碎片的平均密度，计算与颗粒云团相遇的特定尺寸范围内空间碎片的数量，结果见表 5 - 19。

表 5-19　与颗粒云团相遇的特定尺寸范围内空间碎片数量

碎片尺寸 /mm	云团经过的 空间体积/km³	碎片空间 密度/(个/km³)	与云团碰撞的 碎片数量/个
10~100	1.16×10^6	1.740×10^{-7}	0.2
1~10	1.16×10^6	0.996×10^{-5}	12
0.1~1	1.16×10^6	2.433×10^{-1}	2.8×10^5
0.01~0.1	1.16×10^6	1.085×10^1	1.3×10^7

注：200~800 km 飞行距离为 37 269.5 km，飞行时间为 4 014 s。

由结果可见，颗粒云团在 200~800 km 空间范围内扫过的空间体积为 1.16×10^6 km³，运行过程中能够遇到 10~100 mm 尺寸碎片的数量约为 0.2 个，遇到 0.01~0.1 mm 尺寸碎片的数量约为 1.3×10^7 个。但考虑到微粒云团扫过大部分体积时，云团膨胀过大导致微粒密度变很小，即使空间碎片穿越微粒云团，与作用粒子碰撞的概率仍然很低。因此，通过拉网式清除方案，对空间碎片清除效果极其有限。

5.3.2　系统组成

基于微粒云雾的空间碎片清除系统主要由微粒云雾抛洒系统组成。抛洒系统可安装在轨道航天器上，由航天器选择适当的时机完成工质的抛洒。也可直接安装在运载火箭上，随运载进入到预定轨道，完成工质的抛洒任务后，与运载一并通过亚轨道飞行后再入大气层陨落。

抛洒系统主要功能是按照预定程序，完成微粒云雾的抛洒成型。微粒云雾抛洒系统主要由工质供应系统、抛洒装置和控制器三部分组成。工质供应系统负责为抛洒器供应液体工质和高压气体，用于液体工质的存储与传输，主要由液路系统、气路系统组成。液路系统包括气贮箱、减压器、充气电磁阀、液贮箱、排液电磁阀和连接管路等；气路系统包括气贮箱、排气电磁阀和连接管路。抛洒装置主要包括旋转电机和抛洒器，通过压电激励将液体工质喷射成液滴群，通过电机驱动喷射盘以一定的角速度旋转，使通过喷孔的液体产生切向速度，达到以一定的径向速度向空间撒布液滴群的目的。控制器负责控制阀门、电机等及系统的工作时序，抛洒系统初步方案及各部分间功能关系如图 5-40 所示。图 5-41 为抛洒系统组成示意图。

5.3.3　工作流程

微粒云雾清除空间碎片的过程大致分为五个阶段。

第一阶段是主动飞行阶段，是由运载工具携带喷洒装置及工质由地面向太空

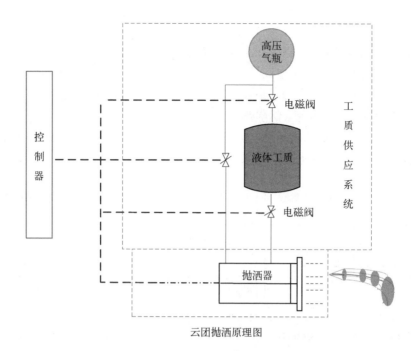

云团抛洒原理图

图 5 - 40　微粒云雾抛洒系统示意图

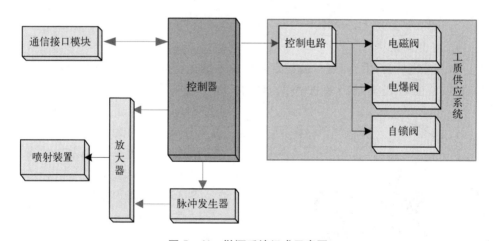

图 5 - 41　抛洒系统组成示意图

飞行的过程。运载工具负责轨道及相位等需求保证,以保证抛洒出的微粒云雾沿预定的亚轨道飞行。

第二阶段是工质喷洒阶段。进入喷洒窗口后,抛洒装置将工质按照预定程序抛洒出去,形成微粒云雾。

第三阶段是工质运行阶段。微粒云雾抛洒后,沿预定轨迹飞行,期间保持云团自身状态,等待与碎片碰撞。

第四阶段是微粒云雾与空间碎片的交会和碰撞阶段。微粒云雾在轨飞行过程中,与途径的空间碎片发生碰撞并产生动量交换。

第五阶段是微粒云雾及空间碎片陨落过程。碰撞结束后,空间碎片由于减速导致轨道降低,甚至进入大气层销毁。未发生碰撞的剩余粒子完成亚轨道飞行后,在近地点进入大气层,实现自然陨落。

图 5-42 给出了按照时间维度进行典型碎片清除过程的分析。分别分析抛洒装置(运载),工质与碎片相对位置关系、工质状态。

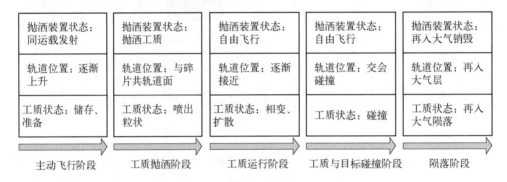

图 5-42 典型碎片清除过程分析示意

5.3.3.1 主动飞行阶段

1. 抛洒装置状态

根据空间碎片的分布规律或特定目标碎片的运行规律,地面确定微粒云雾运行轨迹,通过运载将抛洒装置和工质发射到近地点约 50 km,远地点约 800 ~ 1 000 km 的亚轨道上,运载与抛洒装置不分离。同时抛洒设备做好工质抛洒的准备。图 5-43 为主动飞行阶段空间飞行轨迹示意。

2. 工质状态

主动飞行阶段,工质存储在抛洒设备中。

3. 相对位置关系

工质由地面运送到空间,且抛洒时与空间碎片保持在同一轨道面内。

5.3.3.2 喷射工质阶段

1. 抛洒装置状态

抛洒装置按照预定方案将工质抛洒到空间,且保证工质形成特定形

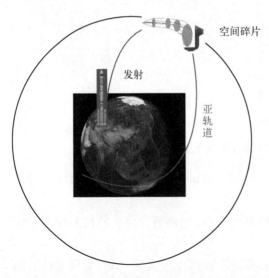

图 5-43 主动飞行阶段空间飞行轨迹示意

态的微粒云雾。抛洒过程中,由运载设备保证抛洒设备的稳定性。

2. 工质状态

工质由贮箱中抛洒到空间,形成微粒云雾。

3. 相对位置关系

微粒云雾在同一轨道面内,向空间碎片飞行。

图 5 - 44 为喷射过程示意图。

图 5 - 44　喷射过程示意

5.3.3.3　工质运行阶段

1. 抛洒装置状态

抛洒装置抛洒结束后,使命完成,处于自由飞行状态。

2. 工质状态

微粒云雾在空间沿预定轨迹飞行。飞行期间微粒云雾的形状随时间发生变化,变化规律取决于初始抛洒状态。典型的匀速、带张角抛洒方案下,工质在空间的分布形状,主要考虑以下几点。

(1) 粒子由抛洒装置从喷管喷出,通常喷管具有一定的张角,因此所有粒子并非沿直线喷出,而是在喷管口不同位置喷出的粒子具有不同的速度方向。在喷管中心喷出的粒子速度为 Δv,该速度沿着轨道运行方向;而沿喷管侧壁处喷出的粒子同时具有沿轨道运行方向的速度分量 $\Delta v \times \cos\theta$ 和与轨道速度方向相垂直的分量 $\Delta v \times \sin\theta$。粒子喷射出后,随着在空间中飞行时间 t 的推移,粒子形成的云团在与轨道速度相垂直的平面内不断扩散,扩散而成的形状为近圆,圆半径为 $r = \Delta v \times \sin\theta \times t$。

(2) 抛洒装置在一定的时间范围内将工质全部喷射出,先喷射出的粒子相对于后喷射出的粒子存在沿轨道运动方向的超前运动量,并且先喷射出的粒子由于在空间飞行时间较长,形成的近圆面半径也较大。因此,抛洒装置喷射出的粒子在空间形成了一个圆台体,沿着轨道运行方向靠前的部分半径大于靠后的部分。

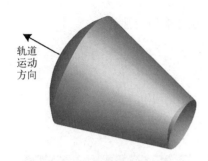

图 5 - 45　工质喷射出后的空间分布形状

（3）沿喷管中心喷出的粒子沿轨道运行方向速度大于沿喷管侧壁喷出的粒子,因此同时喷出的粒子在轨道运动方向的运动量也不同,沿喷管中心喷出的粒子存在一定超前量 $\Delta r = \Delta v \times (1 - \cos\theta) \times t$,因此,粒子形成的圆台体沿着轨道运行方向靠前的部分向轨道运行方向凸出成为外椭球面,而沿着轨道运行方向靠后的部分向轨道运行方向下凹成为内椭球面。但由于喷管半张角 θ 通常为一个小值,故 Δr 的值也很小。

图 5 - 45 是喷射出的粒子在空间分布近圆台体形状示意图。

3. 相对位置关系

微粒云雾向碎片逐渐靠近。图 5 - 46 是工质运行阶段空间飞行轨迹示意图。

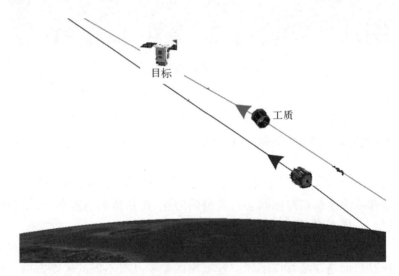

图 5 - 46　工质运行阶段空间飞行轨迹示意图

工质从抛洒设备喷射出后直到与目标交会碰撞,工质与目标碎片的相对位置变化情况如图 5 - 47 所示。

5.3.3.4　微粒云雾与碎片碰撞阶段

1. 抛洒装置状态

抛洒装置仍处于自由飞行状态,近地点位于大气层内。

2. 工质状态

微粒云雾与空间碎片交会碰撞,并发生动量交换。未发生碰撞的工质,仍按照预定轨迹飞行。

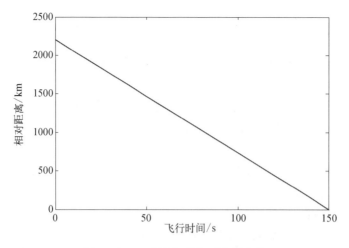

图 5‑47　工质与碎片相对位置变化

3. 相对位置关系

微粒云雾与空间碎片距离逐渐靠近,直到交会碰撞。结束后,碎片与粒子距离逐渐变大,直到各自进入大气层销毁。

5.3.3.5　陨落阶段

1. 抛洒装置状态

抛洒装置在亚轨道飞行大半个周期后,于近地点附近再入大气层销毁。

2. 工质状态

与碎片碰撞的微粒,受碎片的碰撞影响,与碎片一同沿反方向飞行,并随碎片坠入大气层销毁。未碰撞的微粒云雾沿亚轨道飞行后,自行进入大气层销毁。

3. 相对位置关系

碎片与剩余微粒云雾向相反的方向飞行,但各自进入大气销毁。

5.3.4　关键技术

5.3.4.1　高效工质研制技术

微粒云雾清除空间碎片的原理是利用云团与碎片的相互作用达到降低碎片的轨道高度的目的。因此微粒云雾的形成及飞行状态对碎片的清除效果有至关重要的作用。从碎片清除的实施层面和空间的安全层面讲,作用工质应具备如下的特征:

(1) 工质在抛洒前,应便于携带存储;

(2) 工质与抛洒装置配合,能够满足空间环境下的抛洒要求,应能形成微粒云雾,实现对云团飞行状态的控制,保持微粒云团的飞行形态;

(3) 工质必须具有适当的密度,确保与碎片作用的有效性;

（4）工质应具备满足相互作用的物理特性,应避免瞬间升华、闪蒸现象的发生;

（5）从安全的角度考虑,工质最好具备缓慢升华的特性,使得未能进入大气层的微粒能够自行消除,避免对在轨航天器的误伤。

基于上述原则,工质最好是常温常压下的液态物质,通过抛洒装置喷射出液体颗粒,在真空环境下形成微粒云雾,飞行一定时间后,与空间碎片发生碰撞,从而达到清除碎片的目的。

5.3.4.2　微粒云雾抛洒成型技术

工质喷出后形成的微粒云雾是碎片清除的关键,必须保证云雾与碎片有效碰撞。工质抛洒要实现如下的效果:

（1）工质喷射出后要能够雾化,或者形成微粒云雾;

（2）微粒云雾喷出后要具有一定的扩散角,以实现飞行过程中体积的膨胀,增大碰撞概率;

（3）微粒云雾的喷射速度、喷射指向要保持一定的精度,尤其要实现喷射过程中的干扰抑制,确保碰撞精度;

（4）一定质量的工质要在特定时间内喷射完毕。

5.3.5　研究现状

空间碎片微粒云雾移除最初设想是 2012 年由美国海军研究实验室(NRL)等粒子体物理分实验室与海军空间技术中心提出的。其设想利用火箭把微小的人造粉尘(考虑使用钨粉)抛洒在空间碎片将要经过的轨道上,粉尘与碎片在相遇时因撞击产生阻力作用,致使空间碎片轨道高度降低,大气阻力增强,从而加速坠毁。该方法提出后,也有人对此方法存在质疑,认为可能会制造新的空间碎片,对在役航天器造成威胁。李怡勇[19]等在此基础上,建立了单颗碎片与人造粉尘作用的基本假设和机理模型,对其作用进行定量计算分析,并对该方法的作用效果进行了定量估算。此后关于该方法的研究再无报道,也没有针对性的研究和试验计划。

参考文献

[1]　杨武霖,牟永强,曹燕,等. 天基激光清除空间碎片过程的误差分析与控制研究. 北京:第八届全国空间碎片学术交流会,2015.

[2]　龚自正,徐坤博,牟永强,等. 空间碎片环境现状与主动移除技术. 航天器环境工程,2014,31(2):129 - 135.

[3]　洪延姬,金星. 激光清除空间碎片方法. 北京:国防工业出版社,2013.

[4]　范国臣,黄虎. 天基激光清除空间碎片方案及关键技术研究. 北京:第八届全国空间碎片学术交流会,2015.

[5]　杨武霖,牟永强,曹燕,等. 天基激光清除空间碎片方案与可行性研究. 北京:第八届全国

空间碎片学术交流会,2015.

[6]　张品亮,杨武霖.激光清除空间碎片的功率需求与激光类型.北京:第八届全国空间碎片学术交流会,2015.

[7]　张品亮,龚自正,汤秀章,等.激光驱动典型几何形状碎片运动建模研究.航天器环境工程,2017,34(2):138 - 142.

[8]　洪延姬,金星.激光清除空间碎片中关键问题思考与探讨.北京:第八届全国空间碎片学术交流会,2015.

[9]　韩毅.空间分离与伴飞的轨道控制研究.哈尔滨:哈尔滨工业大学,2007.

[10]　Claudio B, Jesus P. Ion beam shepherd for asteroid deflection. Journal of Guidance, Control and Dynamics, 2011, 34(4):1270 - 1272.

[11]　彭玉峰,盛朝霞,张虎,等.强激光清除空间碎片的力学行为初探.应用激光,2004,24(1):25 - 26.

[12]　黄镐,于灵慧.空间碎片主动清除技术综述.烟台:第一届中国空天安全会议,2015.

[13]　马晓刚.基于离子束的非接触式空间碎片清除方法研究.哈尔滨:哈尔滨工业大学,2017.

[14]　深空一号(DS1)的离子推进系统.推进技术,2000,21(6):24.

[15]　张郁.电推进技术的研究应用现状及其发展趋势.火箭推进,2005,31(2):31 - 32.

[16]　商圣飞,顾左,贺碧蛟,等.离子推力器束流密度分布模型.真空科学与技术学报,2015,35(12):1414 - 1419.

[17]　孙安邦,毛根旺,夏广庆,等.离子推力器放电腔内等离子体流动规律的全粒子模型.推进技术,2012,33(1):143 - 149.

[18]　张锐.脉冲等离子体推力器工作过程仿真研究.长沙:国防科学技术大学,2008.

[19]　李怡勇,陈勇,李智,等.对一种利用人造粉尘清除空间碎片新方法的理论分析.空间科学学报,2015,35(1):77 - 85.

第6章
空间碎片被动离轨技术

6.1　空间碎片充气增阻离轨技术

6.1.1　基本原理

空间碎片充气增阻离轨技术,主要针对轨道较低的空间碎片,首先将增阻装置附着在空间碎片上,利用充气的方式将增阻装置展开至较大的面积,从而形成较大的阻力面。通过空间的稀薄空气形成阻力,使空间碎片的轨道快速降低,直至坠入大气层烧毁。

这种增阻装置核心部分是充气式增阻气囊,在工作之前,处于折叠压缩状态,体积小。它由空间碎片清理飞行器携带入轨,通过飞网、飞矛等方式对碎片进行捕获,从而将充气式增阻气囊连接在空间碎片上。

对于航天器,特别是推力系统受限的小型航天器,也可以携带充气式增阻气囊模块,在寿命末期,主动将增阻气囊充气展开,形成较大阻力快速离轨。它可作为空间环境治理的一种重要手段,通过减少在轨物体数量,降低空间碎片碰撞风险。

6.1.2　系统组成

空间碎片充气增阻离轨系统主要包括充气增阻气囊及碎片附着装置。其中碎片附着装置可根据具体情况进行选择,常用的包括飞网、飞矛等,主要作用是把充气增阻气囊与空间碎片相连接。

充气增阻气囊包括充气膜和充气系统,充气膜在入轨时处于压缩状态,待系统对空间碎片进行捕获后,由充气系统进行充气,展开后具有较大的迎风面积。

6.1.2.1　充气膜结构

从材料的使用角度考虑,由于充气结构要在空间中展开使用,所以首先它应该能满足空间环境条件的要求:① 质量轻,降低发射的费用;② 柔性,满足在空中展开的要求;③ 抗辐射,能够较好地抵抗深空中的大量高能粒子和电荷对充气薄膜材料带来的辐射损伤,减缓其性能退化;④ 气密性好,在高空能够顺利充气展开而不需要经常充气;⑤ 易刚化,是解决充气展开结构气体泄漏的理想方法,同时也提高了充气展开结构的刚度和空间稳定性。

　　为了提高空间环境适应性,必须开展空间充气薄膜结构的材料技术研究。目前对充气薄膜结构材料技术的研究大多集中在对已有的成品材料的测试和选取上,这些材料包括 Kapton、Kevlar、Mylar、尼龙橡胶、航空气球复合织物等。为满足天线反射面的形状精度要求,在所有的试验材料中,Kapton 具有良好的综合性能,目前商用 Kapton 薄膜适合超轻、大直径充气薄膜展开结构的制作。材料技术研究还包括对充气结构表面涂层的研究,目前研究的几种涂层材料包括气相沉淀铝、聚亚安酯、SiO_2 以及铜、铝等。

　　目前研究的硬化技术研究如纤维织物用树脂浸渍,通过紫外线辐射固化;纤维织物用水溶性树脂浸渍,随着水的蒸发而硬化;纤维织物用树脂浸渍,树脂冷却到其玻璃转变温度以下时硬化;热固性塑料树脂,加热固化;由铝箔和 Kapton 薄膜构成层压板,当铝超过其屈服点发生应变时硬化。层合铝固化方式是目前研究的各种固化方式中唯一一种经历过太空验证的固化方式,其工作原理是通过结构内部气体的压力来张紧铝层,使其达到屈服点,并依靠铝层的刚度来实现结构的硬化[1]。

6.1.2.2　充气展开形式

　　空间充气薄膜结构的折叠和展开技术旨在尽可能地减小充气展开式结构在发射过程中所占用的体积,另一方面则是保证充气展开式结构在空间稳定可靠地展开。该技术包括结构包装的方式、充气方式的选择和充气展开方式的选择等。常用的充气方式可以使用氮气、氦气或升华气体。目前折叠方式主要有三种:Z 形折叠、卷曲折叠、多边形折叠。

6.1.3　工作流程

　　空间碎片充气增阻离轨的主要工作流程如下。

　　(1)发射入轨。由空间碎片清除飞行器携带充气增阻离轨装置发射入轨,此时,充气增阻离轨装置处于折叠压紧状态。

　　(2)附着碎片。空间碎片清除飞行器抵近空间碎片,利用飞网、飞矛等装置捕获碎片,同时将充气增阻离轨装置附着在碎片上。

　　(3)充气展开。附着完成后,充气增阻离轨装置进行充气,展开为较大的体积,构成大面积阻力面,提高碎片阻力系数。

　　(4)增阻离轨。利用展开后的充气增阻离轨装置,与高层大气相互作用,形成大气阻力,不断降低碎片轨道高度。

　　(5)再入大气。空间碎片轨道高度降低至 120 km 以下,进入大气层,与稠密的空气相互作用,直至烧毁。

6.1.4 关键技术

6.1.4.1 轻质柔性耐高温材料

空间碎片通常以几十倍声速的速度返回地球或进入行星大气层,在进入下降过程中空间碎片的气动加热显著。虽然采用充气增阻装置可以在进入大气层之前即充气展开为较大的气动阻力面积,从而使其再入过程中的气动加热相比常规刚性再入要有所减小,但其最外层的柔性结构仍需承受较大的热流,对柔性材料的耐温性能要求很高。

NASA 采用以氧化铝纤维和气凝胶为主体的柔性耐高温材料体系,以 Nextel、Pyrogel、Kapton 复合铺层制作成一体化柔性材料作为充气结构的表面材料,能够满足在结构展开后高超声速飞行时的气动热载荷要求,且保证充足的结构强度,其最高使用温度可达 1 600 K。而 JAXA 采用 PBO 和聚酰亚胺或硅橡胶为主体的柔性耐高温材料体系,采用 ZYLON 与聚酰亚胺、ZYLON 与硅橡胶复合制作而成的充气结构表面材料,其最高使用温度为 650℃[2],耐高温性能虽不如 Nextel,但其质量轻且强度性能更优。

6.1.4.2 折叠包装与充气展开技术

充气增阻装置涉及封闭式气囊乃至多气室结构的折叠包装。一方面,需要根据结构形式采用合理的折叠工艺,使包装密度足够大以满足空间要求。由于外形的特殊性,常规的卷曲折叠、Z 字形折叠方式无法满足需求,需考虑常规折叠与复杂折纸法折叠工艺的组合。另一方面,如何使封闭式气囊、多气室结构实现安全的压力包装,如何在包装过程中实现层间排气技术以确保残留气体在真空中不影响系统工作非常关键,在折叠包装过程中需要采用特殊的抽真空方法。

如果充气过程不稳定,将对空间碎片的运动姿态产生不可接受的干扰,将难以保证以所需的姿态和角度进入所需的轨道,严重时甚至会导致任务失败。而充气展开与折叠包装方式是密切耦合的,需要结合充气结构的构型、气源和充气管路的布局,以及空间碎片的质量特性和运动特性开展综合研究和试验验证,确定可靠可控的折叠包装和充气展开方案。

6.1.5 研究现状

充气增阻装置可以以较低的代价形成大的阻力系统,除了可以用于碎片离轨,也可用于空间飞行器的再入返回。而且,国内外主要以空间飞行器再入返回为牵引开展充气增阻装置的研究。

自 20 世纪 60 年代初以来的数十年间,国内外在充气增阻装置的研究上已经发展出了多种构型。但是,由于技术难度大,而以往飞行任务的要求又往往能被降落伞等其他方式替代,充气增阻装置一直未得到广泛的应用。但是,随着航天技术的发展,大尺寸轻质量航天器、高超声速飞行器等需求日益迫切,降落伞等传统减速方式难以满足要求,充气增阻装置将发挥重要的作用。

6.1.5.1　国外研究现状

1. 美国的 AID 项目

美国早在 20 世纪 60 年代开始已经对充气式进入减速技术进行了相关的研究。其中最具代表性的是附体式充气减速器(attached inflatable decelerator, AID)项目。该项目基于探测火星等空间任务的需要,目标是满足"海盗号"探测器进入火星大气后气动减速的要求。由美国 GoodYear 公司对充气式进入减速技术开展了较为全面的研究,其采用的构型为附体式等强度曲面型方案。

AID 项目原理样机采用了内部挥发气体充气及外部冲压充气补充的方案,即首先利用挥发式气体发生器实现充气结构的快速初步充气,使得充气结构外围的充气口能够展开,然后利用外部气流动压使大气进入而确保充气结构具备足够的内外压差。AID 项目开展了系列超声速风洞试验和空投试验,风洞试验的样机达到 1.5 m 直径,验证了 $Ma=3$ 条件下的气动特性,空投试验则成功展开了一个直径达到 11 m 的原理样机。该样机外围充气口直径较大,几乎与尾部一圈气流分离栏的突出尺寸相近[3-5]。

美国的"海盗号"火星探测任务最终确定展开气动减速装置的速度条件为 $Ma=2$ 左右,经过比较选择了盘缝带降落伞的方案,AID 项目完成原理样机验证后即被终止。该项目设计目标最高温度为 177℃,还不能满足充气增阻装置在高超声速条件下的防热需求。而且,其采用的冲压充气的方式也难以适应高速进入情况下的高温热流情况,AID 项目之后的各种充气式减速方案再未采用外部冲压充气的方式。

2. 美国的 IRV 项目

20 世纪 80 年代后期至 90 年代初期,充气式进入减速技术在沉寂了十余年后,基于空间站应急救生、制品返回等需求,美国的航空航天回收系统公司(Aerospace Recovery Systems, ARS)对充气式进入减速技术开展了新一轮的研究,启动了充气式回收飞行器(inflatable recovery vehicle, IRV)项目。

该项目中充气增阻装置采用附体式张力锥型构型方案,利用高压气瓶自行充气展开,充气结构主要为充气环与充气管相连组成充气框架,利用充气框架的刚度支撑柔性蒙皮材料形成减速结构。充气结构设置了气压传感器,根据测量情况实时调节充气阀。有效载荷位于顶部的结构舱内,结构舱的最前端布置缓冲气室,在落地前进行充气以实现着陆缓冲。此外,在有效载荷舱内,IRV 还设置了质心调节装置,用于在再入过程中对落点进行调节。IRV 项目完成了 180 kg 级原理样机的空投试验,试验取得了成功[6-8]。

3. 美国贝尔公司充气加固拖曳结构 TRIS

2004 年,美国贝尔公司提出了"充气加固拖曳结构"(towed rigidizable inflatable

structure，TRIS），由 3 条支架连接一个大面积的抛物面天线，平时收缩在小盒内，当卫星寿命结束时，充气展开，增加气动阻力、加速卫星离轨（图 6－1）。

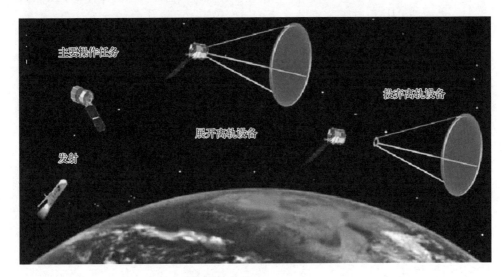

图 6－1   美国贝尔公司充气加固拖曳结构

4. 欧空局与俄罗斯的 IRDT 项目

以"火星 96"（Mars96）为契机，欧空局与俄罗斯就充气式进入减速技术开展了合作研究，启动了充气式再入和减速技术（Inflatable Reentry and Descent Technology，IRDT）项目[9]。该项目采用附体式层叠圆环构型方案[10]，如图 6－2所示。但遗憾的是，Mars96 任务在着陆火星过程中失败，IRDT 未得到验证。

(a) IRDT 折叠状态、一级充气展开、二级充气展开示意

(b) IRDT 实物图

图 6－2   IRDT 采用附体式层叠圆环构型

2000～2005 年,俄罗斯牵头组织开展了新一轮的 IRDT 项目飞行试验,积累了大量的数据和经验。

2000 年 2 月 9 日,IRDT－1 验证器进行飞行试验,其方案依然是附体式层叠圆环构型,采用 45°半锥角,分两次充气展开,演示验证器质量 110 kg。IRDT－1 验证器自 600 km 轨道分离再入,再入角为-7.67°,再入速度为 5 520 m/s。第一级充气展开是在进入大气之前,第二级充气展开是在经历高热流和高过载之后、验证器已经下降到约 30 km 海拔高度处。飞行试验过程中,前端的刚性防热锥的烧蚀比预想严重,第二级充气展开未能工作,IRDT－1 验证器没有取得成功[11]。

IRDT－2 验证器与 IRDT－1 构型基本一致,但为了提高结构可靠性,验证器质量增加到 140 kg。2002 年 7 月,IRDT－2 开展了亚轨道飞行试验,再入角为-6°,再入速度为 7 000 m/s。最终 IRDT－2 验证器未降落到预定的区域,地面搜索部队也未找到实物,IRDT－2 依然没有成功。之后,技术人员分析问题原因可能是运载器和 IRDT－2 验证器之间的结构失效,导致 IRDT－2 验证器未能正常再入[12]。

IRDT－2R 验证器于 2005 年 10 月开展飞行试验,验证器状态与 IRDT－2 基本一致。IRDT－2R 验证器从 100 km 海拔高度轨道再入,再入角为-6.8°,再入速度为 6 869 m/s。该验证器的充气展开依然分为两部分,第一部分在再入前即展开,第二部分直到验证器下降到海拔高度 7.5 km 左右才充气展开。但是,IRDT－2R 任务还是失败了,地面搜索部队仍未找到实物。任务失败的原因可能是充气失效或在空中充气结构出现了爆破[13]。由于连续的飞行试验失利,IRDT 项目是否已经终止,近年来未见相关报道。

5. 美国的 HIAD 项目

近十余年来,美国正大力发展充气式进入减速技术,启动了高超声速充气减速器(Hypersonic Inflatable Aerodynamic Decelerator, HIAD)项目。HIAD 项目主要包括新型进入概念研究、柔性系统技术研究及充气进入飞行器试验验证(inflatable reentry vehicle experiment, IRVE)3 个部分,其中新型进入概念研究中还包括高能大气再入试验(High Energy Atmospheric Reentry Test, HEART)验证计划,HEART 计划亦采用充气式再入减速技术,相比 IRVE,飞行器规模更大,要求更高[14]。

IRVE－1 再入飞行器采用 3 m 直径、60°半锥角的附体式层叠圆环充气舱构型方案[15]。2007 年 IRVE－1 飞行试验失利,之后相同状态的 IRVE－2 于 2009 年 8 月进行亚轨道飞行试验并获得成功[16]。IRVE－3 在 2013 年 7 月再次开展了亚轨道飞行试验,仍为 3 m 直径充气舱,相比前两次增加了质心调节装置。虽然 IRVE－3 由于落点偏差未能成功收回实物,但通过遥测获取的飞行试验数据表明 IRVE－3 以 Ma = 10 的条件再入大气,质心调节发挥了预期的姿态调节效用[17]。IRVE－4

计划仍为亚轨道飞行试验,与 IRVE - 3 类似,将进一步验证利用质心调节、姿态调节等手段实现落点控制能力[18]。

HEART 计划飞行 8.3 m 直径充气舱,其头锥半径 1.5 m,进入角 $-1°\sim-2°$,进入质量 3 600 kg,进入速度 7.6 km/s。由于 HEART 相比 IRVE 有较大的跨越,在 IRVE 与 HEART 计划之间,NASA 组织开展 3 m、6 m、8.3 m 直径充气舱的一系列风洞试验。其中,6 m 充气舱风洞试验模型如图 6-3 所示,开展了 1~5 kPa 外部气流动压、7~34 kPa 内部充气压力、$0°\pm25°$ 攻角组合工况下的风洞试验。试验中除了加速度、强度等力学性能外,还利用激光三维成像、多台可见光相机组合测量的方式详细测量了充气舱结构变形情况[19, 20]。

图 6-3   6 m 直径 HIAD 风洞试验模型

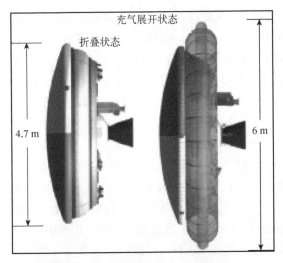

充气展开状态

折叠状态

4.7 m

6 m

图 6-4   SIAD-R 折叠及展开状态示意

6. 美国的 LDSD 项目

近年来,针对 Mars2020 的需求,美国喷气推进实验室(JPL)开展了超声速充气减速器任务(Supersonic Inflatable Aerodynamic Decelerator for Robotic-class missions, SIAD-R)的研究。SIAD-R 任务要求适应 $Ma=4$、动压 2 200 Pa 的条件,属于 NASA 的低密度超声速减速器项目(Low Density Supersonic Decelerator, LDSD)的一部分[21]。

与 IRDT、HIAD 等项目不同,SIAD-R 任务对减速及防热的需求大为降低。一方面,不要求充气结构将进入器全部包裹,只是在进入器周边充气展开一圈增阻装置(图6-4),要求充气展开部分的变形小于3 cm,可见对充气结构外形刚度要求并不高;另一方面,SIAD-R充气减速装置仅要求充气展开材料耐受温度290℃,因此选择了常规的凯夫拉Kevlar29材料,表面涂覆硅树脂。SIAD-R装置内部冲压至约48 kPa,采用18个气体发生器进行充气。SIAD-R任务开展了火箭橇试验及高空飞行试验,均获得了成功[22]。

7. 日本的MAAC项目

日本宇宙航空研究开发机构(JAXA)和东京大学、东京科技学院等联合成立了大气进入舱薄膜减速器(membrane aeroshell for atmospheric-entry capsule, MAAC)项目组,开展了充气式进入减速技术的研究。其构型采用附体式张力锥型方案,与IRV项目由充气环与充气管相连组成充气框架不同,MAAC项目的充气结构只是单独的一圈充气环,锥形的薄膜与充气环连接。

2009年8月,MAAC项目利用高空气球进行了25 km海拔高度的投放试验,试验器为一个最大展开直径1.264 m、质量3.375 kg的原理样机,试验获得成功,验证了充气展开及减速下降的工作程序[23]。

2012年8月,MAAC项目利用探空火箭进行了100 km海拔高度充气展开并减速下降的亚轨道飞行试验,试验器最大展开直径1.22 m,总质量15.6 kg,薄膜和充气管主要采用柴隆(ZYLON)材料制作。这次试验验证到的最大热流达到16.5 kW/m²,最大飞行速度达$Ma=4.6$[24]。目前,JAXA计划搭载卫星开展进一步的近地轨道再入飞行试验,试验器最大充气展开直径2.5 m,质量50 kg[25],外形如图6-5所示。可见,基于MAAC项目的研发,日本在航天器进入减速技术方面得到了突破。

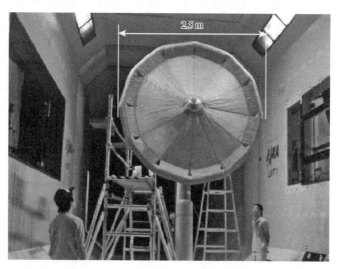

图6-5 MAAC项目2.5 m直径飞行试验器在风洞中进行载荷试验

8. 充气结构材料技术

研究充气结构材料技术的主要目的是提高结构的空间环境适应性。目前对充气结构材料技术的研究大多集中在对已有的成品材料的测试和选取上,这些成品材料包括 Kapton、Kevlar、Mylar 等。材料技术研究还包括对充气结构表面涂层的研究。目前研究的几种涂层材料包括气相沉淀铝、聚亚安酯、SiO_2 以及铜、铝等。图 6-6 为可充气结构多层膜分解示意图。

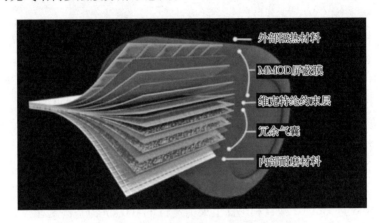

图 6-6　可充气结构多层膜分解示意图

硬化技术也是充气展开式结构在空间应用的核心技术之一。目前,材料硬化技术的研究主要集中在硬化材料的选择与分析。由于空间任务的复杂性与多样性,硬化薄膜的展开方法也不尽相同。具体来说,常用的硬化材料主要有热固化复合材料、紫外光固化复合材料、充气反应复合材料、二阶转变和记忆聚合物复合材料、增塑剂或溶剂挥发固化复合材料、发泡硬化材料、铝箔和塑料薄膜叠层结构等。

9. 充气展开关键技术研究

动态模拟分析充气展开过程是可展开充气结构设计和应用发展的关键。美国加利福尼亚帕萨迪纳喷气推进实验室(Jet Propulsion Laboratory, JPL)开展了相关充气展开过程模拟分析研究。针对折叠结构充气展开、卷曲结构充气展开、拉伸充气展开三种不同形式,对结构特征数学模型、充气气体模型、压力变化、非线性展开等进行研究,并建立相应的充气展开有限元模型实现展开全过程模拟[26]。

1) Z-折叠结构展开

Z-折叠展开结构过程模拟及结构示意图如图 6-7 和图 6-8 所示。折叠结构展开选择两个折叠单元为典型进行分析,直径为 7 cm、长度为 20 cm、厚度为 0.125 mm,$E=18E+10 \ N/m^2$,该结构划分为 9 000 个壳体单元。充气气体从一端进入,先展开第一个折叠单元,并通过折叠区域进入第二个折叠单元。在充气初期,

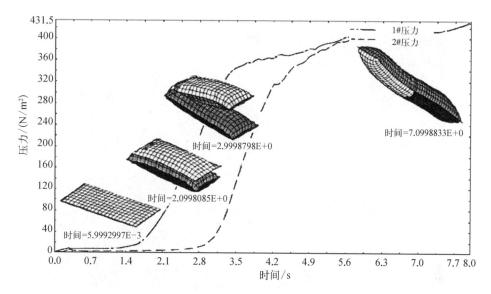

图6-7 Z-折叠结构展开过程动态模拟

图6-8 Z-折叠展开结构[27]

两个折叠单元的压力值基本相等,随后第二单元突然打开,此时两个单元间最大压力差为280 N/m²,随着折叠单元的增加,第一个单元和最后一个单元之间的压力差瞬间增大。该模拟结果显示折叠结构在未完全充满时更趋向于其长度方向,随后才是径向方向。实际工作中该展开模式有助于提高动态稳定性。在各折叠单元打开之前,相互间接触力最大,一旦展开则其接触力降为0。

当充气速率增大时,管子的展开速度有了明显的提高,动能成倍增大,且变化很大,但同时管子自由度的波动也越大,平稳性降低。当充气速率不同时,展开的时间不同,充气速率降低时,时间必然变长,充气速率增大时,充气时间减少。

2)卷曲展开

卷曲折叠是空间充气薄膜结构一种基本的折叠方式。图6-9是其展开过程图。根据阿基米德螺线方程以及刚体的平面运动微分方程,可得到充气管展开动力学方程,进而可得到管的展开速度和加速度。

图6-10为对卷曲展开分析的具体结果[29]。其中的卷曲结构圆管直径为5.6 cm、长度为20 cm、厚度为0.125 mm,材料为纤维 $E=18E+10 \text{ N/m}^2$,该结构划分

图 6-9　卷曲折叠管充气展开图[28]

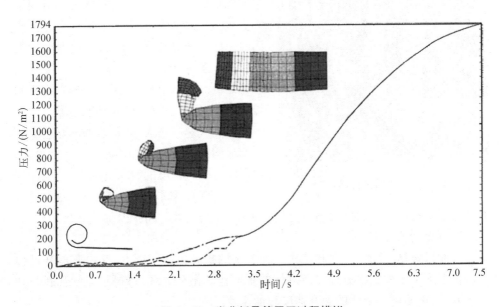

图 6-10　卷曲折叠管展开过程模拟

为 392 个壳体单元和 364 个节点。充气气体从一端进入,逐渐进入卷曲区域逐步展开,当压力值到 1 800 N/m² 时卷曲结构接近圆柱形,但还未全部展开。结构最前端和最末端的压力差值为 180 N/m²。与折叠结构不同,卷曲结构稳定性更好,折叠区域展开过程更平滑。

　　3) 喷出式折叠

　　喷出式折叠是指将材料按照一定多边形规则堆叠,材料主要是金属箔材。具体结构形式如图 6 - 11 所示。基于 ADAMS 软件进行拉伸充气展开,直径为 10 cm、长度为 30 cm、厚度为 0. 1 mm。在初始阶段,各折叠单元压力随时间变化,具有一致的展开特性,4 s 后全部展开。

图 6 - 11　拉伸式折叠形式[33]

　　此外,在充气结构受控展开方式的研究方面,Lou 及 Fcria 等使用了活动的隔膜将充气管分成几个子部分,进行了管状充气结构的展开控制研究。美国的 L'garde 公司则利用芯轴作为导向装置进行了充气管的展开控制研究。最近,ILC - Dover 设计了一种新的可控展开方式,采用了金属丝作为制动装置进行充气管的展开控制[30, 31]。

　　在充气太空结构的展开动力学研究方面,Smith 和 Main 等进行了充气管 0g 重力和 1g 重力的展开测试。在测试中发现,1g 重力下,管的膨胀过程存在压力延迟现象,而 0g 重力下不存在该现象。Kara 等也进行了充气管的模型展开试验,结果表明地面环境下结构的阻尼高于其在太空环境下的阻尼[32],充气结构的特性在地面和真空环境中存在巨大的差异。图 6 - 12 为喷出式折叠充气结构展开过程模拟。

6.1.5.2　我国研究现状

　　国防科技大学、哈尔滨工业大学、北京航空航天大学、南京航空航天大学等高校,以及北京空间机电研究所、北京宇航系统工程研究所、北京空间技术研制试验中心等科研机构均开展了充气式进入减速技术的研究,包括系统概念研究、方案论证以及气动、轨道、热特性等数值仿真分析,研制了柔性防热材料、原理样机等,取得了一定的进展[34]。

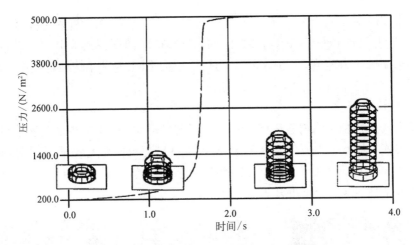

图 6 - 12   喷出式折叠充气结构展开过程模拟

2018 年 4 月,北京空间机电研究所利用探空火箭开展了充气式进入减速技术的演示验证试验。试验器采用了附体式层叠圆环构型方案,锥角 60°,展开直径 2 m,由充气锥、结构装置、控制装置、数传与测量装置、监视相机、柔性分离装置、火工装置等组成,总质量 50 kg,试验器由探空火箭携带至 60 km 海拔高度分离并减速下降。

演示验证试验取得了成功,试验器与火箭分离后正常充气展开至所设计的外形,充气增阻装置的工作程序和弹道特性得到了较为全面的验证。试验器经过减速后最终以约 20 m/s 的速度安全着陆,着陆后经现场检查和返回后测试,各装置完好,气囊气密性良好,试验取得圆满成功。试验器高空飞行试验落地情况如图 6 - 13 所示。

图 6 - 13   充气式进入减速试验器落地情况

6.2　空间碎片电动力绳系离轨技术

6.2.1　基本原理

空间绳系的概念最早可追溯到苏联科学家齐奥尔科夫斯基在 1895 年关于"太空电梯"的设想；1974 年，科伦坡[35]等提出了一种用于低轨道高度研究的"航天天钩"，标志着绳系卫星系统(TTS)的出现。在此基础上，有学者提出了电动力绳系的概念，电动力绳系的导电绳索在轨道上高速运行时，切割空间地磁场，从而产生感应电动势，以实现不消耗工质变轨。

电动绳索两端装有电子收集和发射装置，导电绳索与空间电离层构成闭合回路，在感应电动势作用下产生电流。通电绳索在地磁场中运动，产生洛伦兹力，当其与绳系系统轨道速度方向相同时，为系统提供推力，完成航天器的轨道提升。若改变电流方向，使洛伦兹力与轨道速度方向相反，绳系将提供阻力，完成航天器降轨，如图 6-14 所示。由于电动力绳系不消耗燃料，质量轻，可控制等优点，在航天器机动、人工重力、太空发电、空间碎片清除等方面有广阔的应用前景。

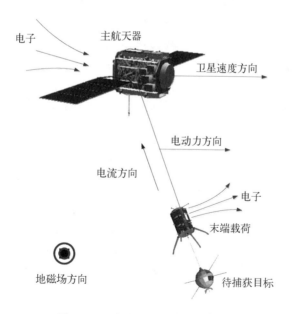

图 6-14　电动力绳系原理示意图

6.2.2　系统组成

通常，空间碎片清除电动力绳系系统是由主航天器、末端载荷及起连接作用的导电绳索三部分组成，如图 6-15 所示。其中，主航天器具备绳系的释放、回收和电子发射或收集能力,也是整个电动力绳系卫星系统功能的主要实现者。末端抓捕载荷是一个功能简单的小航天器,其主要负责空间碎片的捕获、电子发射或收集等两项功能,同时,根据需要也可辅助主星进行绳系系统控制。

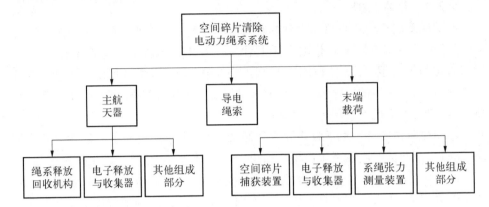

图 6 - 15　空间碎片清除电动力绳系系统组成

其中,系绳释放回收机构一般由系绳卷绕组件、系绳收放组件、系绳检测组件、系绳固定组件以及系绳切割器等组成,其主要功能如下。

系绳释放回收机构的功能分析包括以下几点。

(1) 系绳收贮功能:发射时系绳收放机构应实现系绳的收贮功能;

(2) 系绳释放功能:入轨后能够跟随末端载荷分离实现系绳可控释放,且系绳释放过程不会对两星分离产生阻力;

(3) 系绳回收功能:能够根据空间碎片清除过程中的不同工作模式需要回收系绳及末端载荷;

(4) 系绳排布功能:为避免系绳缠绕导致失去系绳展收和张力控制的能力,在系绳释放和回收过程中需要设置系绳排布机构,使系绳均匀分布在线轮上;

(5) 系绳张力测量功能:系绳收放过程中,对两星之间系绳张力进行测量,并提供给平台作为状态监测使用;

(6) 系绳收放长度测量功能:为实现系绳收放过程中系绳收放长度的控制,需要对系绳收放长度进行测量,并提供给主星作为状态监测使用;

(7) 系绳切断功能:当发生在轨意外工况时,可切断系绳实现对目标体的释放。

电子发射和收集器有主动发射收集和被动发射收集两大类,其中,常用的主动发射收集器有热电子阴极、空心阴极和电子场发射阵列三种。

6.2.3　工作流程

电动力清除空间碎片的过程包括轨道转移接近目标碎片、回收绳系进入碎片捕获准备状态、碎片捕获、释放末端载荷和碎片组合体、轨道转移进入再入轨道、与碎片分离、轨道机动进入工作轨道或接近下一个目标等 7 个主要步骤,如图 6-16 所示。

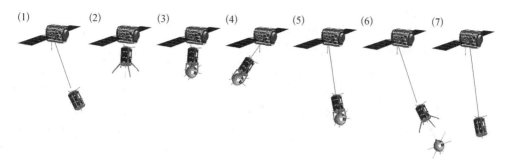

图 6-16　电动力绳系系统捕获空间碎片过程

其中,轨道转移接近目标碎片、轨道转移进入再入轨道、轨道机动进入工作轨道或接近下一个目标等三个步骤均是利用电动力绳系卫星系统切割地球磁力线来完成升轨或降轨,以达到任务目的。根据末端载荷系统空间碎片捕获装置的类型和能力大小不同,具体的捕获工作流程不尽相同;捕获能力小、适用范围有限的捕获装置,对捕获工作流程的要求更高,反之,捕获流程更简单。捕获完碎片并进行锁定后,需要释放末端载荷与碎片组合,形成适合基线长度的电动力绳系卫星系统,以便进行轨道转移。到达再入轨道后,电动力绳系卫星系统释放空间碎片,前者进入轨道机动模式以便捕获下一个目标或进入待命轨道,而空间碎片则进入加速再入的更低轨道。

6.2.4　关键技术

电动力绳系是一个复杂的多学科交叉系统,涉及轨道动力学、绳系动力学、展开/回收控制等动力学与控制学科的内容,还涉及绳系材料、电子收集与释放、地磁场模型等材料、机械、电磁等学科,存在许多技术难题有待解决。要使电动力绳系卫星系统具有工程可实现性,主要需要解决高可靠绳系释放与回收机构技术、绳系动力学建模与控制技术、电流发射与收集技术等三项关键技术。此外,绳系在空间碎片环境、辐射与原子氧环境中的生存能力也是电动力绳系卫星系统长期生存的关键。

6.2.4.1　绳系释放与回收机构技术

由于航天器受到运载发射包络尺寸的限制,绳系系统的主星和子星需要以组合体状态发射,入轨后通过星体解锁分离建立绳系系统。绳索的可靠释放是建立绳系系统的关键,绳索释放和在轨保持过程中有时还需要进行绳索收放来实现绳系系统的稳定控制,绳系释放回收机构技术是实现绳系可靠释放与回收的基础。

　　绳系释放回收机构技术主要难点包括：

　　(1) 复杂空间环境下绳系释放回收机构可靠性技术；

　　(2) 绳索均匀排布技术；

　　(3) 绳索释放和回收控制技术；

　　(4) 绳系释放与回收机构地面验证技术。

　　目前绳系卫星系统的分离主要有两种形式：被动分离式和主动分离式。被动分离式依靠分离动能提供绳索释放的动力，这种方式只有初始分离动能，无法提供持续牵引力；主动分离式依靠子星的推进系统提供绳索释放的动力，这种方式可以提供持续的牵引力。在系统方案设计时，需要根据绳系卫星系统具体的分离形式来设计相适应的绳系释放回收机构形式。

　　1. 主动式绳系机构

　　主动式绳系机构能够实现系绳释放和回收双向运动的功能，典型的主动式绳系机构如 TSS-1 的轮式释放和回收机构[36]，其工作原理如图 6-17 所示。TSS-1 绳系机构由卷筒、排线机构、前端绳系控制机构、末端绳系控制机构等组成。卷筒用于收储绳索，排线机构用于绳索均匀排布，前端绳系控制机构主要功能是测量绳索收放长度、速度和前端绳索张力，末端绳系控制机构主要功能是绳索释放驱动、末端张力测量、绳索切断。主动式绳系机构的结构复杂，技术难度较大，可靠性保证要求更高。

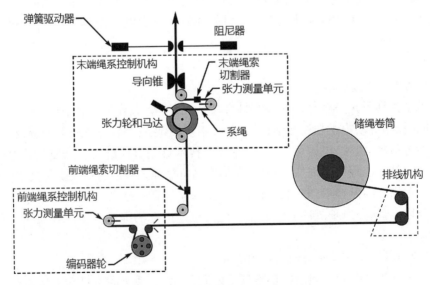

图 6-17　TSS-1 绳系机构工作原理

　　2. 被动式绳系机构

　　被动式系绳释放机构只能实现绳索被动释放，不具有回收的功能。典型的被动式系绳释放机构为图 6‐18(a)所示的装置,这种系绳释放机构已在轨应用于 YES 系列和 SEDS 系列卫星的飞行试验项目[37, 38],其原理如图 6‐18(b)所示,系绳从储绳筒出来后,以螺旋方式缠绕于轴上,通过伺服电机配合涡轮蜗杆带动轴旋转来改变系绳在轴上的缠绕圈数,从而改变系绳释放的张力,以此来控制系绳释放速度。绳索以一定的螺旋升角缠绕在储绳筒上,可以实现很小的拉出阻力,这种排布形式充分借鉴了纺织行业的经验。绳索释放阻尼的控制通过"螺旋轴"式机构来实现,绳索在轴上缠绕圈数越多,产生的摩擦阻力越大。

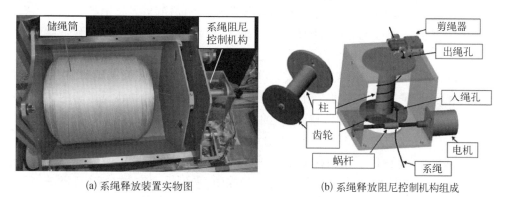

(a) 系绳释放装置实物图　　　　(b) 系绳释放阻尼控制机构组成

图 6‐18　YES‐2 系绳释放装置示意图

6.2.4.2　绳系动力学与控制技术

电动力绳系离轨过程可能涉及三维刚性或柔性动力学、空间系绳系统的平面内或平面外摆动振动运动,以及空间系绳系统的纵向和横向振动。

绳系动力学和控制技术相当复杂,由于它们的整体灵活性,当系绳在空间环境中与卫星相结合时,这些系绳非常容易受到一系列复杂的振动影响,而大振幅运动可能会导致受力超出材料的强度范围从而导致整个空间绳系系统的失效。当前,绳系动力学与控制研究主要集中在:空间绳系动力学模型、绳系的展开和回收、轨迹产生与控制、绳系姿态和运动控制、绳系振动控制与动力学仿真等。

绳系动力学建模方面,由于地球重力梯度、系绳纵向应变等非线性因素的存在,绳系卫星通常被视为一个非线性系统。空间绳系动力学模型方面,Zanutto 等[39]讨论了在平衡位置附近的三体引力场中运行的电动系绳的动力学,导出了受扰动的经典三体问题。Kristiansen 等[40]讨论了经典的非耗散大质量绳系模型的病态性,并对其轨道运动进行了数值研究。Zhao 等[41]研究了哑铃 TSS 系统的振动特性,其中在横向、切向、径向和双法向的小、连续、恒定推力下,导出了振动角的解析一阶解。

绳系的展开和回收方面,控制方法目前主要有绳速控制,系绳张力控制,推力控制,偏置机构控制。Modi 和 Misra[42]提出了考虑三维振动、纵向和横向振动的绳系连接两体系统展开动力学的一般公式。考虑了三个简单的展开过程,得到了退化情形的解析解。Chernousko[43]提出了一个简单的非线性模型,研究了系绳系统在回收过程中的运动,为了防止振荡幅度的增大,提出了一种控制恢复过程的方法。Jin 等[44]提出了一种利用截断切比雪夫级数逼近状态变量的三自由度系留子卫星系统展开和回收过程的最优控制。Williams[45]发表了关于在轨道平面旋转的系绳编队的最佳展开和回收的著作,针对不同的条件,提出了张力控制的最佳展开和回收轨迹。Iki 等[46]研究了多质量电动力系绳展开模型的关键参数;通过大量的现场试验,估算了推力的关键参数和推进器的启动周期。

轨迹的产生与控制方面,2003 年,Sakamoto[47]和 Yasaka 根据开普勒定律讨论了轨道物体的运动,并导出了一个用于分析开普勒运动的地面站定轨系统算法。Takeichi 等[48]研究了具有明确力学特性的椭圆轨道绳系系统振动运动的周期解,给出了该周期解的基本振动控制,并且建立了一组关于平动和轨道运动的非线性运动方程,用 Lindstedt 摄动法得到了近似解析解。Kim[49]提出了一种低推力系统,设计了一个有效的最优控制算法,然后将其应用于低推力航天器的最小时间转移问题。Zhao[50]等提出了一种在轨道操纵中考虑系绳弹性应变的哑铃绳系系统推力控制方法。数值模拟结果表明,在轨道操控中,采用推力控制方案,可以减小系绳的平动角,为系绳系统的飞行安全提供稳定的推力控制。

系绳姿态和运动控制方面,Williams[51]开展了关于电动缆绳最优控制的工作,包括缆绳振动的周期解、柔性缆绳控制和正交离散控制。Zhang 等[52]讨论了椭圆轨道上绳系系统周期解的存在性,利用 Lyapunov 稳定性理论和 Barbashin-Krasovski 理论讨论了平衡态全局渐近稳定的条件。Zabolotnov 和 Naumov[53]提出了弹性系绳相对于质心的空间运动的研究,建立了航天器姿态运动的近似准线性数学模型,用以估计主要扰动对姿态运动稳定性的影响。Inarrea 等[54]研究了电动力绳系的振动,提出了两种反馈控制方法来稳定椭圆倾斜轨道上电动力绳系的周期姿态运动。Zhong 和 Zhu[55]提出了一种电动力绳系的分段最优控制方法。研究了轨迹优化的开环控制和闭环控制。

绳系振动控制与动力学仿真方面,Leamy 和 Noor[56]使用两种有限元分析工具对美国宇航局计划的 ProSEDS 空间系链任务进行了动力学模拟。Williams[57]等人考虑了用于精确交会和抓取有效载荷的空中拖曳柔性电缆系统的控制。Williams[58]讨论了利用系链长度控制椭圆轨道上系链卫星系统振动的策略。结果表明,控制周期振动轨迹的偏心度范围可达 0.4453。Wen 等[59]提出了一种非线性最优反馈控制方法,建立了一个绳系卫星模型,该模型在缩小视界和在线网格自适应方案的基础上,同时涉及平面内和平面外的运动。

6.2.4.3 电流发射与收集技术

在电动力绳系的实验研究中,最关键的是如何通过电荷收/发装置实现导电绳与空间离子环境的电荷交换,其中电荷收集、发射效率与诸多因素有关,如系统本身与周围环境的电势差,以及导体的几何尺寸、形状,轨道参数等。根据这些因素的不同,人们发展了多种电动力系绳系统的电荷收集和发射技术。

在实现导电绳与空间离子环境的电荷交换的过程中,对于电荷收/发装置往往有很高的要求。虽然任何暴露在空间离子环境中的导体理论上都可以向周围离子环境发射或收集电荷,但由于空间电离环境中电子的密度很小,因此需要有很大的接触面积才能产生足够的电流。其次,空间等离子体会阻碍电场的建立,电荷收集效率将会下降。另外对于一些电荷收/发装置,装置材料的纯度、质量与表面积的关系、空间环境温度等都会限制电流发射与收集的效率。

依据电荷收集/发射过程是否需要消耗系统自身所储存的能量,所有技术可以分为主动收集发射技术和被动收集发射技术两类。

主动收集发射技术需要消耗系统自身储存的能量。常用的主动收集发射技术有 3 种:热电子阴极、空心阴极技术、电子场发射阵列。热电子阴极技术利用加热金属或者金属氧化物表面会发射电子的特性。热电子阴极发射的电流密度将随温度的升高而急剧变大。通常使用电子枪使电子获得一定的能量使其穿过等离子壳层[60]。空心阴极技术的原理是首先让气体通过电场,在电场作用下使气体离子化,然后将离子化的气体喷出,它会与周围空间环境中已经存在的低密度等离子体发生作用,形成一种“双鞘”,在双鞘的作用下,电子被从阴极中发射出,带正电荷的离子被吸入,从而达到了阴极的效果[61],空心阴极射出的电流大小与许多因素有关,包括保持器的大小、气体流量、外加电压大小等。该技术的不足之处在于需要额外加装一个容器以储存气体。电子场发射阵列技术是通过直接在分布式发射器上施加电压来达到发射电子的目的。该技术具有结构简单、体积小、功耗小等优点,并且不需要配备压缩气体容器等附件,但使用条件较为苛刻,因为若要达到在低外加电压下仍具有稳定的电流发射能力,要求用来制作发射电子的分布式发射器的材料具有高纯度且尽量避免制备污染[62]。

被动收集发射技术则无需电源,不会消耗系统自身储存的能量,目前该技术主要有两种:裸导体系绳收集发射技术和终端收集技术。Sanmartín 等[63]最早提出了具有实用价值的裸系绳电荷收集发射方案,利用裸导体系绳进行电荷收集发射时应尽可能细而长,提高电荷收集效率。终端收集技术指的是,当电动力绳系系统在轨运行时,电流与磁场相互作用产生 Lorentz 力会使系绳变得不稳定,需要一个终端保持系统稳定,该终端除了能使系维持稳定,同时还作为一种被动式电荷收集发射装置使用[64]。一般情况下,要求终端质量尽量小,但不能低于维持系统稳定的最低要求;同时,期望终端有尽可能大的表面积,可以收集发射足够多的电荷,产生足够大的电流。被动式电荷收集发射技术结构简单并且不需要电源,但是相对主动式,其产生的电流较小。

在我国,对空间环境下导电系绳电荷主动交换技术的物理实验尚处于起步阶段,热门的裸系绳电子采集技术在国际上也仍处于实验室研究的初步尝试阶段,远未达到技术成熟水平。

6.2.5　研究现状

美国 NASA 把电动力绳系离轨技术作为其十项未来空间技术挑战之一,现对一些重要的电动力绳系的试验项目进行概述。

1. 系绳卫星系统

系绳卫星系统(tethered satellite system, TSS)是 20 世纪 70 年代 NASA 和意大利航天局的一个联合项目,旨在研究电离层系绳系统的电动力学[60]。TSS 包括一个卫星、系绳和一个系绳部署/回收系统,部署在航天飞机上,如图 6-19 所示。

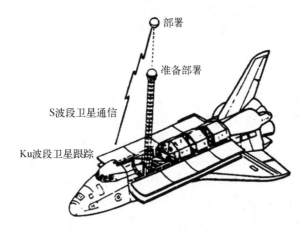

图 6-19　TSS 示意图

TSS-1 任务于 1992 年 7 月 31 日随 STS-46 发射,结果表明长重力梯度稳定的系绳的基本概念是合理的,解决了几个短时间的部署动力学问题,减少了安全隐患,并清楚地证明了将卫星远程部署的可行性。由于技术问题(展开机构上的突出螺栓),TSS-1 未能完全展开到 12.5 英里的范围,它只释放到 840 英尺。

TSS-S 分别于 1992 年 8 月和 1996 年 2 月进行了两次发射,配备了两个"标准"辅助设备,即卫星电流表(SA)和卫星线性加速度计(SLA),为动力学和电动力学分析提供深入而广泛的支持。

2. 系绳物理和生存能力试验

系绳物理和生存能力试验(tether physics and survivability experiment, TiPS)用于研究绳系空间系统的长期动力学和生存性。

TiPS 包括两个终端,分别称为 Ralph 和 Norton,由一个 4 公里的绳系连接。Ralph 包含一个小型一次性系绳部署器(SEDS),SEDS 数据采集盒以及用于数据下

行的发射器和天线。诺顿(Norton)包含十个
弹簧盒,用于快速将绳系从展开器中拉出。
两个终端的轨道运动通过地面激光测距、视
觉成像等多种测量手段进行跟踪,并对跟踪
数据进行处理,确定绳系生存的要求。该试
验表明,在较低的振幅下,绳系状态可预测,
为绳系系统动力学建模奠定基础。图 6－20
所示为 TiPS 假想图。

3. 电动碎片清除器

电动碎片清除装置(electrodynamic debris
eliminator, EDDE)设计就像一艘轨道拖船,
它可以用空间飞网或其他手段抓捕太空碎
片,使用 10 公里长的铝箔带作为电子集电极
和导体,使用太阳能阵列沿其长度分布,作为
限制相对于局部等离子体的峰值电压的"电
子泵站",使用空心阴极作为电子发射体(图
6－21)。

图 6－20　TiPS 假想图

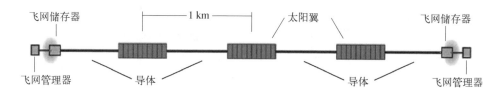

图 6－21　EDDE 概念图

绳系电流可以向任一方向流动,取决于绳系的哪一端聚集着电子,以及哪一
端正在释放电子。当电流向一个方向流动时,洛伦兹力会向与航天器运动相反
的方向推进,产生阻力,最终减缓卫星的速度并降低其轨道高度。在相反的方向
运行电流,洛伦兹力的方向则会反转,产生推力而不是阻力,如图 6－22 所示。
由此产生的速度的增加可以帮助维持或增加轨道高度,而不需要任何额外的
燃料。

为了进行技术测试,电动力系绳推进试验立方星(TEPCE)[65]由美国海军研究
实验室(NRL)于 2019 年 11 月发射,为一个 3U 立方体卫星,如图 6－23 所示。

TEPCE 在轨分裂为两个完全相同的微型卫星和一个 1 公里长的绳系,几个
TEPCE 组件协同工作,创造需要的电流。每个卫星都有一根钨丝,利用太阳能加
热,使其发射电子,从而产生电流,通过绳系到达另一个电子发射器。

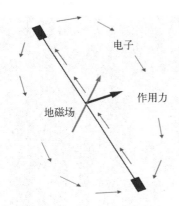

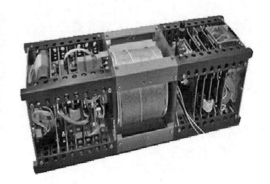

图 6-22　无动力推进示意图　　　图 6-23　TEPCE 卫星组成图

4. 鹳号集成系绳试验

鹳号集成系绳试验（konotori integrated tether experiment，KITE）由日本宇宙航空研究开发机构（JAXA）资助，三菱重工制造，于 2016 年 12 月发射。KITE 的装置和工具安装于 HTV 货运飞船上面的多个部位。KITE 的主要部分包括用于加速和减速制动的绳系和卷轴、末端、释放绳系机械装置、记录绳系动力学特征的传感器和相机、电子发射器、电势感应器、磁传感器和数据处理控制单元[66]，在轨任务流程如图 6-24 所示。

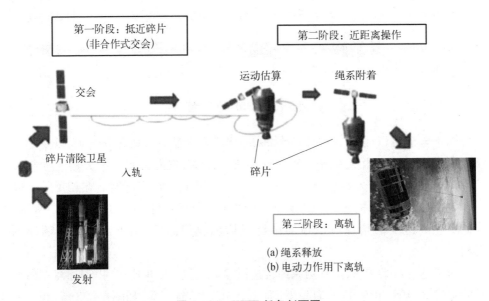

图 6-24　KITE 任务剖面图

KITE 任务主要包括以下试验内容：

（1）释放约 700 m 长的系绳；

（2）绳系和末端运动状态监测；

（3）电动力产生试验；

（4）系绳电荷收集试验；

（5）电子发射器阴极电荷发射试验；

（6）力的测量试验。

整个试验任务流程如下：绳系末端由安装在 HTV 上的弹射装置弹出，绳系末端安装约 700 m 长绳系的卷轴，绳系另一端连接 HTV。绳系从卷轴缓慢释放展开，展开过程的摩擦力有效降低末端的释放速度，但经过一定时间后，重力梯度力仍将使绳系的展开速度加快，制动卷轴安装在绳系末端，以此来降低绳系展开速度，这样避免绳系释放完毕时绳张力过大对绳系造成破坏。

由于科氏力、电动力和大气阻力产生的扭矩影响，绳系会产生明显的摆动，该绳系摆动状态在地面试验无法验证。绳系释放展开的动力学特性通过 HTV 上的交会雷达测量，HTV 上同时安装了视觉相机以监测绳系释放展开的过程。此次任务中，采用电子发射阵列阴极发射电子，通过等离子电压监测器测量绳系电压，通过地磁传感器测量地磁场。上述部件的供电与通信均利用 HTV 设备完成。绳系部署完成后，试验测量绳系电压、电流和电子场阵列发射控制的关系。此次任务计划持续 7 天，任务完成后，绳系将被切断，HTV 按计划进行再入（表 6-1）。

表 6-1　KITE 任务日程安排

日　　期	事　　件
第一天	（1）KITE 设备和仪器检查； （2）绳系展开； （3）通过 HTV 推进器控制绳系摆动幅度。
第二天	绳系动力学和电压测量。
第三天	（1）电子发射阵列检查； （2）测量电子发射阵列状态、该阶段绳系电压。
第四天	不同工况下电动力绳电压与电流特性关系测量。
第五天	自主电动力绳操作。
第六天	测量电动力引起的绳系摆动变化情况。
第七天	切断绳系。

5. 微型系绳电动力学实验

微型系绳电动力学实验（miniature tether electrodynamics experiment,

图 6-25　MiTEE 示意图

MiTEE)[67]是由 NASA 资助的密歇根大学开发的一项 CubeSat 任务,目的是演示和评估超小型卫星电动力系绳在空间环境中的基本动力学和等离子体电动力学(图 6-25)。推动这项任务的核心问题包括:微型系绳能否为智能手机大小的超微型卫星提供稳定、实用的推进力,微型系绳及微型卫星系统能否发挥其他作用。

整个试验星划分成六个子系统分别为:命令和数据处理子系统,通信子系统,供电子系统,轨道和姿态控制子系统,等离子子控制子系统和结构。其中,等离子体控制子系统在推进过程中保持电流通过电动力学(ED)系绳流动,并包括用于表征航天器周围环境等离子体的诊断仪器;主要电极包括对航天器正偏置的阳极和负向偏置的阴极,它们分别收集和发射电子;朗缪尔探针在逆冲前后测量环境等离子体特性的应用。

MiTEE 飞船将在系统的两端分别使用阴极和阳极。阳极体将接收一个正偏压,从电离层收集电子,而阴极将作为电子发射器。朗缪尔探测器将用于描述电离层条件,并将这些条件与系绳系统的行为联系起来。在系留端体上提供阴极和阳极所需的高电压是航天器面临的主要挑战,还没有在立方体卫星上进行过演示。因此,高压电源是一个关键的组成部分,因为它需要驱动电流通过系绳。此外,由于立方体卫星的形状因素和由此产生的功率限制,航天器的功耗需求将大大降低。航天器将有太阳能电池板收集电力,子系统将进行循环,以优化能源使用,同时仍可实现科学目标。MiTEE 计划在大范围的轨道上运行,以满足立方体卫星和任务目标。标准的立方体卫星结构和部件将在建造中使用,同时在部署体上使用一个主天线和一个无线电。该任务的第二个目标是研究系绳作为卫星与地面通信天线的用途。

MITTE 试验证明微型系绳概念显示出了很大的应用潜力,以增强能力的范围的卫星的尺寸。MiTEE 的结果可以指导优化系统配置,并揭示利用超小型卫星技术的新能力。这种受控的机动能力为任何微卫星或飞航卫星星座提供了机会,使其更像是一个协调的舰队,而不是一个群体。

6.3 空间碎片太阳帆离轨技术

6.3.1 基本原理

空间碎片太阳帆离轨技术是通过在碎片(或失效航天器)上安装一个面积很大的太阳帆(solar sails),利用太阳光子产生的压力改变碎片轨道来达到移除目的。该技术的可行性已得到验证,较适合于地球同步轨道,但清除周期较长,且作用区域有限。

太阳帆依靠反射自然环境中的太阳光光子产生推力,通过持续累积推力形成大的速度增量。在没有空气阻力的宇宙空间中,太阳光光子会连续撞击太阳帆,使太阳帆获得的动量逐渐递增,从而达到要求的加速度。太阳光实质上是电磁波辐射,具有波粒二象性。光对被照射物体所施的压力称为光压,光压的存在说明电磁波具有动量。太阳帆的动力来自太阳粒子,尽管这些粒子的撞击力非常微弱,但它们却是持续不断的并且遍布宇宙空间。因此,太阳帆以太阳能量作动力,而不需要消耗任何推进剂,具有其他推进系统无法替代的优点,可广泛应用于低成本大速度增量的太阳系飞行任务,是一种很有前景的新型空间推进方式[68-70]。

当光子撞击到光滑的平面上时,可以像从墙上反弹回来的乒乓球一样改变运动方向,并给撞击物体以相应的作用力。单个光子所产生的推力极其微小,在地球到太阳的距离上,光在 $1 \ m^2$ 帆面上产生的推力只有 0.9 达因,还不到一只蚂蚁的重量。如果太阳帆的直径增至 300 m,其面积则为 70 686 m^2,由光压获得的推力为 34 kg。根据理论计算,这一推力可使重约 500 kg 的航天器在 200 多天内飞抵火星。若太阳帆的直径增至 2 000 m,它获得的 1 500 kg 的推力就能把重约 5 000 kg 的航天器送到太阳系以外。

太阳帆的基本原理同样可用于推移空间碎片离轨,在地球轨道上的空间碎片(如失效卫星),如果装载(属于自主离轨方式)或附着太阳帆,则可以利用太阳帆指向太阳产生辐射压力,经过连续不断工作,迫使碎片离开原有轨道,抬升或降低到新的轨道,实现离轨。碎片轨道的抬升或降低可以通过控制太阳帆与太阳光之间的几何关系实现。这种操作一般都由控制机构执行,产生足够辐射压力需要较长操作时间。一个代表性的例子就是英国的"立方体太阳帆"(Cubesail)计划,通过发射一颗 3 kg 重的纳卫星,试验太阳帆清除空间碎片的技术可行性。Cubesail 可附着在空间碎片上,并携带碎片坠入大气层。

6.3.2 系统组成

太阳帆结构主要由三部分组成,即支撑结构、太阳帆薄膜和包装展开机构[71]。

从结构来分,太阳帆构型有三轴稳定的正方形、自旋稳定的直升机式和稳定的圆盘式等三种形式[72],构型示意图如图 6 - 26 所示。

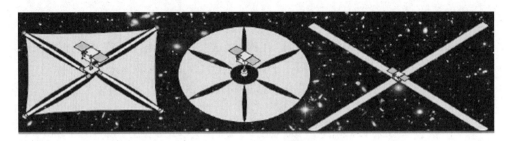

图 6 - 26　太阳帆构型设计

(1)正方形太阳帆——需要帆下桁架来支撑帆材料。正方形太阳帆使用的是单片或多片薄膜,薄膜通过从中心轴上伸出来的悬臂斜杆来保持拉紧状态。对于大型太阳帆,杆上的弯曲载荷会变得过大,所以必须由撑条来支撑。

(2)直升机式太阳帆——太阳帆被加工成叶片状,就像一架直升飞机,必须通过旋转才能获得稳定性。正方形太阳帆依靠一个刚性结构来提供膜边缘处的张力,而直升机式有几个长薄膜叶片,通过旋转来提供张力和自旋稳定。直升机式太阳帆的展开顺序比正方形太阳帆更简单、风险更低。

(3)圆盘式太阳帆——即圆形帆,必须通过移动质心相对于压力中心的位置来控制。圆盘式太阳帆介于三轴稳定的正方形和自旋稳定的直升机式之间。旋转的圆盘式太阳帆的姿态通过由质心和压力中心偏移引起的扭矩来控制。对于高性能太阳帆的制造来说,自旋圆盘式太阳帆是一个具有吸引力的选择。

6.3.3　工作流程

太阳帆以正方形太阳帆居多,正方形太阳帆帆面分 3 个阶段展开。第一阶段:首先使整个鼓轮(连同挡柱和太阳帆薄膜)以较高转速逆时针旋转,然后控制挡柱以较低转速相对鼓轮顺时针旋转,使 4 个对角辐条在离心力作用下缓慢展开;第二阶段:弹开挡柱,完全展开整个薄膜帆面;第三阶段:通过姿态实时调整,将太阳帆帆面对准太阳方向,产生离轨速度增量,加速碎片离轨。

日本的太阳帆试验飞船"Ikaros"为典型的正方形太阳帆,利用自旋产生的离心力引导薄膜结构展开[73],其太阳帆展开由两个阶段组成。在太阳帆折叠构型下,每一片花瓣状的帆面成线型卷在主星体周围。在第一阶段,旋转的花瓣帆面以一种 Yo-Yo 的方式缓慢自旋,展开时呈十字交叉式。十字交叉式的形状是由制动器来保持的。在第二阶段,释放制动器使每一片花瓣帆面展开组成正方形。

太阳帆具体展开顺序为:

（1）以较低的旋转角速度与火箭发动机分离（5 r/min）；

（2）利用推进器减旋（5 r/min→2 r/min）；

（3）释放解锁机构；

（4）利用推进器增旋（2 r/min→20 r/min）；

（5）第一阶段展开（20 r/min→5 r/min）；

（6）第二阶段展开（5 r/min→2 r/min）；

（7）利用推进器减旋（2 r/min→1 r/min）；

（8）利用控制装置控制旋转方向和速率。

在第一阶段和第二阶段，由于太阳帆惯量不断增加，因此需要旋转速率不断降低。第一阶段，制动器与主星体发生相对慢自旋，以使每片花瓣帆面连续展开。第一阶段展开完毕后，制动器被释放，紧接着开始第二阶段的展开工作。

6.3.4　关键技术

6.3.4.1　太阳帆结构与材料技术

光子的动量极小，在地球至太阳的距离下，太阳光所产生的光压仅 9 N/km^2，因此需要超大面积的太阳帆才能产生有实际意义的推进效果。这就需要解决超薄超轻的薄膜材料技术、薄膜设计与制造技术、超大面积薄膜结构的折叠和展开技术、薄膜材料硬化技术、薄膜反射面褶皱预测技术等[70]。

太阳帆薄膜基底对太阳帆总重量起着决定性的因素，并对太阳帆性能产生重大影响。用来制作太阳帆的材料要求具有重量轻、反射性能好、耐高温和抗老化等特性，目前主要有镀铝的聚酯薄膜、有孔的薄铝网、镀铝的聚酰亚胺薄膜和镀铝的CP－1 膜等，最常用的是镀铝的聚酰亚胺薄膜。由于耐高温，太阳帆可以在太阳附近自由穿梭。国外还在研制新型的太阳帆材料，如马时航天飞行中心（Marshall Space Flight Center，MSFC）的一种坚固而轻质的碳素纤维材料，它是对标准太阳帆材料的发展，因为它的厚度约是传统材料的 200 倍。但是，它上面的数千个小孔使其重量基本与正在接受测试的最薄太阳帆的重量相当。另外，在实际空间环境中，对太阳帆性能产生影响的主要因素是太阳辐射的光子和带电粒子。当帆面长期受到大剂量辐照时，会引起材料表面分子的活化，可能降低太阳帆的光学和机械性能。

太阳帆一般采用厚度 8 μm 以下的 PI 超薄膜，其典型代表是 JAXA 为 IKAROS 航天器所研制的 ISAS－TPI ® 热塑性 PI 薄膜，其厚度为 7.5 μm。该薄膜已经过空间飞行验证，表现出良好的空间环境稳定性[74, 75]。目前，JAXA 正在开展厚度为 2~3 μm 的 ISAS－TPI ® 超薄膜的研制，以便满足未来研制更大尺寸太阳帆的需求。

太阳帆材料不仅要有优良的力学性能，还要能经受太空中的高低温变化和各种辐照。NASA 曾对太阳帆候选材料进行电子辐照耐受性试验,发现美国杜邦公司(Dupont)研制并镀铝的聚酰亚胺(PI)薄膜在 95 keV 电子辐照能量和辐照总通量约为 706 Mrad 的条件下性能无显著变化,而镀铝的聚酯薄膜 Mylar 则发生显著变化。这表明 PI 薄膜比 Mylar 薄膜更适宜于制造太阳帆[76]。模拟空间环境下的地面实验则表明,导致 PI 薄膜力学性能退化的主要因素是原子氧,而紫外线等是次要因素[77]。总体来看,PI 薄膜具有良好的耐高低温性能、耐辐照性能、力学性能、介电性能,是目前制作太阳帆的最佳材料。2012 年,PI 薄膜的欧洲市场价格约为每千克 745 美元,但宇航用高端品种对我国禁售。

需要指出的是不同牌号的 PI 薄膜性能各有所长。Dupont 研制的 Kapton 薄膜和日本钟渊化工公司(Kaneka)研制的 Apical 薄膜都属于芳族 PI 薄膜,其空间环境稳定性好,耐紫外辐照和质子辐照性能好,但材料拼接时要使用胶黏剂,而胶黏剂在太空中会出现性能下降的问题;JAXA 研制的 ISASTPI 则耐电子辐照性能好,能进行热封而免去胶黏,但是玻璃化温度远低于 Apical,机械性能也比 Apical 要差些[74]。因此,JAXA 在 IKAROS 太阳帆上同时采用 Apical 薄膜和 ISAS - TPI ⑧薄膜,对其进行了太空综合考核。

在研制太阳帆过程中,还需要根据不同的展开方式选用恰当的支撑材料。对于支撑桅杆,目前多采用碳纤维复合材料;对于自旋展开方式,则需要聚酰亚胺类的绳索类材料。

自 IKAROS 太阳帆航天器发射成功之后,我国学者开始关注太阳帆材料研究,基于国外信息较为细致地分析了太阳帆材料的选用[72,78]。与此同时,中国科学院化学研究所与企业合作,研制出厚度为 7.5~10 μm 的标准型 PI 超薄膜(均基于苯四甲酸二酐与二氨基二苯醚),掌握了薄膜厚度控制技术[79]。在此基础上,已开展了上述材料的抗原子氧、耐质子辐照和电子辐照等性能研究,但尚未实现批量化生产。

与此同时,北京卫星环境工程研究所等单位选用来自国外的 25 μm 厚的均苯型 PI 薄膜,研究了其在空间辐照环境下的性能演变。通过热重分析、X 射线光电子能谱(XPS)分析等微观测试手段,对空间近紫外辐射环境下的薄膜力学性能演化与机理进行了研究[80],发现其抗拉强度和断裂伸长率均随着近紫外曝辐量增加而先降低、后增加,然后趋于稳定;同时,通过钴源辐照,研究了聚酰亚胺薄膜在 γ 射线辐照下的力学性能退化规律[81]。

从上述研究看,我国在太阳帆材料方面的研究单位很少,研究力量单薄,迫切需要开展研究院所、材料企业的协同创新和产业化推进[74]。

6.3.4.2 太阳帆展开技术

太阳帆在太空中应用的另外一个重要难点是展开系统[70]。太阳帆是用超薄材料制成的,只能用特殊的技术折叠和打开。众所周知,在太空中即使展开刚性部件,如太阳帆板、天线或其他杆件都要经过复杂的操作,而像展开太阳帆这样的质量很轻但面积巨大的结构的风险将更大。帆桁系统可以在太空环境中展平并变硬,从而成为这些薄而反光的太阳帆的支撑架。在太阳帆航天器结构的设计中,最有挑战性的问题之一就是如何在发射过程中紧密地包装太阳帆薄膜和支撑结构然后在轨道上可靠地展开。一般应选择与展开方法一致的包装方案,并要求包装体积最小以及内部没有残存的气体;太阳帆结构中所有元件的展开应该是可控的、稳定的以及对缺陷和小的扰动反应不敏感的;分阶段展开,即每个展开阶段结束时让系统在开始进行下一阶段展开之前达到一个稳定的状态。

为解决这些挑战,在确认太阳帆可用于飞行任务之前,首先必须在地面 $1g$ 条件下尽可能验证这些问题,接着通过在轨飞行确认各项性能。由于地面试验和在轨展开并不相同,只能在在轨展开试验成功后,才能验证展开机构的合理性。

太阳帆薄膜的厚度仅几微米,而面积则有数百平方米,其折叠方式对太阳帆能否在太空中顺利展开具有重要影响。对于方形太阳帆,国外学者提出以下 3 种折叠方式:即 1985 年由 Miura 和 Natori 共同设计的 Miura-ori 折叠方式[82],2002 年由 Guest 和 Defocatiis 基于仿生学的单叶折叠结构提出的叶内折叠方式和叶外折叠方式[83]。

中国空间技术研究院钱学森空间技术实验室对太阳帆薄膜的折叠方式进行了研究,在叶内折叠、叶外折叠方式的基础上,提出了斜叶外折叠方式,并用有限元法对叶内折叠、叶外折叠、斜叶外折叠的展开过程分别进行力学分析[84]。哈尔滨工业大学致力于研究桅杆支撑的太阳帆结构展开技术,设计了一种充气展开太阳帆,并研制了 8 m×8 m 的原理样机。该太阳帆由 4 根可充气桅杆、4 个三角形柔性薄膜,以及中心体组成[85]。北京理工大学研究了太阳帆自旋展开技术,将太阳帆系统简化为 4 根端部系有集中质量的旋转绳索,通过数值仿真得到绳索与中心毂轮法向的夹角与毂轮相对转速的关系,为太阳帆结构设计与地面模拟试验提供了参考[86]。

6.3.5　研究现状

著名天文学家开普勒早在 400 年前就曾设想过不携带任何能源,仅依靠太阳光的能量使飞船驰骋太空的可能性。开普勒还计算出太阳光可为宇宙飞船提供的具体推力。但直到 1924 年,俄国航天事业的先驱齐奥尔科夫斯基和其同事灿德尔才明确提出"用照射到很薄的巨大反射镜上的太阳光所产生的推力获得宇宙速度"。正是灿德尔首先提出的太阳帆——这种包在硬质塑料上的超薄金属帆的设想,成为今天建造太阳帆的基础。

6.3.5.1　太阳帆推进研究现状

1. "宇宙一号"(Cosmos-1)飞船

2001 年 7 月 20 日,人类的第一个太阳帆"宇宙一号"从一艘俄罗斯的核潜艇上发射升空,但由于飞船未能与第三级运载火箭分离而坠毁。在第一个"宇宙一号"失败后,弗里德曼没有放弃,决定重新建造新的光帆,名字仍然采用"宇宙一号",工程师们花费了3年时间专门对太阳帆飞船进行改装和完善,2004年夏季还进行了附加试验,并决定不再重复短暂的亚轨道飞行,直接进行轨道实验,而这就是俄罗斯核潜艇从巴伦支海发射的浴火重生的"凤凰"。

2005年6月22日凌晨4时46分,俄罗斯用"波浪"火箭发射了以太阳光为动力的"宇宙一号"(Cosmos-1)飞船(图6-27),进行太阳帆的首次受控飞行尝试。最新飞行数据显示,飞船在起飞83秒后遭遇失败,主持这一项目的美国行星学会说,在发射约20分钟后,飞船与地面失去了联系。

图6-27 "宇宙一号"(Cosmos-1)飞船

2. 日本试验型太阳帆

2004年的8月,日本人研制的太阳帆升空并进行了170 km高的短暂亚轨道实验,打开了两个长约10 m的树脂薄膜帆板,检验了光帆展开的可行性,之后火箭和光帆坠入大海。美国航宇局2004年的8月也在进行太阳帆飞船的研究,并为选择太阳帆的制造材料进行了大量测试工作,还探讨了如何发射及太阳帆在太空怎样展开等问题。

3. Sunjammer太阳帆

2013年10月,美国宇航局的一个项目计划向太空发射世界上最大的太阳帆。Sunjammer太阳帆任务在9月30的一项测试中成功展开了部分太阳帆,因此这个巨大的Sunjammer太阳帆成功通过了设计测试,测试要求四分之一的太阳帆完全打开。太空飞船于2015年1月发射,到达轨道后,航天器展开庞大的太阳帆,并测试太阳推动的效果。

4. 英国的"立方帆"清除器

英国萨里空间中心(Surrey Space Centre)目前正在开发一种基于太阳帆的技术,命名为"立方帆"(Cube Sail)。"立方帆"使用了可借助太阳能的太阳帆作为动力推进系统,不过,这面帆还有另一个独特功能,那就是作为"轨道刹车",帮助它脱离轨道,坠入大气层烧毁。"立方帆"将搭载在一个 500 kg 以下的小型飞行器上,于 2016 年发射到地球上空 700 km 处的近地轨道,并展开其大约 5 m×5 m 的帆,然后分两步进行垃圾清理测试:位于低轨道的空间碎片,它将直接用展开的帆将其黏住;至于在较高轨道上的垃圾,就要借助太阳能动力去接近了。

5. 天帆一号

2019 年 12 月,中国科学院沈阳自动化研究所研制的天帆一号(SIASAIL - I)太阳帆搭载长沙天仪研究院潇湘一号 07 卫星发射,具有质量小、收展比大、成本低、功耗低、航程长的特点,逐渐展开聚酰亚胺帆膜形成光帆,在轨成功验证了多项太阳帆关键技术。

太阳帆通过两级组合展开方式开展技术验证,通过储能装置将太阳帆帆体从卫星平台中推出并翻转 90°;一级展开释放采用了热切割和被动释放机构,二级展开机构采用主动驱动伸出四根双稳态帆桁。从在轨返回的数据和图片表明,帆膜展开尺寸约为 0.6 m^2。标志着太阳帆关键技术试验验证任务取得成功,在轨验证了微小卫星两级主被动展开系统、多帆桁同步展开机构、可展开双稳态杆技术、柔性帆膜材料、帆膜折叠展开技术等多项关键技术。图 6 - 28 为"天帆一号"两级展开过程示意图。

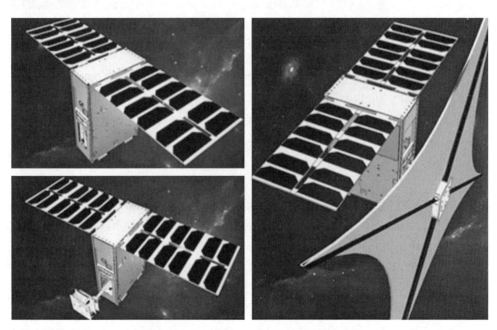

图 6 - 28　"天帆一号"两级展开过程示意图

6.3.5.2　太阳帆离轨研究现状

太阳帆不仅可用于飞行器推进,也可用于飞行器的被动离轨,尤其是在小卫星的离轨中得到了广泛的应用。与高轨卫星辅助离轨机制不同,低轨小卫星辅助离轨主要借助光帆增加气动阻力。其中典型的应用包括 NanoSail - D2、DeOrbitSail、CanX - 7、青腾之星及金牛座纳星等[87]。

1. NanoSail - D2

NanoSail - D2 是 NASA 马歇尔太空飞行中心(MSFC)与艾姆斯研究中心(ARC)联合制造的小型技术验证卫星,其主要目的是演示验证大型轻质帆面的离轨能力。NanoSail - D2 搭载在"快速经济科学技术卫星"(FASTSAT)立方星上,由 FASTSAT 在轨利用自带皮星轨道部署器(P - POD)分系统将其弹出部署(图 6 - 29)。

(a) 存储示意图   (b) 在轨展开示意图

图 6 - 29　NanoSail - D2 卫星及在轨部署概念图

NanoSail - D2 为 3U 立方星,重 4 kg,轨道高度 650 km,轨道倾角 72°。NanoSail - D2 帆拥有 4 片三角形帆面和 4 根金属带状薄杆,完全展开面积为 10 m² (约 107 ft²),完全部署仅需 5 s。帆面材料采用超薄反光聚合物 CP - 1,厚度仅为 7.5 μm,该材料由美国管理科技(ManTech)国际公司旗下原 SRS 技术公司(现 NeXolve 公司)制造的极轻薄纱织物制成,其表面涂有一层极薄的铝,以增强其反射太阳能的能力。帆面由美国空军研究实验室(AFRL)提供的刚性牵引杆支撑并展开。图 6 - 30 为 NanoSail - D2 帆面地面完全部署试验。

虽然 NanoSail - D2 是面向太阳帆推进技术的技术验证,但 NanoSail - D2 的低轨道高度意味着来自地球大气层的阻力可能会导致太阳效应(可认为是"太阳的推进力")变得很小并很难被发现。NanoSail - D2 离轨下降速度取决于太阳活动的性质、NanoSail - D2 周围的大气密度以及太阳帆与轨道间夹角,离轨时由于太阳耀斑爆发增加了阻力而加速了离轨过程。

离轨后初步评估表明,NanoSail - D2 表现出了研究人员经过理论推断预计的周期性离轨速率行为。NanoSail - D2 任务的大量在轨数据有助于理解无源离轨装备对高层大气的反应,可以研究和更好地了解地球高空大气对卫星轨道再入的阻力影响。

图 6-30　NanoSail-D2 帆面地面完全部署试验

2. DeOrbitSail

　　DeOrbitSail 是英国萨里大学萨里太空中心(SSC)研制的技术验证卫星,旨在演示验证使用低成本超轻太阳帆作为拖曳帆使卫星离轨再入大气层。该卫星项目被纳入欧盟第七框架计划(FP7),由欧盟委员会资助。2015 年 7 月 10 日,DeOrbitSail卫星在印度萨迪什·达万航天中心搭乘极地轨道运载火箭(PSLV)顺利发射并成功入轨,但入轨后卫星发生故障。图 6-31 为 DeOrbitSail 太阳帆在轨部署概念图。

图 6-31　DeOrbitSail 太阳帆在轨部署概念图

　　DeOrbitSail 为 3U 立方星,重 7 kg,太阳帆完全展开后尺寸为 4 m×4 m。DeOrbitSail 卫星太阳帆技术来源于 SSC 早前的 CubeSail 项目,CubeSail 主要任务目标包括采用三轴稳定的 25 m^2(5 m×5 m)太阳帆演示验证近地轨道(LEO)中太阳帆推进的概念和使用薄纱结构作为卫星离轨增阻装置。图 6 - 32 为 DeOrbitSail 卫星太阳帆地面完全部署测试。

图 6 - 32　DeOrbitSail 卫星太阳帆地面完全部署测试

　　3. CanX - 7

　　CanX - 7 卫星是加拿大多伦多大学航空航天研究所空间飞行实验室(UTIAS - SFL)研制的技术验证卫星,承担其“自动相关监视-广播(ADS - B)和拖曳航行定轨演示任务”,隶属“加拿大先进空间实验纳卫星”(CanX)计划(图 6 - 33)。CanX 计划由 UTIAS - SFL 发起,旨在通过使用纳卫星为全球研发团体提供进入太空的途径。该任务由加拿大国防部研发中心(DRDC)、加拿大国家自然科学与工程研究委员会(NSERC)和原加拿大 COM DEV 国际公司(现霍尼韦尔航空航天公司)资助。

图 6 - 33　SFL 洁净室内完全部署拖曳帆的 CanX - 7

2016 年 9 月 26 日,CanX－7 在印度萨迪什·达万航天中心搭乘极地轨道运载火箭(PSLV C35)顺利发射并成功入轨,次年 5 月 4 日 CanX－7 拖曳帆在轨成功展开。

CanX－7 主要任务目标有 3 个,以拖曳帆主载荷为主的目标有 2 个,即演示验证用于立方星离轨的拖曳帆并验证(拖曳帆)部署后的离轨与姿态模型。CanX－7 目前依然在轨,任务已基本完成。

CanX－7 为 3U 立方星,基于 SFL 升级版的 CanX－2 卫星平台,重 3.6 kg,尺寸 10 cm×10 cm×34 cm,运行在高度 690 km 的太阳同步轨道(SSO)。CanX－7 上安装有展开检测子系统(DDS)(或称 CamBoom),包括商业现货(COTS)相机,用于监测并验证拖曳帆的正确展开。图 6－34 为星载相机监测拖曳帆部署范围示意图。

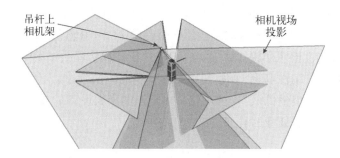

图 6－34　星载相机监测拖曳帆部署范围

CanX－7 拖曳帆拥有 4 个分别为 1 m² 三角形薄膜的拖曳帆模块,收纳后占卫星体积不到 25%,采用带弹簧动臂展开。CanX－7 拖曳帆选择的材料是 12.7 μm 厚的聚酰亚胺薄膜 Kapton,并具有 30 nm 的铝涂层,能够应对超过 200℃ 的恶劣环境。拖曳帆可以降低卫星的弹道系数,并利用大气阻力来加速轨道衰减。图 6－35

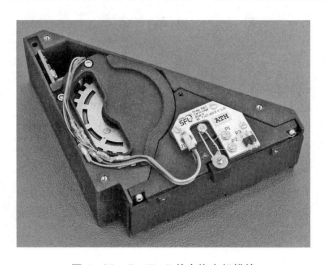

图 6－35　CanX－7 单个拖曳帆模块

所示为 CanX－7 单个拖曳帆模块。

CanX－7 拖曳帆部署后,通过星载遥测和地面光学监测进行了确认。拖曳帆部署后,CanX－7 轨道高度衰减率短期内变化非常明显,从约 0.5 km/年增加到 20 km/年。随着海拔高度降低,大气密度呈指数增长,因此衰减率也呈指数增长。除了衰减率的变化,还观察到其弹道系数的显著变化。

针对固定面积的拖曳帆,随着轨道高度和航天器质量的增加,离轨性能会下降。用于该任务的拖曳帆为 4 m²,可使重达 15 kg 的航天器从高度 800 km 的地球轨道离轨,以满足机构间空间碎片协调委员会(IADC)的 25 年离轨要求。因其轻质、紧凑和模块化的理念,其可以应用于多种小卫星平台,包括 2U 立方星、SFL 通用纳星平台(GNB)和 SFL 下一代地球监视与观测(NEMO)平台。

CanX－7 入轨后首先进行的是长达 7 个月的 ADS－B 信号监测试验,但同时展示了其拖曳帆在轨长期存放的能力。CanX－7 任务成功证明了 SFL 拖曳帆的可定制性、模块化、可收纳性和有效性,可满足 IADC 的离轨要求。该任务结果是为低轨纳卫星和微卫星提供低成本、模块化和可定制的离轨设备的基础,从而减轻了使用此类卫星执行太空任务时程序和技术上的风险。

4. 青腾之星

青腾之星(潇湘一号 03 星)是长沙天仪空间科技研究院有限公司(简称"天仪研究院")研制的技术验证立方星(图 6－36)。2019 年 1 月 21 日,青腾之星在中国酒泉卫星发射中心搭乘长征十一号运载火箭顺利发射并成功入轨,离轨帆于 4 月 18 日在轨顺利展开并开始卫星被动离轨试验。天仪研究院鉴于迄今尚未见其他有关离轨帆试验的公开报道,宣称"本次试验或系中国首次太空离轨帆试验"。

图 6－36   测试中的青腾之星

　　天仪研究院通过自主研发将离轨帆和卫星进行了一体化设计,利用天仪 6U 立方星平台的边角空间嵌入了一个极低成本的离轨帆(图 6-37)。该离轨帆在轨展开后面积达到 0.7 m²,能够使卫星最快在 6 个月内离轨。由于离轨帆不占据卫星内部有效空间,使得其综合成本远低于国内外其他同类设计。天仪自研离轨帆具有小型化、轻量化、高可靠性等特点,计划在卫星入轨 6 个月后进行首次在轨技术验证,展开后可以使潇湘一号 03 星在 6~12 月内脱离轨道。离轨帆展开后使卫星进入离轨飞行模式(离轨帆以最大投影面积指向飞行速度方向)。

图 6-37　天仪研究院自研离轨帆

　　5. 金牛座纳星

　　金牛座纳星(Taurus-1)是由中国航天科技集团上海航天技术研究院上海宇航系统工程研究所下属上海埃依斯航天科技有限公司研制的离轨帆技术试验验证星,主要任务是验证薄膜离轨帆装置收拢和在轨展开技术并实测离轨效果。2019 年 9 月 12 日,金牛座纳星在中国太原卫星发射中心搭乘长征四号乙运载火箭顺利发射并成功入轨,其离轨帆于 9 月 18 日在轨顺利展开并开始被动离轨试验。

　　金牛座纳星主载荷是基于薄膜机构技术的空间碎片离轨帆装置,由上海宇航系统工程研究所空间结构与机构技术实验室研制。金牛座纳星离轨帆装置展开面积为 2.25 m²,收拢时仅有高尔夫球大小,布置在星箭分离机构的内部空隙部位(图 6-38)。其采用先进的微米级薄膜折叠收拢技术,展收比达到国际一流水平,采用标准化接口,可加装至各类成熟的小卫星平台上而不占用卫星自身包络。

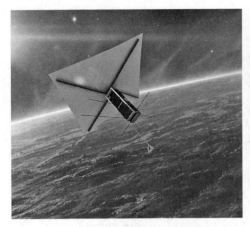

图 6-38   金牛座纳星离轨帆
在轨展开效果图

图 6-39   金牛座纳星星载相机拍摄的
离轨帆展开图像

以轨道高度 750 km、重 15 kg 的小卫星为例,如不采取离轨措施,其寿命结束后还能在轨运行近百年。而采用 2.25 m² 的薄膜离轨帆,卫星离轨时间将缩短至原来的十分之一以内。图 6-39 为金牛座纳星星载相机拍摄的离轨帆展开图像。

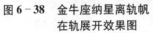
参考文献

[1]   Alkandry H, Boyd I D, Reed E M, et al. Interactions of single nozzle sonic propulsive deceleration jets on Mars entry aeroshells. Journal of Spacecraft and Rockets, 2011, 48(4): 564-572.

[2]   Wachi A, Takahashi R, Sakagami R, et al. Mars entry, descent, and landing by small THz spacecraft via membrane aeroshell. Orlando: AIAA SPACE and Astronautics Forum and Exposition, 2017.

[3]   Barton R R. Development of attached inflatable decelerators for supersonic application. Virginia: National Aeronautics and Space Administration, 1968.

[4]   Mikulas M M, Bohon H L. Summary of the development status of attached inflatable decelerators. California: 2nd Aerodynamic Deceleration Systems Conference, 2000.

[5]   Mikulas M M, Bohon H L. Development status of attached inflatable decelerators. Journal of Spacecraft and Rockets, 1969, 6(6): 654-660.

[6]   Veldman S L, Vermeeren C. Inflatable structures in aerospace engineering — an overview. Netherlands: European Conference on Spacecraft Structures, Materials and Mechanical Testing, 2001.

[7]   Kendall R T, Kendall R T, Maddox A M. Development and use of inflatable payload recovery vehicles. San Diego: 11th Aerodynamic Decelerator Systems Technology Conference, 1991.

[8]   Kendall R T, Kendall R T. Advanced unmanned/manned space payload inflatable decelerator/ delivery systems. Huntsville: Space Programs and Technologies Conference, 1995.

[9]   Gille T. Analysis and development of system configurations for the inflatable reentry and

descent technology （IRDT）. Houston：53rd International Astronautical Congress of the International Astronautical Federation （IAF）, 2002.

[10] Walther S, Thaeter J, Reimers C, et al. New space application opportunities based on the inflatable reentry & descent technology （IRDT）. Dayton：AIAA\ICAS International Air and Space Symposium and Exposition：The Next 100 Years, 2003.

[11] Grablin M, Schottle U. Flight performance evaluation of the re-entry mission IRDT － 1. Toulouse：52nd International Astronautical Congress, 2001.

[12] Marraffa L, Vennemann D, Anachuetz U, et al. IRDT-inflatable re-entry and descent technology：the IRDT － 2 mission and future applications. Palermo：Hot Structures and Thermal Protection Systems for Space Vehicles, 2003.

[13] Reynier P, Evans D. Post-flight analysis of IRDT blackout during Earth re-entry. Seattle：39th AIAA Plasmadynamics and Lasers Conference, 2008.

[14] Hughes S J, Cheatwood F M, Dillman R A, et al. Hypersonic inflatable aerodynamic decelerator （HIAD） technology development overview. Dublin：21st AIAA Aerodynamic Decelerator Systems Technology Conference and Seminar, 2011.

[15] Hughes S J, Dillman R A, Starr B R, et al. Inflatable re-entry vehicle experiment （IRVE） design overview. Munich：18th AIAA Aerodynamic Decelerator Systems Technology Conference and Seminar, 2005.

[16] O'Keefe S A, Bose D M. IRVE － II post-flight trajectory reconstruction. Toronto：AIAA Atmospheric Flight Mechanics Conference, 2010.

[17] Olds A D, Beck R, Bose D, et al. IRVE － 3 post-flight reconstruction. Hampton：NASA Langley Research Center, 2013.

[18] Litton D K, Bose D M, Olds A. Inflatable re-entry vehicle experiment （IRVE）－ 4 overview. Dublin：21st AIAA Aerodynamic Decelerator Systems Technology Conference and Seminar, 2011.

[19] Cassell A M, Swanson G T, Johnson R K, et al. Overview of the hypersonic inflatable aerodynamic decelerator large article ground test campaign. Dublin：21st AIAA Aerodynamic Decelerator Systems Technology Conference and Seminar, 2011.

[20] Lichodziejewski L, Tutt B, Jurewicz D, et al. Ground and flight testing of a stacked tori hypersonic inflatable aerodynamic decelerator configuration. Boston：54th AIAA/ASME/ASCE/AHS/ASC Structures, Structural Dynamics, and Materials Conference, 2013.

[21] Giersch L, Rivellini T, Clark I, et al. SIAD － R：a supersonic inflatable aerodynamic decelerator for robotic missions to Mars. Daytona Beach：AIAA Aerodynamic Decelerator Systems （ADS） Conference, 2013.

[22] Giersch L, Clark I G, Tanimoto R, et al. Supersonic flight test of the SIAD － R：supersonic inflatable aerodynamic decelerator for robotic missions to Mars. Daytona Beach：23rd AIAA Aerodynamic Decelerator Systems Technology Conference, 2015.

[23] Yamada K, Abe T, Suzuki K, et al. Deployment and flight test of inflatable membrane aeroshell using large scientific balloon. Dublin：21st AIAA Aerodynamic Decelerator Systems Technology Conference and Seminar, 2011.

[24] Yamada K, Nagata Y, Abe T, et al. Reentry demonstration of flare-type membrane aeroshell

for atmospheric entry vehicle using a sounding rocket. Daytona Beach: AIAA Aerodynamic Decelerator Systems (ADS) Conference, 2013.

[25] Yamada K, Abe T, Suzuki K, Abe T, et al. Development of flare-type inflatable membrane aeroshell for reentry demonstration from LEO. Daytona Beach: 23rd AIAA Aerodynamic Decelerator Systems Technology Conference, 2015.

[26] Hughes S J, Cheatwood D F M, Dillman R A, et al. Hypersonic inflatable aerodynamic decelerator (HIAD) technology development overview. Dublin: 21st AIAA Aerodynamic Decelerator Systems Technology Conference and Seminar, 2011.

[27] Lichodziejewski D, Veal G, Derbès B. Spiral wrapped aluminum laminate rigidization technology. Denver: 43rd AIAA/ASME/ASCE/AHS/ASC Structures, Structural Dynamics, and Materials Conference, 2002.

[28] Grahne M S, Cadogan D P, Sandy C R. Inflatable space structures-SA new paradigm for space structure design. Tokyo: 21st International Symposium on Space Technology and Science, 1998.

[29] Cadogan D P, Lin J K. Inflatable solar array technology. Reno: 37th Aerospace Sciences Meeting and Exhibit, 1999.

[30] Simburger E J, Matsumoto J, Lin J. Development of a multifunctional inflatable structure for the powersphere concept. Reston: 43rd AIAA/ASME/ASCE/AHS/ASC Structures, Structural Dynamics, and Materials, 2002.

[31] Veal G, Freeland R E. In-step inflatable antenna experiment. Washington: 43rd International Astronautical Congress, 1992.

[32] Pacini L, Kaufman D, Adams M, et al. Next generation space telescope (NGST) pathfinder experiment: inflatable sunshield in space(ISIS). San Francisco: World Aviation Congress and Exposition, 1999.

[33] Grahne M S, Cadogan D P. Inflatable solar arrays: revolutionary technology. Vancouver: 34th Intersociety Energy Conversion Engineering Conference, 1999.

[34] 黄伟,曹旭,张章. 充气式进入减速技术的发展. 航天返回与遥感,2019,40(2): 14-24.

[35] Colombo G, Gaposchkin E M, Grossi M D, et al. The skyhook: a shuttle-borne tool for low-orbital-altitude research. Meccanica, 1975, 10(1): 3-20.

[36] Ryan R S, Mowery D K, Tomlin D D. The dynamic phenomena of a tethered satellite: NASA's first tethered satellite mission, TSS-1. Washington: NASA Marshall Space Flight Center, 1993.

[37] Kruijff M, Heide E J. Qualification and in-flight demonstration of a European tether deployment system on YES2. Acta Astronautica, 2009, 64: 882-905.

[38] 郭吉丰,王班,谭春林,等. 空间非合作目标物柔性捕获技术进展. 宇航学报,2020,41(2): 125-131.

[39] Zanutto D, Curreli D, Lorenzini E C. Stability of electrodynamic tethers in a three-body system. Journal of Guidance Control & Dynamics, 2011, 34(5): 1441-1456.

[40] Kristiansen K U, Palmer P L, Roberts R M. Numerical modelling of elastic space tethers. Celestial Mechanics & Dynamical Astronomy, 2012, 113(2): 235-254.

[41] Zhao G W, Sun L, Tan S P, et al. Librational characteristics of a dumbbell modeled tethered

satellite under small, continuous, constant thrust. Proceedings of the Institution of Mechanical Engineers, Part G: Journal of Aerospace Engineering, 2013, 227(5): 857 − 872.

[42] Modi V J, Misra A K. On the deployment dynamics of tether connected two-body systems. Acta Astronautica, 1979, 6(9): 1183 − 1197.

[43] Chernousko F L. Dynamics of retrieval of a space tethered system. Journal of Applied Mathematics & Mechanics, 1995, 59(2): 165 − 173.

[44] Jin D P, Hu H Y. Optimal control of a tethered subsatellite of three degrees of freedom. Nonlinear Dynamics, 2006, 46(1 − 2): 161 − 178.

[45] Williams P. Optimal deployment/retrieval of a tethered formation spinning in the orbital plane. Journal of Spacecraft & Rockets, 2006, 43(3): 638 − 650.

[46] Iki K, Kawamoto S, Morino Y. Experiments and numerical simulations of an electrodynamic tether deployment from a spool-type reel using thrusters. Acta Astronautica, 2014, 94(1): 318 − 327.

[47] Sakamoto Y, Yotsumoto K, Sameshima K, et al. Methods for the orbit determination of tethered satellites in the project QPS. Acta Astronautica, 2008, 62(2 − 3): 151 − 158.

[48] Takeichi N, Natori M C, Okuizumi N, et al. Periodic solutions and controls of tethered systems in elliptic orbits. Journal of Vibration & Control, 2004, 10(10): 1393 − 1413.

[49] Kim M. Continuous low-thrust trajectory optimization: techniques and applications. Blacksburg: Virginia Polytechnic Institute and State University, 2005.

[50] Zhao G, Sun L, Huang H. Thrust control of tethered satellite with a short constant tether in orbital maneuvering. Proceedings of the Institution of Mechanical Engineers, Part G: Journal of Aerospace Engineering, 2014, 228(14): 2569 − 2586.

[51] Williams P. Electrodynamic tethers under forced-current variations Part I: periodic solutions for tether librations. Journal of Spacecraft & Rockets, 2010, 47(2): 308 − 319.

[52] Zhang W, Gao F B, Yao M H. Periodic solutions and stability of a tethered satellite system. Mechanics Research Communications, 2012, 44: 24 − 29.

[53] Zabolotnov Y M, Naumov O N. Motion of a descent capsule relative to its center of mass when deploying the orbital tether system. Cosmic Research, 2012, 50(2): 177 − 187.

[54] Inarrea M, Lanchares V, Pascual A I, et al. Attitude stabilization of electrodynamic tethers in elliptic orbits by time-delay feedback control. Acta Astronautica, 2014, 96: 280 − 295.

[55] Zhong R, Zhu Z H. Optimal control of nanosatellite fast deorbit using electrodynamic tether. Journal of Guidance Control & Dynamics, 2014, 37(4): 1182 − 1194.

[56] Leamy M J, Noor A K, Wasfy T M. Dynamic simulation of a tethered satellite system using finite elements and fuzzy sets. Computer Methods in Applied Mechanics & Engineering, 2001, 190(37 − 38): 4847 − 4870.

[57] Williams P, Sgarioto D, Trivailo P. Optimal control of an aircraft-towed flexible cable system. Journal of Guidance Control & Dynamics, 2006, 29(2): 401 − 410.

[58] Williams P. Libration control of tethered satellites in elliptical orbits. Journal of Spacecraft & Rockets, 2006, 43(2): 476 − 479.

[59] Wen H, Jin D P, Hu H Y. Optimal feedback control of the deployment of a tethered subsatellite subject to perturbations. Nonlinear Dynamics, 2008, 51(4): 501 − 514.

[60] Dobrowolny M, Stone N H. A technical overview of TSS－1: the first tethered-satellite system mission. Nuovo Cimento, 1994, 17(1): 1－12.

[61] Katz I, Anderson J R, Polk J E, et al. One-dimensional hollow cathode model. Journal of Propulsion & Power, 2003, 19(4): 595－600.

[62] Morri D. Optimizing space-charge limits of electron emission into plasmas in space electric propulsion. Michigan: University of Michigan, 2005.

[63] Sanmartín J R, Manuel M, Ahedo E. Bare wire anodes for electrodynamic tethers. Journal of Propulsion & Power, 1993, 9(3): 353－360.

[64] Stone N, Gierow P. A preliminary assessment of passive end-body plasma contactors. Reno: 39th Aerospace Sciences Meeting and Exhibit, 2001.

[65] 联合帝国. 猎鹰重型火箭成功完成24星多轨道发射, 人类首次成功完成运载火箭整流罩回收. [2019－6－27]. https://m.douban.com/note/724107825/.

[66] 张烽, 王小锭, 吴胜宝, 等. 日本 KITE 试验任务综述与启示. 空间碎片研究, 2018, 18(2): 23－32.

[67] Bell I C. Miniature electrodynamic tethers to enhance picosatellite and femtosatellite capabilities. Utah: 28th Annual AIAA/USU Conference on Small Satellite, 2014.

[68] Fernandez J M, Lappas V J. The completely stripped solar sail concept. Honolulu: 53rd AIAA/ASME/ASCE/AHS/ASC Structures, Structural Dynamics and Materials Conference, 2012.

[69] Albarado T L, Hollerman W A, Edwards D, et al. Electron exposure measurements of candidate solar sail materials. Journal of Solar Energy Engineering (Transactions of the ASME), 2005, 127(1): 125－130.

[70] 李怡勇, 王卫杰, 李智, 等. 空间碎片清除. 北京: 国防工业出版社, 2014.

[71] 王伟志. 太阳帆技术综述. 航天返回与遥感, 2007, 28(2): 1－4,48.

[72] 陈罗婧, 王沫, 吕秋杰, 等. 国外太阳帆薄膜材料选择及帆面展开方式研究进展. 空间电子技术, 2015(3): 18－25,26.

[73] 霍倩, 饶哲, 周春燕. 太阳帆航天器展开结构技术综述. 航天控制, 2013, 31(2): 94－99.

[74] 胡海岩. 太阳帆航天器的关键技术. 深空探测学报, 2016, 3(4): 334－344.

[75] Miyauchi M, Yokota R. Development of heat sealable polyimide thin films with high space environmental stability for solar sail IKAROS membrane. Okinawa: 10th International Conference on Protection of Materials and Structures from Space Environment, ICPMSE, 2013.

[76] Albarado T L, Hollerman W A, Edwards D, et al. Electron exposure measurements of candidate solar sail materials. Journal of Solar Energy Engineering, 2005, 127(1): 125－130.

[77] Shimamura H, Yamagata I. Degradation of mechanical properties of polyimide film exposed to space environment. Journal of Spacecraft and Rockets, 2009, 46(1): 15－21.

[78] 黄小琦, 王立, 刘宇飞. 太阳帆飞行器帆体结构材料选用分析. 北京: 中国宇航学会深空探测技术专业委员会第九届学术年会, 2012.

[79] 刘金刚, 倪洪江, 高鸿, 等. 超薄聚酰亚胺薄膜研究与应用进展. 航天器环境工程, 2014, 31(5): 470－475.

[80] 沈自才, 高鸿, 牟永强. 空间近紫外辐照聚酰亚胺薄膜力学性能演化机理. 真空科学与技

术学报,2016,36(4):482-487.

[81] 沈自才,郭亮,马子良,等.聚酰亚胺薄膜在 γ 射线辐照下的力学性能退化研究.航天器环境工程,2016,33(1):100-104.

[82] Miura K, Natori M. 2-D array experiment on board a space flyer unit. Space Solar Power Review, 1985, 5(4):345-356.

[83] Defocatiis D S A, Guest S D. Deployable membranes designed from folding tree leaves. Philosophical Transactions:Mathematical, Physical and Engineering Sciences, 2002, 360 (1791):227-238.

[84] 黄小琦,王立,刘宇飞,等.大型太阳帆薄膜折叠及展开过程数值分析.中国空间科学技术,2014,34(4):31-38.

[85] 卫剑征,谭惠丰,马瑞强.充气式展开太阳帆结构动力学特性分析及展开试验.西安:空间结构展开学术会,2014.

[86] 周晓俊,霍倩,周春燕.基于 ADAMS 的太阳帆展开绳索的建模与仿真.计算机辅助工程,2013,22(S1):194-197.

[87] 太阳谷.国内外小卫星离轨帆技术发展概况.[2020-02-17]. https://www.sohu.com/a/373882901_466840.